教育部高等学校文科大学计算机课程教学指导分委员会立项教材

高等院校计算机基础教育应用型系列规划教材

微机组装与系统维护技术教程

（第二版）

冯培禄◎主　编

欧艳鹏　秦　鹏　冯　宇◎副主编

王　永◎参　编

中国铁道出版社有限公司
CHINA RAILWAY PUBLISHING HOUSE CO., LTD.

内 容 简 介

本书根据高等院校文科类专业微机组装与维护课程教学要求编写，分为理论知识、实验指导、习题解答三部分，全面、系统地讲解了微机组装与维护的基本理论和方法，主要包括微机系统的硬件配置、微机系统的组装与调试、存储器构成与管理、微机系统的配置、微机常见故障诊断及处理、计算机病毒的预防和清除、微机常用外围设备等内容。本书着重培养学生微机常见故障的诊断与处理、微机系统软件安全、微机常用外围设备等操作技能，内容翔实，紧跟微机发展潮流，同时又兼顾实用性和可操作性。

本书适合作为高等院校文科类专业微机组装与系统维护课程的教材，也可作为其他专业微机维修与维护课程的教材、参考书。

图书在版编目（CIP）数据

微机组装与系统维护技术教程 / 冯培禄主编 .—2 版 .—北京：中国铁道出版社有限公司，2023.9

教育部高等学校文科大学计算机课程教学指导分委员会立项教材　高等院校计算机基础教育应用型系列规划教材

ISBN 978-7-113-30433-1

Ⅰ. ①微…　Ⅱ. ①冯…　Ⅲ. ①微型计算机 - 组装 - 高等学校 - 教材②微型计算机 - 计算机维护 - 高等学校 - 教材　Ⅳ. ① TP36

中国国家版本馆 CIP 数据核字（2023）第 134986 号

书　　名：微机组装与系统维护技术教程
作　　者：冯培禄

策　　划：王占清　贾　星　　　　　　编辑部电话：（010）63549501
责任编辑：贾　星　贾淑媛
封面设计：刘　颖
责任校对：苗　丹
责任印制：樊启鹏

出版发行：中国铁道出版社有限公司（100054，北京市西城区右安门西街 8 号）
网　　址：http://www.tdpress.com/51eds/
印　　刷：北京市泰锐印刷有限责任公司
版　　次：2014 年 8 月第 1 版　2023 年 9 月第 2 版　2023 年 9 月第 1 次印刷
开　　本：787 mm×1 092 mm 1/16　印张：15.5　字数：404 千
书　　号：ISBN 978-7-113-30433-1
定　　价：43.00 元

前　言

在计算机网络、云计算、大数据、智能物联网时代，微机已经成为人们工作、学习和日常生活的必备工具。因此，学习和掌握微机系统的配置、维护与管理，不仅对计算机专业的学生是必要的，而且对微机一般应用人员也是非常有益的。

党的二十大报告中提到“创新是第一动力”，“教育是国之大计、党之大计”。在二十大精神的指引下，本书从培养创新型、实用型人才的角度出发，注重培养学生的创新思维和实践能力，基础知识讲解与实践并重，促进学生的全面发展。

本书在编写及修订过程中力求体现以下特点：

（1）编者根据近二十多年的教学经验，对本书的内容取舍、组织编排和实验都进行了精心设计。在难易程度上遵循由浅入深、循序渐进的原则，特别考虑了普通高等院校文科类专业学生的实际理解和接受能力，内容涉及面广、知识点多，力求面面俱到，同时注意做好取舍。

（2）本书根据高等院校文科类专业微机组装与维护课程教学要求编写，将理论基础与实践技能相结合的理念作为贯穿全书的主线，以理论够用、强化动手为原则，对于重点、难点问题，不惜多施笔墨；对于实用性不强或过时的知识，尽可能舍弃或穿插融汇到相关知识点中。

（3）注重突出“实践性、实用性”，精心选取13个实验，全面展示计算机装调与维护优化的技巧和方法，使读者能够独立解决计算机使用过程中遇到的各种硬件故障和软件问题。

此次改版主要做的修订工作如下：

（1）合二为一：为了适应当今的教学要求，将理论教材与实验书整合成一本教材。

（2）新版教材根据最新的教学情况和社会科学与技术的发展情况，对部分硬件、软件的技术与应用进行了更新，以符合新时代对教材新知识与技术的要求。

（3）根据最新的教学情况对实验进行了优化，提炼了13个经典实验，贯穿了全书的知识点。

本书分为三部分。第一部分是理论知识，第1～4章从CPU、主板、内存等核心部件入手，选取目前微机市场上流行的硬件产品，介绍其性能及其特色，反映目前微机领域最新的技术成果，同时介绍各部件在微机系统中的地位、各部件性能对整体系统的影响，使学生全面系统地了解和掌握微机的维护和维修技术。第5章介绍目前常用的操作系统软件和系统维护常用工具软件。第6～7章介绍微机在使用过程中硬件、软件故障的维修方法及计算机病毒的预防和清除。第8章介绍微机常用外围设备。

第二部分是实验指导，帮助学生通过完整的理论知识学习和实践，在掌握微机原理的基础上，能够自己组装、设置和维护微机系统，并能独立地解决实际使用中所遇到的硬件故障与软件问题。第三部分为习题解答。

在实际教学过程中，理论与实验可以交叉进行，建议每周4学时，共72学时。教师可根据教学目标、学生基础和实际教学的情况对学时进行适当的增减，具体的学时分配可参考下面的学时分配表。

分　类	章　节	章节名	学　时
第一部分　理论知识	第1章	微机系统概述	4
	第2章	微机系统的硬件配置	4
	第3章	微机系统的组装与调试	4
	第4章	存储器构成与管理	4
	第5章	微机系统的配置	4
	第6章	微机常见故障诊断及处理	4
	第7章	计算机病毒的预防和清除	4
	第8章	微机常用外围设备	4
	理论学时总计		32
第二部分　实验指导	13个实验选择		40
第三部分　习题解答	习题解答		
合计学时			72

本书由冯培禄任主编，欧艳鹏、秦鹏、冯宇任副主编，王永参与编写。具体编写分工如下：第1章、第5章、第7章、第8章的8.3～8.5以及对应章节的习题解答由欧艳鹏编写，第2章的2.6～2.9、第3章、第4章、第6章以及对应章节的习题解答由秦鹏编写，实验指导由冯宇、王永编写，第2章的2.1～2.5、第8章的8.1～8.2以及对应的章节的习题解答由冯培禄、冯宇编写。全书由冯培禄统稿。

在本书的编写和修订过程中，原教育部高等学校文科大学计算机课程教学指导分委员会给予了大力支持和帮助，内蒙古财经大学王彪教授、内蒙古电子信息职业技术学院杨宝勇教授、内蒙古师范大学王胜老师对本书的编写提出了许多宝贵建议，在此表示衷心的感谢。

在本书的编写过程中，广泛参阅了国内外有关的书籍和资料文献，从中得到许多启发，在此向有关作者表示敬意。

由于微机软硬件技术飞速发展，编者水平有限，加之时间仓促，书中难免存有不妥之处，请读者不吝指正。

本书有配套的电子教案、课件等，为了方便读者学习，本书提供微机组装与系统维护技术名词术语汉蒙文对照表。上述资源可联系编者索取，编者的E-mail: fpl999 @ sina.cn。

编　者

2023年3月

目 录

第一部分 理论知识

第二部分 实验指导

第三部分　习题解答

第一部分 理论知识

第1章 微机系统概述

电子计算机是人类发展史上最伟大的发明之一。微电子技术的飞速发展使微机得到广泛的普及，微机的应用推动了人类社会的发展。如今，微机已经深入人们生产、生活、娱乐等各个领域，极大地改变了人们的生产、生活方式，解放和拓展了人类的体力和脑力，使人类具有了前所未有的创造力。本章主要介绍微机的发展和基本组成。

1.1 微机的发展

1.1.1 电子计算机的产生和发展

20世纪中叶，在伟大的英国数学家图灵大量的计算机理论研究成果和以电子真空管为核心的电子技术飞速发展的基础之上，美国宾夕法尼亚大学莫尔电机工程学院的科学家们（见图1-1-1）开始设计和研制世界上第一台电子计算机ENIAC（埃尼阿克），并于1946年2月 15日研制成功并正式投入运行，埃尼阿克的诞生标志着人类社会正式步入了电子计算机时代。ENIAC是电子数值积分计算机（electronic numberical integrator and computer）的缩写。最初的埃尼阿克是为美国军方研制的，专门用于火炮弹道的计算，后经多次改进才成为能进行各种科学计算的通用计算机。ENIAC使用17 468个电子管作为逻辑器件、占地170 m^2、质量达30 t、功率174 kW、每秒可进行5 000次加法运算，如图1-1-2所示。

图 1-1-1 宾夕法尼亚大学莫尔电机工程学院的 ENIAC 研发团队

虽然它的功能还不及今天最普通的一台微机，但在当时它已是运算速度的绝对冠军，并且其运算的精确度和准确度也是史无前例的。

图 1-1-2　ENIAC

美籍匈牙利数学家冯・诺依曼加入了ENIAC的研发团队，他对电子计算机提出了一些重大的改进理论，其中最主要有两点：其一是电子计算机应该以二进制为运算基础；其二是电子计算机应采用“存储程序”方式工作。他还进一步明确指出，整个计算机的结构应由五部分组成：运算器、控制器、存储器、输入设备和输出设备，如图1-1-3所示。冯・诺依曼这些理论的提出，解决了计算机的运算自动化问题和速度配合问题，对后来计算机的发展起到了决定性的作用。直至今天，绝大部分的计算机是采用“存储程序”方式工作架构。

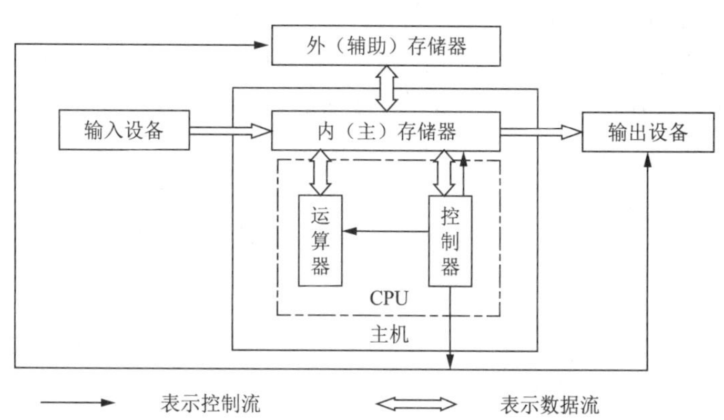

图 1-1-3　冯・诺依曼型计算机的基本结构

此后，电子技术飞速发展，特别是随着微电子技术的发展，计算机得到了突飞猛进的发展，根据构成计算机的器件可将计算机的发展分为以下几个时期：电子管计算机（1940—1960年）、晶体管计算机（1960—1970年）、小规模集成电路计算机（1970—1973年）、大规模集成电路（large scale integration，LSI）和超大规模集成电路（very large scale integration，VLSI）计算机（1973年至今）。随着LSI和VLSI制造技术的发展，已经能把原来体积很大的中央处理器（CPU）电路集成在一片面积很小（200～400 mm^2）的电路芯片上，这称为微处理器（MPU）。微处理器的出现开创了微机的新时代。微处理器是微机的核心部件，它的性能在很大程度上决定了微机的性能。因此，可以说微机的发展是以微处理器的发展为代表的。

这里我们可以对微机下一个定义：微型计算机（microcomputer，简称微机）就是以超大规模集成电路制成的中央处理器（CPU）为主，配以少量的内存储器、有限的外存储器及简单的输入设备（如键盘）和简单的输出设备（如显示器）等，再配备比较简单的操作系统所构成的计算机系统。据此可以看出微机的发展是以微处理器的发展为特征的。1965年，英特尔公司的创始人戈登·摩尔提出的“摩尔定律”，成为指导全球信息产业发展的金科玉律。“摩尔定律”的内容是：集成电路上可以容纳的晶体管数目在大约每经过18个月到24个月便会增加一倍。换言之，处理器的性能大约每两年翻一倍，同时价格下降为之前的一半。几十年以来，微处理器的集成度几乎每隔两年就增加一倍，产品每隔2～4年就更新换代一次，现已进入第六代（各代的划分通常以MPU的字长和速度为主要依据）。

在介绍微机发展历史之前，我们先介绍关于存储的几个重要概念：

● 位：是计算机中存储数据的最小单位，指二进制数中的一个位数，其值为“0”或“1”，其英文名称为“bit”。

● 字节：经常使用的单位还有KB（千字节）、MB（兆字节）、GB（吉字节）、TB（太字节）和PB（拍字节）等，它们之间的关系如下：

1 B=8 bit

1 KB=2^{10} B=1 024 B

1 MB=$2^{10}\times$1 KB=1 024 KB

1 GB=$2^{10}\times$1 MB=1 024 MB

1 TB=$2^{10}\times$1 GB=1 024 GB

1 PB=$2^{10}\times$1 TB=1 024 TB

● 字长：是计算机CPU一次处理数据的实际位数，是衡量计算机性能的一个重要指标。字长越长，一次可处理的数据二进制位越多，运算能力就越强，计算精度就越高。

现在我们以微处理器（MPU）发展为代表，对微机的发展过程做一简单介绍：

第一代微处理器（1971—1972年）：4位或低档8位微处理器时代。1971年，美国Intel公司成功发明了世界上最早的微处理器Intel 4004和Intel 8008［Intel 8008是Intel 4004的改进型（见图1-1-4和图1-1-5）］，它的芯片采用10 μm的MOS（metal-oxide semiconductor，金属氧化物半导体）工艺。集成度约为每片2 000多个器件，字长分别为4位和8位，时钟频率为1 MHz。平均指令执行时间为20 μs。

图 1-1-4　Intel 4004 CPU

图 1-1-5　Intel 8008 CPU

Intel 4004属于小规模集成电路，共集成了2250只晶体管，运算速度只有6 000次/秒。1971年11月，Intel推出以4004为微处理器的世界上第一台微机，即MCS-4型微机，其硬件包括：4001ROM芯片、4002RAM芯片、4003移位寄存器芯片和4004微处理器，MCS-4型微机计算性能远远超过当年的ENIAC，最初售价仅为200美元。

第二代微处理器（1973—1978年）：第二代微处理器是成熟的中、高档8位微处理器时代。它的芯片采用NMOS工艺，集成度约为每片5 000～9 000个器件，微处理器的性能指标有明显改进，时钟频率为2～4 MHz，运算速度加快，平均执行指令时间为1～2 μs，具有多种寻址方式。指令系统较完善，基本指令多达100多条。它在系统结构上已经具有典型计算机的体系结构，具有中断和DMA（direct memory access，直接内存访问）等控制功能，设计考虑了计算机间的兼容性、接口的标准化和通用性，配套外围电路的功能和种类齐全。这种微处理器问世后，由于其体积小、使用方便等优点，受到用户的普遍欢迎，众多公司纷纷研制类似产品，逐步形成以Intel公司、Motorola公司、Zilog公司产品为代表的三大系列微处理器。1973—1975年，中档微处理器以Intel 8080、Motorola MC6800为代表。1976—1978年，出现高档8位微处理器，典型产品为Intel 8085和Motorola MC6809。Intel 8080，字长8位，主频2 MHz，共集成了6 000只晶体管，运算速度为29万次/秒。由它组成了第一代由个人用户操作和使用的微机——个人计算机（personal computer，PC）。当时的主要产品是美国苹果公司的APPLE Ⅱ，如图1-1-6所示。

第三代微处理器（1978—1983年）：第三代是16位微处理器时代。此时处理器的集成度达29 000管/片，时钟频率为5～8 MHz，数据总线宽度为16位，地址总线为20位，可寻址空间达1 MB，运算速度比8位机快2～5倍。1978—1981年，三大公司陆续推出16位微处理器芯片，如Intel 8086的集成度为29 000管/片（见图1-1-7），Z8000的集成度为17 500管/片，MC68000的集成度为68 000管/片。这些微处理器比第二代微处理器性能提高了很多，已达到或超过原来中低档小型机的水平。用这些芯片组成的微型机除有丰富的指令系统外，还配备功能较强的系统软件。

图 1-1-6　APPLE Ⅱ微机

图 1-1-7　Intel 8086 CPU

为方便原8位机用户，Intel公司很快推出了8088（见图1-1-8），其指令系统完全与8086兼容，内部结构仍为16位，而外部数据总线是8位。IBM公司成功地以8088为CPU组成了IBM PC、IBM PC/XT等准16位机，由于其性价比高，很快占领了世界市场。此后，Intel公司在8086基础上研制出性能更优越的16位微处理器芯片80286（见图1-1-9），以80286为CPU组成的IBM PC/AT机为高档16位机。它们的集成度都在1万个晶体管/片以上，主频大于5 MHz。Intel 8086的协处理器8087如图1-1-10所示。

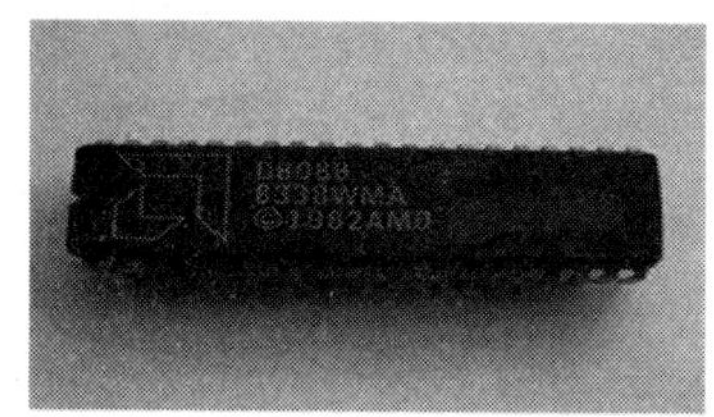

图 1-1-8　Intel 8088 CPU

图 1-1-9　Intel 80286

1981年，IBM推出了IBM 5150型微机，如图1-1-11所示，所使用的CPU就是Intel 8088，主频为4.77 MHz；主板上配置了64 KB内存，设有5个扩展插槽，这些插槽可供增加内存或连接其他外围设备使用；另外，它还装备了显示器、键盘和两个软盘驱动器，使用了微软的DOS 1.0操作系统。IBM 5150是现代计算机的雏形，它奠定了现代微机的架构，这种架构一直沿用至今。

图 1-1-10　Intel 8086 的协处理器：Intel 8087

图 1-1-11　IBM 5150 型微机

第四代微处理器（1983—1993年）：第四代是32位微处理器时代。这些微处理器采用先进的高速CMOS工艺，集成度为150万管/片，内部采用流水线控制（80386采用6级流水线，使取指令、译码、内存管理、执行指令和总线访问并行操作），时钟频率达到16～33 MHz，平均指令执行时间约0.1μs，具有32位数据总线和32位地址总线，直接寻址能力高达4 GB，同时具有存储保护和虚拟存储功能，虚拟空间可达64 TB（2^{46} B），运算速度为300～400万条指令/秒，即3～4 MIPS（Million Instruction Per Second，百万条指令每秒）。

1983年，Zilog公司推出32位Z80000。1984年，Motorola公司推出MC68020，接着又推出MC68030/MC68040。1985年，Intel公司推出了32位微处理器芯片80386。80386有两种结构——80386SX和80386DX，这两者的关系类似于8088和8086的关系。80386SX内部结构为32位，外部数据总线为16位，采用80387作为协处理器；80386DX内部结构与外部数据总线皆为32位，采用80387作为协处理器。1989年，Intel公司在80386基础上研制出新一代32位微处理器芯片80486，它相当于把80386、80387及8 KB高速缓冲存储器集成在一块芯片上，性能比80386大大提高。这一代微机的微处理器的集成度更高，如Intel 80386的集成度已达每片约27万个器件，时钟频率为16～25 MHz；Intel 80486的集成度已达每片约120万个器件，时钟频率可达到100 MHz。

第五代微处理器（1993—2000年）：（准）64位CPU第五代微处理器的推出，使微处理器技术发展到了一个崭新阶段，1993年3月，Intel公司正式推出第五代微处理器Pentium，俗称586。作为Intel微处理器系列的新成员，Pentium处理器不仅继承了其前辈的所有优点，而且在许多方面又有新的突破，使微处理器技术达到当时的最高峰。它采用亚微米（0.6 μm）的CMOS工艺制造，集成度高达310万管/片，采用64位外部数据总线，使经总线访问内存数据的速度高达528 MB/s，是主频66 MHz的80486-DX2最高速度（105 MB/s）的5倍多，36位地址总线使可寻址空间达64 GB，主频最初有60 MHz和66 MHz两种，后来陆续推出的Pentium系列产品的主频有75 MHz、90 MHz、100 MHz、120 MHz、133 MHz、166 MHz，Pentium的最高主频为200 MHz。Pentium（586）是32位的微处理器，但采用了全新的体系结构，内部采用超标量流水线设计，在CPU内部有UV两条流水线并行工作，允许Pentium在单个时钟周期内执行两条整数指令，即实现指令并行；Pentium芯片内采用双Cache结构，即指令Cache和数据Cache，每个Cache为8 KB，数据宽度为32位，避免了预取指令和数据可能发生的冲突。数据Cache还采用了回写技术，大大节省了CPU的处理时间；它采用分支指令预测技术，实现动态地预测分支程序的指令流向，大大节省了CPU用于判别分支程序的时间。继Pentium Pro之后，1997年，Intel公司又推出了微处理器的新产品Pentium II，也是当时世界上运行速度最快、性能最优良的微处理器。在Windows NT下，该芯片的性能非常优越。主频有233 MHz，266 MHz和300 MHz等多种。

Intel公司在1999年推出了Pentium III。Pentium III的主频为450～1 133 MHz。2000年末

Intel公司又推出了主流微处理器Pentium 4。Pentium 4采用0.18 μm工艺，集成度为4 200万管/片，具有两个一级高速缓存（即64 KB的指令Cache和64 KB的数据Cache），512 KB的二级Cache，电源电压仅为1.9 V，主频为1.3～3.6 GHz，内部采用20级超标量流水线结构。增加很多新指令，更加有利于多媒体操作和网络操作。

第六代微处理器（2001年至今）：64位处理器，2001年，Intel正式推出了第一代基于IA-64（Intel Architecture-64，Intel 64位体系结构）的处理器Itanium（安腾）。2002年，Intel公司又推出了基于Itanium核心的改进型产品Mckinley处理器，正式命名为Itanium 2。它采用了0.13 μm工艺技术，内部集成了2～8 MB的三级高速缓存，性能比Itanium提高2倍以上，主频可达到3.0 GHz。64位CPU的出现标志着x86处理器核心技术的又一次重大突破，现在微机已基本都使用64位CPU。

目前，微处理器和微机正向着集成度更高、微型化、高速、廉价和多媒体、网络化、智能化的方向发展。现在流行的微机有台式机、笔记本电脑和一体电脑。

1.1.2　微机的分类

目前市场上的微机种类繁多，分类方式也有多种。我们主要从结构方面对微机进行分类，可分为三类。

① 单片机：又称为“微控制器”和“嵌入式计算机”。这是一种把构成一个计算机的功能部件都集成在一块芯片之中的计算机，也就是把微处理器、存储器、输入输出接口都集成在一块集成电路芯片上，这样的微机就叫作单片机。它的最大优点是体积小，可安装在仪器、仪表内部；缺点是存储量小，输入输出接口简单，功能较少。

② 单板机：将计算机的各个部分都组装在一块印制电路板上，包括微处理器、存储器、输入输出接口，以及简单的七段发光二极管显示器、小键盘、插座等。单板机功能比单片机强，适于进行生产过程的控制；可以直接在实验板上操作，适用于教学。

③ 个人计算机：供单个用户操作的计算机系统。个人计算机系统一般包括微机、软件、电源及外围设备。微机常用的外围设备为键盘、显示器、硬盘、光驱和打印机等。

此外，我们也可以按字长把微机分为8位机、16位机、32位机和64位机；按用途把微机分为工业过程控制机和数据处理机。也可以按微机的生产厂家及其型号把微机分为品牌机和兼容机，我国著名的微机品牌有“联想”和“方正”等。根据微机所用的微处理器芯片可分为Intel系列和非Intel系列两类：Intel系列芯片主要有Intel Pentium（奔腾）系列、Intel Celeron（赛扬）系列、Intel Core（酷睿）系列；非Intel系列的主要有AMD等公司的产品。

1.1.3　微机的主要指标

微机的指标比较多，其中主要有下列几项：

1. 字长

字长是指微机同一时间中能直接处理的二进制信息的位数。字长越长，微机的运算速度就越快，运算精度就越高，微机的性能就越强（因支持的指令多）。

2. 内存容量

内存容量是指微机的内部存储器的容量，主要指内存储器所能容纳信息的字节数。内存容量越大，它所能存储的数据和运行的程序就越多，程序运行的速度就越高，微机的信息处理能力就越强。现在微机的内存一般在8 GB以上。

3. 存取周期

存取周期是指计算机存储器完成一次数据存取（即读/写）操作所用的平均时间（以纳秒为单位），即存储器进行连续存取操作所允许的最短时间间隔。存取周期越短，则存取速度越快。存取周期的大小直接影响微机运算速度的快慢。

4. 主频

主频是指微机CPU的时钟频率。主频的单位是MHz（兆赫兹）和GHz（吉赫兹）。主频的大小在很大程度上决定了微机运算速度的快慢，主频越高，微机的运算速度就越快。现在主流CPU的主频一般在2～5 GHz之间，较多的微机集中在4 GHz附近。

5. 运算速度

运算速度是指微机每秒能执行多少条指令，其单位为MIPS（百万条指令/秒）。由于执行不同的指令所需的时间不同，因此，运算速度有不同的计算方法。现在多用各种指令的平均执行时间及相应指令的运行比例来综合计算运算速度，即用加权平均法求出等效速度，作为衡量微机运算速度的标准。

1.2 微机系统的构成

微处理器、微机和微机系统是三个不同的专业术语，是三个不同层次的概念。微处理器即通常所说的CPU，是微机主机中的核心部分；微机多指微机主机或硬件实体；微机系统则包括微机硬件和软件。硬件是基础，软件是灵魂，没有软件的支持再好的硬件也是无法工作的。微机系统的构成如图1-1-12所示。

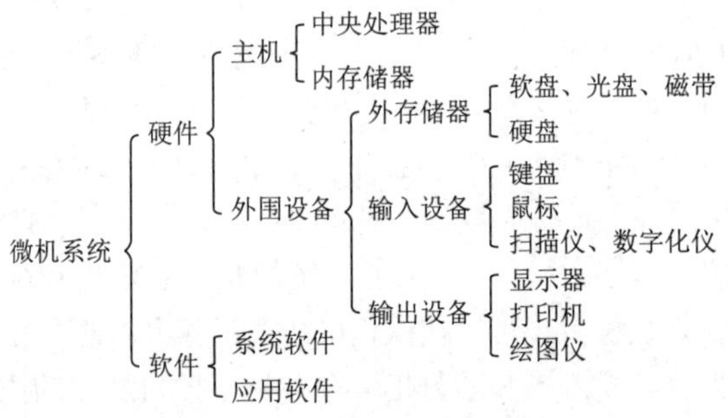

图 1-1-12 微机系统的构成

1.2.1 微机的硬件系统

微机系统因其应用领域的不同，硬件也不尽相同。微机的硬件包括：主机、外围设备和周边设备。其中：主机包括主板、CPU、内存、显卡、硬盘、机箱和电源；外围设备包括显示器、键盘和鼠标；周边设备包括声卡、音箱、移动硬盘等。

众所周知，微机的硬件系统由五部分组成，这五部分是：运算器、控制器、存储器、输入设备和输出设备。具体到硬件，这五个部分通常被包含在下面这些微机硬件中：

① 主板：也称为母板，其上安装了组成计算机的主要电路系统，包括各种芯片、各种控制开关接口、各种插槽等。主板的主要功能是为计算机中的其他部件提供插槽和接口。

② 中央处理器（CPU）：是微机的核心部件，它是包含有运算器和控制器的一块大规模集成电路芯片，计算机内的所有动作都要受CPU的控制。衡量一个CPU性能好坏的指标主要有

CPU所能处理数据的位数（机器字长）和CPU的主频。

③ 内存储器：是系统中唯一的CPU可以直接访问的存储器，也叫主存，是计算机的记忆部件，用于存储计算机信息处理所必需的原始数据、中间结果、最后结果以及指示计算机工作的程序。作为微机的必要组成部分之一，系统中内存的地位越来越重要，内存的容量与性能已成为衡量微机整体性能的一个决定性因素。

④ 显卡：又称为显示适配器或图形加速卡。一般是一块独立的电路板，插在主板上。从外观上看，显卡主要由显示芯片（GPU）、显存、金手指、HDMI、DP接口和外接电源接口等几部分组成。显卡主要接收由主机发出的控制显示系统工作的指令和显示内容的数字信号，和显示器构成了计算机系统的图像显示系统。一些高端的显卡还分担CPU的图形处理工作。

⑤ 声卡：是计算机的发音设备。它的主要作用是处理各种声音的数字信号，并输出到音箱或其他的声音输出设备。早期的计算机没有声卡，只能通过PC喇叭来报警或发出提示信号。在1991年提出的MPC（多媒体计算机）规格中，声卡被列为多媒体计算机的标准配件之一。现在大部分声卡已经以芯片的形式集成到了主板上，即集成声卡，并且具有较高的性能。只有对音效要求高的用户才会购买独立声卡。

⑥ 硬盘：通常用来存储永久性的程序和数据，被称为数据的仓库。硬盘是计算机中容量最大的存储设备。硬盘具有容量大、体积小、速度快、价格低等优点，是微机最主要的也是必备的设备之一。微机中使用最广和最普通的硬盘是机械硬盘。另外还有一种硬盘类型是固态硬盘，又称固盘。

⑦ 机箱：放置各种计算机部件的装置，能够将主机部件整合在一起，防止主机部件被损坏。机箱的好坏直接影响主机部件是否能正常工作。

⑧ 音箱：是用来发声的设备，是多媒体计算机的重要组成部分。音箱一般都是成对使用的，分成主音箱和副音箱，主音箱上有电源开关、音量调节旋钮和指示灯等。

⑨ 电源：是为微机提供动力的设备。电源的优劣直接影响到微机的使用寿命，经常存在因劣质电源的问题而导致微机系统不稳定、无法启动甚至烧坏某些部件等不良现象。

以上是微机硬件的基本组成，其他的物理部件可根据需要配置，如扫描仪、数码照相机、摄像头、显示终端、打印机和各种功能扩展板卡等。

1.2.2　微机的软件系统

在计算机系统中，硬件是基础，软件是灵魂，没有安装软件的微机是没有任何作用的。按功能的不同，软件又分为系统软件和应用软件。

随着多媒体技术发展和用户需求的不断变化，微机的软件系统也在不断地发展和完善。

1. 系统软件

系统软件，是指负责控制和协调计算机及其外设、支持应用软件的开发和运行的一类软件。系统软件一般包括操作系统、编译软件、数据库管理系统和网络管理系统等，其中，操作系统软件是最基本也是最重要的。下面简单介绍几种常用微机操作系统软件。

（1）Windows

Windows是Microsoft开发的操作系统，是目前使用最广泛的操作系统，它采用图形化的操作界面，支持网络连接和多媒体播放，支持多用户和多任务操作，兼容多种硬件设备和应用程序。目前，比较流行的操作系统有Windows 7、Windows 10和Windows 11等。

Windows 7 是由微软公司推出的一款操作系统，于 2009 年正式发布。它是 Windows 系列中的一员，是 Windows Vista 的后继版本。Windows 7 在用户体验、性能、安全性和兼容性等方面进行了改进和优化，兼容更多的硬件设备和软件应用。Windows 7 提供了更加美观、易用的界面，支持多点触摸、语音识别、虚拟化等功能。Windows 7 也是一个非常稳定和流畅的操作系统，被广泛应用于各类桌面电脑、笔记本电脑、服务器和移动设备等。

Windows 10 是微软公司于 2015 年推出的操作系统，是 Windows 系列中的一员。Windows 10 继承了 Windows 7 和 Windows 8 的优点，并在用户体验、安全性和功能方面进行了改进和增强。Windows 10 支持触摸屏、语音识别、虚拟桌面、多任务管理等功能，同时也加入了 Cortana 语音助手和 Edge 浏览器等新功能。Windows 10 也是一个“服务”而非产品，微软公司为其提供长期的升级和维护支持。

Windows 11 是微软公司于 2021 年推出的全新操作系统。Windows 11 在 Windows 10 的基础上进行了优化和改进，包括界面设计、用户体验、安全性、多任务管理等方面。Windows 11 的界面设计更加现代化、简洁、美观，同时也支持更多的触摸屏操作和手势控制。Windows 11 还加入了新的虚拟桌面、Snap Layouts 和 Snap Groups 等功能，可以更高效地进行多任务管理。此外，Windows 11 还引入了 Teams 集成、Android 应用和 Xbox 游戏等新功能。Windows 11 也是一个“服务”，微软公司将为其提供长期的升级和维护支持。总的来说，Windows 10 是一款非常成熟和稳定的操作系统，广泛应用于各类桌面电脑、笔记本电脑、平板电脑和移动设备等；而 Windows 11 则是微软公司为了适应新的硬件设备和用户需求而推出的全新操作系统，具有更加现代化、高效、美观的特点。无论是 Windows 10 还是 Windows 11，都具有良好的用户体验、强大的功能和广泛的应用场景。

（2）UNIX

UNIX操作系统是一种多用户、多任务的通用计算机操作系统，它为用户提供了一个交互、灵活的操作界面，支持用户之间共享数据，并提供众多的集成工具以提高用户的工作效率，同时能够移植到不同的硬件平台。UNIX操作系统的可靠性和稳定性是其他系统所无法比拟的，是公认最好的Internet服务器操作系统，被广泛应用于大型机、中型机、小型机及微型机上。

（3）Linux

Linux是近年来日益流行的一种多用户、多任务操作系统，它有多种版本，它的结构与UNIX系统类似，核心部分属于共享软件，而且源代码开放，经全世界各路高手改进之后，性能日趋优异。

Linux是一套免费使用和自由传播的类似UNIX的操作系统，这个系统是由世界各地的成千上万的程序员设计和实现的。用户不用支付任何费用就可以获得它的源代码，并且可以根据自己的需要对它进行必要的修改，并可以无偿使用及无约束地继续传播。它是一个功能强大、性能出众、稳定可靠的操作系统。

Linux支持多用户，各个用户对于自己的文件设备有自己特殊的权利，保证了各用户之间互不影响。多任务则是现在计算机最主要的一个特点，Linux可以使多个程序同时并独立地运行。

Linux同时具有字符界面和图形界面。在字符界面，用户可以通过键盘输入相应的指令来进行操作。它同时也提供了类似Windows图形界面的X-Window系统，用户可以使用鼠标对其进行操作。在X-Window环境中就和在Windows中相似，可以说是一个Linux版的Windows。

（4）Novell Netware

Netware是Novell公司开发的一种网络操作系统。Netware是Novell网络使用的操作系统。

（5）MacOS

MacOS是一套由苹果公司开发的运行于Macintosh系列计算机上的操作系统。MacOS是首个在商用领域成功的图形用户界面操作系统。

2. 应用软件

应用软件是指为特定领域开发，并具有特定功能的一类软件，通常可以把应用软件分为以下几种类型：

① 系统工具软件。主要是为操作系统提供辅助的软件，如Windows优化大师等。

② 应用工具软件。用来辅助计算机操作的各种软件，如Microsoft Office、数据恢复精灵、压缩软件（WinRAR）等。

③ 网络工具软件。为网络提供各种各样的辅助工具，增强网络功能的软件，如浏览器、迅雷下载等。

④ 其他类型软件。Photoshop、AutoCAD等图形图像软件，360安全卫士、腾讯电脑管家等病毒安全软件，以及各种行业软件、教育软件、影音播放软件等。

另外，针对不同的应用，还有很多功能强大的专用多媒体应用软件。

① 图像处理方面的软件，是应用于广告制作、平面设计、影视后期制作等领域的软件，具有代表性的有ADCSee，可以对大量图片进行快速浏览和查找；Photoshop，专业的图像处理软件，能够转换多种图形格式；Hypersnap，能抓取计算机屏幕图像；CorelDraw，可进行专业的矢量图形设计和图文排版；Fireworks，内置强大的图像优化功能。PAINTER，极其优秀的仿自然绘画软件，拥有全面和逼真的仿自然画笔。

② 声音处理方面的软件，是对音频进行混音、录制、编辑和播放的软件。代表性的有：能播放MP3的Winamp、Lyric player、CoolPlayer等；能播放并且能对MP3文件进行剪辑的mp3DirectCut、超级音频解霸等，以及目前使用较为广泛的一款录音、音频编辑软件Cooledit。它们的功能非常强大，可以播放很多种格式的声音文件，并且能够将多种声音文件格式相互转换，有些还能完成声音的各种特殊效果的处理，如淡入淡出、3D环绕、复杂合成等。

③ 影像处理方面的软件，是在计算机上播放和录制视频，对视频进行编辑、剪辑、增加一些特效效果，使视频可观赏性增强的工具软件。代表性的有：HyperCam，可以对计算机的视频进行捕捉；MovieMaker，可以对电视、DVD等外部视频进行捕捉；GIFAniamator，可以对二维GIF动画进行编辑与制作；3D Studio Max，可以进行三维动画的编辑与制作；Maya，Autodesk旗下的著名三维建模和动画软件；Premiere，可以对多个影像及声音片段进行非线性编辑与合成的影像制作工具。

总之，微机的应用软件还有很多，各个应用软件有其自己的特点，在实际应用中可以根据需要来选用。一般多个软件配合使用，取长补短，共同完成任务。

1.2.3 微机系统的简单工作原理

微机的基本原理是存储程序和程序控制。预先要把指挥微机如何进行操作的指令序列即程序和原始数据通过输入设备保存到微机内存储器中；内存中存放的不论是程序还是数据都是由二进制数来表示的，微机就是通过这些二进制数去控制系统的运行的，这些二进制数就是组成指令的操作数和地址码；指令以二进制编码的形式存放在存储器中，每一条指令中明确规定了微机从哪个地址取数，进行什么操作，然后送到什么地址去等步骤，说到底指令就是一组二进制数，它们不是用来计算的，是专门用来控制微机执行的，这些特殊的二进制数经过指令译码器，生成各种控制信号去控制微机各部分协调工作。

微机在运行时，先从内存中取出第一条指令，通过控制器的译码，按指令的要求，从存储器中取出数据进行指定的运算和逻辑操作等加工，然后再按地址把结果送到内存中去。接下来，再取出第二条指令，在控制器的指挥下完成规定操作，依此进行下去，直至遇到停止指令。

程序与数据一样存储，按程序编排的顺序，一步一步地取出指令，自动地完成指令规定的操作是微机最基本的工作原理。这一原理最初是由美籍匈牙利数学家冯·诺依曼于1944年提出来的，故称为冯·诺依曼原理。

1.3 微机系统维护基础

微机系统维护的目的是保障系统及设备的正常运转，使微机能够充分发挥作用。随着微机的普及，维护与保养成为每一个使用者都要面对的问题，掌握微机系统维护技术已经成为每一个专业人员和微机使用者应该具备的技能之一。

1.3.1 系统维护的主要任务

为了保障系统正常运行，系统维护人员应该能够及时处理系统已经发生的各种故障，同时为了避免可能造成的损失和延长微机使用的寿命，还应该采取一些有效的预防措施。

1. 日常性维护

日常性维护是在系统基本正常的情况下进行的，因此，往往被大多数人忽视，然而系统一旦出现故障，就可能给使用者造成巨大损失。与其亡羊补牢不如防患于未然，定期对设备进行维护和保养，经常对系统信息和磁盘数据进行备份都是十分必要的。尽量降低故障率，最大限度降低损失，从系统维护的角度出发，预防性维护也是非常重要的，每一个使用者都应当给予足够的重视。日常性维护工作主要有以下几个方面：

- 保证电网正常供电并且可靠接地。
- 保持环境清洁以及将温度和湿度控制在适当范围内。
- 养成良好的操作习惯，比如避免频繁开关机、在硬盘运行时不要突然关闭电源或搬动计算机。
- 在带电情况下不要随意插拔板卡或信号线缆。
- 经常备份重要的系统信息、重要程序和数据。
- 定期进行病毒的检查和清理。
- 定期整理磁盘文件并检查磁盘扇区损坏情况。

2. 板卡级维护

板卡级维护的任务是找出发生故障或损坏的板卡和部件，故障只定位在板卡级。比如，硬盘坏了就更换硬盘，显卡坏了就更换显卡，但对板卡或部件内部的故障不需要进一步追究；如果是软件故障就需要恢复数据或重新安装软件。

板卡级维护说来简单，但做起来就不那么容易了。微机系统如此复杂，各种故障现象千奇百怪，在短时间内能准确判断并找出故障部位，就需要维护人员具有较广的知识面和丰富的经验，同时还要不断学习和补充新知识。

3. 芯片级维护

芯片级维护的任务是找出板卡上损坏的芯片和元器件，故障定位在芯片级。比如说，显卡损坏了，就需要找出是显卡上哪个芯片坏了或者是哪个元器件损坏了，并用好的芯片或者元器件替换，在有些情况下还需要对存在故障的电路重新搭建，使电路能正常工作。

芯片级维护一般称为维修，对于芯片级维修人员来说，微机方面的知识要求并不一定很高，但要求有较好的电路知识和专业技能，另外还需要配备专用仪器和工具，这对于普通用户来说不太可能也没有必要。对于绝大多数使用者来说能够进行预防性维护和板卡级维护就已经足够了，至于设备维修应该交给芯片级维修人员。相对来说，板卡级维护比芯片级维修要简单一些。

本书是以板卡级维护作为主要内容展开的，有关维修方面的内容请查阅其他相关资料。

1.3.2　系统维护技术基础

维护技术具有较强的专业性，尤其涉及硬件的维护，它同时需要专业知识、相关技能和实践经验的支持。对于大多数使用者来说，能够熟练操作微机即可，并不一定需要了解微机专业知识。如果想自己维护机器或者成为专业维护人员，那就应该先学会组装机器，否则，一旦出现问题就会无从下手。除了会组装机器之外，还应该了解微机硬件的结构、微机各部件的功能以及它们的一般工作原理，应该了解配件的技术发展动向及市场行情，了解操作系统及常用软件，能熟练使用系统维护工具软件。而对于网络维护人员，还应该了解一些网络及通信方面的知识。

微机发展速度非常快，各种新技术层出不穷，知识更新速度快，新产品流行时间短，因此，系统维护人员面对的问题也会不断发生变化，需要不断地学习新知识。

习　题

1. 微机由哪几部分组成？各部分的主要功能是什么？
2. 什么是总线？系统总线由哪几部分构成？各部分的功能是什么？软件设计的含义是什么？
3. 微机的主要特点是什么？
4. 微机常用的操作系统有哪几种？它们各有什么特点？
5. 微机系统维护的主要任务是什么？

第2章 微机系统的硬件配置

微机的发展速度使人应接不暇，产品日新月异，为使用者选择机型及配置提供了广阔天地。由于产品已实现了标准化生产，具有一定微机知识的人都可以根据自己的实际需要装配自己的计算机。那么，应该怎样进行合理的选择？具备什么样的配置才是较为理想的呢？

衡量一台计算机的性能，只看某一方面是不能做出合理判断的，每一个组成部件都会对机器整体性能产生一定的影响，而且有些影响是至关重要的。用户对于微机系统配置的要求，一般从性能和价格两方面考虑。本章介绍各种硬件配置，以及各部件对系统性能的影响。

2.1 CPU

中央处理器（central processing unit，CPU）是一块超大规模的集成电路，是一台计算机的运算核心（core）和控制单元（control unit）。它的性能奠定了微机性能的基础。它与内部存储器和输入/输出设备合称为微机三大核心部件。选定了CPU，其他部件也就可以大致确定了。为了能让读者对CPU有更系统、更全面的认识，我们有必要围绕CPU先简单介绍其主要性能参数及其相关的一些技术，在此基础上识别和了解CPU产品。

2.1.1 CPU性能参数及相关技术

衡量CPU性能的主要技术指标有主频、系统频率、前端总线、QPI与HT总线、位宽、缓存、指令系统、内部结构及封装等几方面。

1. 主频

主频就是指CPU核心电路工作的时钟频率，主频越高，意味着CPU的运行速度越快，性能也就越好。世界上第一块商用CPU——英特尔4004主频仅有108 KHz，现在的酷睿系列主频已达5.8 GHz。

在一定工艺技术条件下制造的CPU，其工作频率不能超过某一个最大值。一方面是由于制造工艺的限制，器件的反应速度存在极限值，当超过某个极限数值后，器件就不能正常工作，机器会出现不稳定或死机现象。另一方面，CPU在高速运行过程中必然会产生热量，而且随着主频的增高发热量也会加剧，热量的积累会导致CPU过热而不能正常工作，轻者造成死机，重者烧坏芯片。为了保证安全，CPU在出厂前都要经过非常严格的测试和筛选，并标定出额定工作频率，这个额定频率也就是CPU产品出厂时标称的主频。

为了进一步保证器件的可靠性和使用寿命，制造商最常用的办法就是在处理器设计和生产过程中适当增加余量，即实际控制的性能参数往往高于出厂的标称值。所以，在保证不超温的情况下，稍高出额定工作频率后，CPU仍能正常工作。让CPU在超出额定频率的条件下工作，这就是所谓的超频。

Intel和AMD公司分别开发了睿频加速技术（turbo boost）和动态超频技术（turbo core）。基本工作原理是根据CPU的任务量，通过改变CPU的主频（通过改变倍频系数实现）、工作电压、散热速度、开关多核心CPU来达到提高CPU工作效率的目的。而英特尔发展了一项新技术——热速度加速（thermal velocity boost，TVB），它会根据睿频加速功耗限制是否还有剩余、处理器在最高极限温度之下运行时间的长短，在单核心、多核心睿频加速的基础之上，适时、自动地继续提升单个核心的频率，具体提频幅度、时间取决于处理器规格、工作负载、散热条件。有一点值得注意，自从TVB加速技术的出世，英特尔CPU的规格表上睿频加速变成了最大加速（max boost），并说明这是基于睿频、TVB两种加速技术所能获得的最大单个核心频率，不再仅仅单独标注睿频加速，而是标注英特尔Thermal Velocity Boost 频率、英特尔睿频加速Max技术3.0频率这两个加速技术。

2. 系统频率

系统总线的工作频率一般称为系统频率，也叫基频或外频。系统总线频率是从主板上获得的。同样，CPU的工作频率、内存芯片和主板上其他芯片的工作频率也都是由主板上的时钟电路提供的。

由于CPU的速度越来越快，而系统总线及其他芯片的速度已经无法跟上CPU的发展脚步。所以，采取了CPU内部工作频率高而外部其他电路工作频率低的方法。在CPU内部增加了一个时钟倍频电路，CPU主频就是通过倍频的方法来实现的，即时钟倍频电路将系统频率按某个倍数提高，这种倍数关系也叫倍频系数。一般来说：

$$\text{CPU主频}=\text{系统频率}\times\text{倍频系数}$$

3. 前端总线

前端总线（front side bus，FSB）是指CPU的外部总线，也就是CPU与主板内存管理（北桥）芯片之间的数据传输通道，也可以认为它是CPU与主板之间的接口。在Pentium Ⅲ以前，前端总线与系统总线并没有什么区别，但从Pentium 4推出以后，前端总线与系统总线两者的关系就发生了变化。Pentium 4采用了4路并行数据传输技术，也就是说，CPU数据总线由原来的64位增加了到4 × 64位；因此，前端总线的数据传输带宽也同时提高到了原来的4倍，这就相当于前端总线频率是系统总线频率的4倍。Intel处理器常见的前端总线频率有1 333 MHz、1 600 MHz、2 000 MHz等几种，前端总线为1 333 MHz时，处理器与北桥之间的带宽为10.67 GB/s，而提升到1 600 MHz能达到12.8 GB/s，增加了20%。单纯通过提高处理器的外频和FSB，也难以像以前那样带来更好的性能提升。FSB技术目前已基本被QPI与HT总线取代。

4. QPI与HT总线

QPI与HT总线技术是Intel与AMD公司分别独立研发的高速总路线，用来替代FSB技术。

（1）QPI总线

QPI（quick path interface，英特尔智能互连技术）总线技术，是Nahalem架构在功能和性能上取得大突破的关键性技术。QPI是在处理器中集成内存控制器的体系架构，主要用于处理器之间和系统组件之间的互连通信（诸如I/O）。它抛弃了沿用多年的FSB，CPU可直接通过内存控制器访问内存资源，而不是以前繁杂的“前端总线—北桥—内存控制器”模式。英特尔采用了4+1 QPI互连方式（4针对处理器，1针对I/O设计），这样多处理器的每个处理器都能直接与物理内存相连，每个处理器之间也能彼此互连来充分利用不同的内存，可以让多处理器的等待时间变短（访问延迟可以下降50%以上），只用一个内存插槽就能实现与四路皓龙处理器同等带宽。

（2）HT总线

HT是Hyper Transport的简称。Hyper Transport本质是一种为主板上的集成电路互连而设计的端到端总线技术，目的是加快芯片间的数据传输速度。Hyper Transport技术在AMD平台上使用后，是指AMD CPU到主板芯片之间的连接总线（如果主板芯片组是南北桥架构，则指CPU到北桥），即HT总线。64 bit带宽可达51.2 GB/s，目前Hyper Transport技术从规格上讲已经有HT 1.0、HT 2.0、HT 3.0、HT 3.1、HT 4.0等规范。

5. 位宽

位宽又叫基本字长，俗称线宽，是指CPU一次操作所能处理的二进制数据长度。通常用CPU内部运算器的位数来代表，字长往往与CPU内部寄存器以及地址线和数据线相当。数据线是CPU与内存及I/O端口交换数据的通道，宽度代表了一次交换数据的能力。地址线决定了CPU的寻址能力。寄存器位数代表了各指令的功能和执行效率。从80386开始，CPU字长增加到32位，从奔腾开始数据线增加到64位，Pentium Ⅱ / Ⅲ和Pentium 4 CPU内部增加了少量64位寄存器，但仍然属于32位处理器，目前64位处理器已经成为主流。

6. 缓存

缓存大小也是CPU的重要指标之一，而且缓存的结构和大小对CPU速度的影响非常大，CPU内缓存的运行频率极高，一般是和处理器同频运作，工作效率远远大于系统内存和硬盘。实际工作时，CPU往往需要重复读取同样的数据块，而缓存容量的增大，可以大幅度提升CPU内部读取数据的命中率，而不用再到内存或者硬盘上寻找，以此提高系统性能。但是由于CPU芯片面积和成本的因素，缓存都很小。

L1 Cache（一级缓存）是CPU第一层高速缓存，分为数据缓存和指令缓存。内置的L1高速缓存的容量和结构对CPU的性能影响较大，不过高速缓冲存储器均由静态RAM组成，结构较复杂，在CPU管芯面积不能太大的情况下，L1级高速缓存的容量不可能做得太大。一般CPU的L1缓存的容量通常在128～256 KB。

L2 Cache（二级缓存）是CPU的第二层高速缓存，分内部和外部两种芯片。内部的芯片二级缓存运行速度与主频相同，而外部的二级缓存则只有主频的一半。L2高速缓存容量也会影响CPU的性能，原则是越大越好。服务器工作站或高端个人计算机上用CPU的L2 Cache可以达到32 MB以上。

L3 Cache（三级缓存），分为两种，早期的是外置，降低内存延迟，同时提升大数据量计算时处理器的性能。降低内存延迟和提升大数据量计算能力对游戏很有帮助。而在服务器领域增加L3缓存在性能方面也有显著的提升。比如具有较大L3缓存的配置利用物理内存会更有效，故它比较慢的磁盘I/O子系统可以处理更多的数据请求。

其实最早的L3缓存被应用在AMD发布的K6 Ⅲ处理器上，当时的L3缓存受限于制造工艺，并没有被集成进芯片内部，而是集成在主板上。只能够和系统总线频率同步的L3缓存同主内存其实差不了多少。后来使用L3缓存的是英特尔为服务器市场所推出的Itanium 处理器。接着就是Pentium 4 EE和Xeon（至强）MP。目前L3缓存普遍为36 MB。

7. 指令系统

指令系统是CPU性能的集中体现，任何型号的CPU都有属于自己的指令系统，它是由CPU制造商设计决定的。指令的格式、种类、寻址方式、指令的多少以及执行速度都能反映出该CPU的设计水平和性能优劣。下面简要介绍在指令系统中产生过重大影响的技术。

（1）MMX指令

MMX（multi media extension，多媒体扩展）技术是Intel公司发明的一项多媒体增强指令集技术。MMX指令共有57条，主要是增强对动画的再生、图像的加工以及声音的合成处理能力。在此基础上，它能使系统对多媒体相关任务的综合处理能力提高1.5～2倍。

MMX技术带来的处理器性能提高是显而易见的，之后的“3DNow!”以及SSE、SSE2和SSE3也都是从MMX技术发展演变而来的。

（2）“3DNow!”指令

在AMD公司生产的K6-2微处理器指令系统中首次增加了“3DNow!”指令集。“3Dnow!”技术是AMD公司设计开发的多媒体扩展指令集，共有21条指令，主要是为了提高K6系列处理器的3D图形处理能力。

“3DNow!”针对MMX指令集的不足，增加了单精度浮点运算指令，重点突出了3D处理，可直接借助硬件处理三维图像信息。所以，“3DNow!”又被称为三维加速指令集。

（3）SSE指令

SSE（streaming SIMD extensions，数据流单指令多数据扩展）指令集共有70条指令，囊括了原MMX和“3DNow!”指令集中的所有功能，加强了浮点运算能力，并且针对因特网的发展增强了音频、视频和3D处理能力，其中有12条指令用于弥补MMX指令的不足。

（4）SSE2指令

Pentium 4指令系统在原MMX的基础上增加和扩充了144条用于多媒体的扩展指令集，简称SSE2指令集。其中68条是对原有指令的增强，并将64位的MMX指令扩展为128位操作，另外76条是新增加的。这些指令主要侧重于支持DVD播放、音频、3D图形数据和网络数据的处理，分别具有128位整数运算和双精度浮点运算能力，同时具有优化缓存和内存控制功能。

（5）SSE3扩展指令

新的Pentium 4处理器在SSE2指令集的基础上又增加了13条新指令，称为SSE3扩展指令集。其中一条指令专门用于视频解码，两条指令用于线程处理，另外10条指令则用于浮点运算以及其他更为复杂的运算。

（6）“3DNow!-P”指令

为与Pentium 4竞争，AMD在原“增强型3DNow!”的基础上，又增加了类似SSE的52条指令，这些指令称为“3DNow! Professional”，简称“3DNow!-P”。

（7）SSE4指令

SSE4指令集实际包括SSE4.1指令和SSE4.2指令。

（8）SSE4.1指令

SSE4.1指令是SSE4加入了6条浮点型点积运算指令，支持单精度、双精度浮点运算及浮点产生操作，且IEEE 754指令（Nearest、-Inf、+Inf和Truncate）可立即转换其路径模式，此外，SSE4加入串流式负载指令，让指令最多可带来8倍的读取频宽效能提升。

（9）SSE4.2指令

SSE4.2是在SSE4.1 指令的基础上又加入七个新指令：CRC32、PCMPESTRI、PCMPESTRM、PCMPISTRI、PCMPISTRM、PCMPGTQ与POPCNT，称之为SSE4.2。

（10）Intel VT-x指令

VT-x是Intel运用Virtualization虚拟化技术中的一个指令集。

8. CPU内部结构及封装

从奔腾处理器开始，在CPU内部结构设计中更多地引入了当时大型计算机的设计思想。由于采用了先进的体系结构设计，微处理器的内部结构已经变得越来越复杂，这些变化主要体现在以下几个方面：

（1）内置协处理器

协处理器是一个专门进行数值计算的部件，从486开始，协处理器直接与CPU制作在一块集成电路中，称为内置协处理器。一般来说，协处理器只担负那些计算过程相对复杂的浮点运算任务，所以又称之为浮点运算器。

（2）片内高速缓存技术

在CPU和内存之间设置速度更快的小容量存储器，称为高速缓冲存储器（Cache）。片内高速缓存技术就是把这部分高速存储器电路集成到CPU中，即制作在一块芯片上。从486开始，片内高速缓存已经成为CPU内部不可缺少的部件。从Pentium Ⅱ开始，又将第二级高速缓存与CPU制作在一起；从Itanium开始，CPU内部集成了三级高速缓存电路。各种型号CPU的一级、二级、三级高速缓存的多少也是体现该CPU性能的主要标志，同时在很大程度上影响该CPU的价格。

（3）流水线技术

流水线技术是将一条指令的执行过程分解成若干个更小的子过程，每个子过程的操作可以与其他子过程同时进行。由于这种工作方式类似于工厂中的生产流水线，因此，把它称为流水线工作方式。CPU流水线中子过程的多少称为流水线的级数，也叫工位数，Pentium 4处理器流水线已经达到20工位。

（4）动态执行技术

动态执行技术又称为随机推测执行技术，是由Intel公司首先在Pentium Pro上采用的，包括数据流分析、多路分支预测、推测执行三项技术。

（5）超线程技术

超线程技术（hyper threading technology），简称HT技术。该技术首先出现在Intel的Pentium 4 Xeon处理器中，2002年Intel公司推出了带有超线程技术的Pentium 4 3.06 GHz微处理器，之后超线程技术被用于桌面微处理器中。

超线程技术可以简单地理解为，把微处理器中的多条流水线模拟成为多个独立的逻辑处理器，让每个逻辑处理器都能实现线程级并行计算，同时兼容多线程操作系统和软件，进一步提高微处理器的性能。

超线程技术除CPU之外，还需要主板的技术支持，同时还需要操作系统的支持。

（6）双核、双芯技术

双核技术就是将两个CPU核心集成在同一个微处理器电路中，而双芯技术是将原来的两个CPU芯片封装在同一个微处理器中。从目前推出的产品来看这是两种不同的设计技术。采用双核技术的CPU首先是由AMD公司于2005年5月推出的面向服务器和工作站级的高性能64位处理器产品，在最初的设计中就已经考虑到添加第二个核心，所以，两个核心之间的关系更为密切，并且与同样封装的其他单核处理器兼容。

采用双芯技术的CPU首先是由Intel公司于2005年初推出的，它是面向普通桌面微机的高性能32位处理器产品，该处理器中的两个芯片仅仅是通过同一组前端总线与系统连接，其中的任何一个核心完全可以独立工作。双芯技术既简化了处理器的设计，又有利于提高成品率和降低制造成本。从理论上来说，这两种技术都能将处理器的性能提高一倍。

（7）四内核、多内核技术

继第一款双核处理器Pentium D诞生后的一年半时间，Intel公司于2006年11月正式发布了其桌面四内核处理器，即代号为Kentsfield的Core 2 Extreme QX6700，将桌面微处理器带入了崭新的四核心时代。

在设计上，Intel公司的四内核Core 2 Extreme QX6700只是将两颗双核Core 2 Duo封装在一起，两部分4 MB二级缓存如要互访必须通过外部渠道，这种设计与当初的双核处理器Pentium D类似。而基于Sandy Bridge-E架构，英特尔的Core i7-3960X六核处理器也早已问世。

（8）EIST技术

EIST（enhanced Intel speedstep technology，智能降频技术），它能够根据不同的系统工作量自动调节处理器的电压和频率，以减少耗电量和发热量。

（9）睿频加速技术

英特尔睿频加速技术是英特尔酷睿 i7/i5 处理器的独有特性，也是英特尔的一项新技术。这项技术可以理解为自动超频。当开启睿频加速之后，CPU会根据当前的任务量自动调整CPU主频，在执行每条重任务时发挥最大的性能，轻任务时发挥最大节能优势。

增加CPU芯片的内核数量将获得完全不同的性能。首先，与单核处理器相比，相同性能指标的多内核处理器减少了电力消耗。其次，在同一硅片上集成多个处理器内核，或同一处理器封装多个内核，这种方式可减少数据传输通道，从而提高处理器的性能。可以预言，处理器的多内核技术将是CPU未来发展的主要趋势。

（10）制造工艺

集成电路的生产技术水平一般用“工艺线宽”来表示，即电路中线条的宽度。早期的8086芯片工艺线宽大于5 μm，工作频率只能达到8 MHz，目前的CPU制造工艺已经小于10 nm。采用10 nm工艺制造的Intel Core i9极限频率约为5.1 GHz，想要进一步提高速度只有改进制造工艺。工艺线宽数值越小，电路的工作频率就越高，功耗和发热量也就越小，同时还可以进一步提高芯片的集成度，使CPU内部电路更趋复杂。

（11）工作电压

CPU正常工作需要一定的电压，这个电压值就是额定电压。低于额定值信号会减弱，使电路不能正常工作，高于额定值会缩短CPU寿命甚至烧坏电路。8086和286时代，CPU工作电压为5 V，随着工艺技术的不断改进，工作电压也逐渐下降。目前，Intel Core i9 13900K以上档次CPU的工作电压已经降到1.42 V以下，并有可能进一步降低。CPU工作电压下降，芯片发热量自然减少，另一个好处是可以增大芯片的面积，提高集成度。

（12）封装技术

封装技术对于CPU以及其他集成电路都是非常重要的，它直接关系到CPU的散热、可靠性以及系统的稳定性。封装就是集成电路的外壳，封装技术要解决的主要问题有：芯片的保护和散热以及芯片与主板的电路连接。目前常用的CPU封装形式主要有下面几种：

- PGA 封装：针栅阵列封装（pin grid array package），20世纪90年代以后开始采用的超大规模集成电路封装形式，引脚数一般为三四百个。80486、Pentium、Celeron 等采用此封装。
- BGA 封装：球栅阵列封装（ball grid array package），20世纪90年代以后开始采用的超大规模集成电路封装形式，引脚数一般为五六百个。目前大多数主板芯片组和笔记本电脑专用CPU采用此封装。安装在SEC卡盒中的Pentium Ⅱ和Pentium Ⅲ也采用此封装。

• FC-PGA和mPGA封装：反转芯片针栅阵列（flip chip PGA）封装和微型针栅阵列（micro PGA）封装，这两种封装都是PGA的改进形式。FC-PGA封装用于0.18 μm工艺的Pentium Ⅲ和Celeron Ⅱ，mPGA封装用于Pentium 4。

• LGA封装：栅格阵列（land grad array）封装，以前一直沿用的针脚被去掉，变成了金属触点，相应的主板CPU插座被称之为Socket T。Intel Pentium 4、Pentium D/ EE/E、Celeron D/400和Core 2（酷睿2）等系列CPU均采用LGA 775封装，目前，Intel i7第四代采用LGA 1150封装。

• FCLGA封装：倒装芯片路栅阵列（flip chip land grid array）有时会缩短至LGA（栅格阵列）。带有BGA（球栅阵列）或 FCBGA（倒装芯片BGA）封装的处理器将被焊接到系统中，目前Intel i9第13代采用FCLGA1700封装。

2.1.2 Intel Pentium系列CPU

作为微处理器行业的龙头，Intel公司的系列CPU产品对微机市场的影响是举足轻重的，从8086开始直至今日的Core i5、i7、i9，Intel系列CPU一直是业界的发展标准。2000年11月Intel公司推出的Pentium系列在当时具有划时代的意义。

2.1.3 Intel Core系列CPU

英特尔公司在结束使用长达12年之久的“奔腾”的处理器后转而推出了酷睿（Core）处理器。Core是一款节能的新型微架构，设计的出发点是提供卓然出众的性能和能效，提高每瓦性能，也就是所谓的能效比。最早的第一代酷睿CPU是用于笔记本电脑的处理器，因其各方面的优势继续推出了“Core 2 Duo”和“Core 2 Quad”品牌，以及Core i9、Core i7、Core i5三个品牌的CPU，成为Intel的主流处理器产品。

英特尔酷睿微体系结构面向服务器、台式机和笔记本电脑等多种处理器进行了多核优化，其创新特性可带来更出色的性能、更强大的多任务处理性能和更高的能效水平，各种平台均可从中获得巨大优势。

1. Core 2 Duo（酷睿2）

2006年7月27日，Intel公司隆重发布了十款面向个人和企业的台式机、笔记本电脑和工作站的全新酷睿2双核处理器——Intel Core 2 Duo。酷睿2处理器的面世彻底改变微机的性能、外观和能耗等指标，并最终改变人们使用计算机的方式。同时，Intel公司将使用了十几年的商标名称“Pentium”（奔腾）用“Core 2”（酷睿2）这一新颖的商标名称来代替，也宣布了Intel奔腾时代的结束，而进入一个崭新的酷睿时代，如图1-2-1所示。

图 1-2-1　酷睿 2 双核处理器 Core 2 Duo

2. Core 13代处理器

第13代英特尔®酷睿™ 台式机处理器装载了最新的平台技术，可加速系统性能。多达16

个PCIe 5.02通道将 I/O 吞吐量提高一倍，加快了处理能力。利用推动行业转型的DDR5支持，实现高达5 600 MT/s 的速度，提高带宽和生产效率，同时继续支持最高3 200 MT/s 的DDR4。全面支持高级调优和超频，按需提供智能超频性能，无论新手还是经验丰富的超频用户，都可从未锁频处理器中获益良多。向后兼容英特尔 600 和 700 系列芯片组，从而提供了升级的灵活性，而不会影响性能或功能。

第 13 代英特尔® 酷睿™ 台式机处理器极大地提高了用户体验，无论是参与激烈的游戏和创作还是高度专注的工作会议。由Xe架构驱动的增强型英特尔® 超核芯显卡11 最高支持 8K 60 Hz HDR 视频和多达 4个同步4K 60 Hz显示器，可提供生动、高品质的视觉效果。借助英特尔® Gaussian & Neural Accelerator 3.0（英特尔® GNA），享受高效的噪声抑制和专业的语音输出。这些极致的体验得益于英特尔® Killer™ Wi-Fi 6/6E提供的一流有线和无线连接。12Wi-Fi 6/6E 可智能管理并路由互联网流量，帮助用户与最快的通道保持连接。Core i9/i7/i5/i3 处理器和性能参数如图 1-2-2 和表 1-2-1 所示。

（a）酷睿 i9 处理器

（b）酷睿 i7 处理器

（c）酷睿 i5 处理器

（d）酷睿 i3 处理器

图 1-2-2　Core i9/i7/i5/i3 处理器

表 1-2-1　Core i9/i7/i5/i3 处理器对照表

处 理 器	Core i9	Core i7		Core i5		Core i3
型号	13900KF	13700K	13700	13490F	13600K	13100
核心/线程	8/16	8/16		6/12		4/8
GPU	无	UHD770		无	UHD770	UHD730
制造工艺（nm）	10					
封装形式	LGA 1700					
L2+L3/MB	32+36	24+33	24+33	9.5+20	20+24	5+12
性能核主频/睿频（GHz）	3.2/5.8	3.4/5.3	2.1/5.1	2.5/4.2	3.5/5.1	3.4/4.3
效能核主频/睿频（GHz）	2.4/4.3	2.5/4.2	1.5/4.1	1.8/3.5	2.6/3.9	无

2.1.4　AMD 系列 CPU

AMD公司对CPU的发展也起了重要作用，在与Intel的竞争中，不断推出新的CPU 产品，低廉的价格和优异的性能为微机市场提供了更多的选择。下面介绍其主要产品。

1. AMD四核处理器

AMD公司推出的四内核处理器Barcelona，架构包括三级缓存、32位指令集、双128位SSE数据流和每个计算周期双128位加载。四内核处理器Barcelona采用65 nm工艺，可用于服务器、工作站和高端台式机。

2. Duron（毒龙）系列处理器

与赛扬类似，AMD也推出了K7版本的低端处理器产品Duron（毒龙），也就是K7的简化版。二级缓存容量减少为K7的一半，全速运行，工作电压为1.5～1.7 V。

Duron处理器是基于Athlon XP的简化版，采用462针的Socket A封装，前端总线频率为200 MHz，采用0.18 μm制造工艺，一级缓存容量为128 KB，将二级缓存由片外移到了片内，有效降低了成本，提高了散热效率。Duron具有较小的二级缓存（64 KB）和更大的一级缓存（128 KB），所以为了不降低性能，一级缓存中的数据不能直接写入二级缓存中，采用大容量的一级缓存弥补二级缓存的不足。Duron处理器具有很强的浮点运算能力和图形处理能力，支持增强的“3DNow!”指令，每个时钟周期可执行3条浮点指令。

而采用0.13 μm工艺Appaloosa核心的Duron，是Thoroughbred核心的简化版本，同样运行于266 MHz前端总线，但仅集成64 KB二级缓存。

与Celeron采取的策略相同，随着Athlon XP处理器内核的不断改进，Duron处理器的性能也在不断提升，并推出了系列产品，优异的性能和低廉的价格使Duron成为Celeron的有力竞争者，AMD Duron处理器如图1-2-3所示。

3. APU

APU是accelerated processing units的简称，中文名字叫加速处理器，它第一次将处理器和独显核心做在一个晶片上，协同计算，彼此加速，同时具有高性能处理器和支持DitectX 11独立显卡的处理性能，大幅提升计算机运行效率，实现了CPU与GPU真正的融合。

（1）E系列

AMD在早期的市场中发布了E系列APU，定位入门级市场，主打超低功耗，采用BGA封装，主要应用在笔记本和HTPC，为A系列作铺垫。虽然AMD E系列的入门级APU性能十分有限，但足以应付一般网络游戏、办公、上网等日常应用的需求，并且还有IE 9、Office 2010等软件针对APU进行了加速优化。AMD E系列主打超低功耗，更适合作为上网本、HTPC、入门上网机使用，不适合追求性能的用户。

AMD E系列入门级APU（见图1-2-4）采用BGA方式封装，APU直接焊接在主板上一起销售，由于价格相对较高，没有在桌面市场引起波澜。

图1-2-3　AMD Duron 处理器

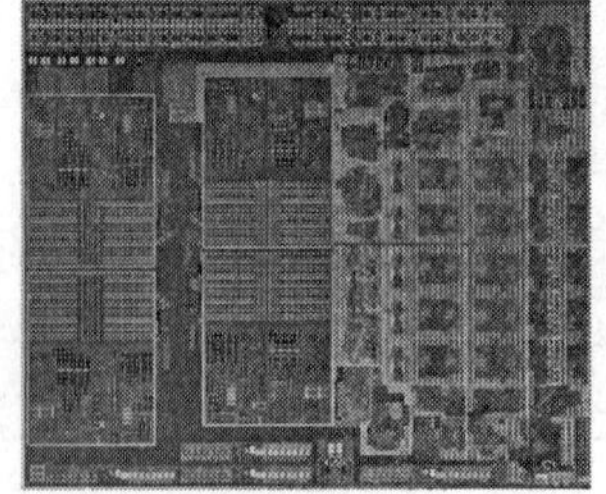

图1-2-4　AMD E 系列处理器

（2）A系列

A系列APU是继E系列之后AMD的新一代产品。AMD A系列被划分为A10、A8、A6和

A4 四个系列，主要划分依据是CPU核心数目和GPU级别。AMD A系列采用FM1接口，不兼容Socket AM3/AM3+ CPU。

A系列APU内部整合了一个双通道DDR3内存控制器，单条DDR3内存是64 bit，双通道基本上可以满足当时主流独显的位宽要求。CPU和GPU在内存控制器面前是平等的，都是直接相连，带宽可以最大化利用，共享式内存可以消除CPU与GPU之间最大的瓶颈。A系列APU如图1-2-5所示。

图 1-2-5 A 系列处理器

（3）FX系列

2003年AMD首次推出FX系列（推土机系列），这就是用于发烧级和游戏级别的Athlon 64 FX系列处理器。Athlon 64 FX刚好是在AMD丢失高端x86处理器市场的时候问世的，但后来由于无法与英特尔在这片市场展开竞争，AMD只得暂停推出FX系列的处理器。2007年和2008年也都没有AMD FX系列产品。但2013年AMD FX系列8核处理器的相继发布，又使AMD处理器成为发烧友的首选。

AMD推土机架构采用了模块化设计，每个模块内有两个整数核心和一个浮点核心，各自搭配专用的调度器，而且浮点核心可为两个整数核心所共享使用。因为有自己的调度器，浮点核心不必依赖整数调度器去安排浮点命令，也无须借助整数资源去执行256位命令。相比之下，Intel的架构中整数和浮点核心共用一个调度器，它必须同时处理整数和浮点命令。

推土机架构会在指令集方面做出大幅度的扩展，加入支持SSSE3、SSE 4.1/4.2、AVX、AES、FMA4、XOP等，其中最关键的就是AVX。AVX指令集可以执行256位浮点指令，并可以在一个时钟周期内并行执行四个单精度命令或者两个双精度命令。

典型数据中心负载都以整数运算为主，浮点运算只占很小一部分，所以绝大多数情况下一个庞大的256位浮点单元只会白白消耗内核面积和功耗。推土机通过在两个整数核心之间共享一个256位浮点单元，既节省了内核面积和功耗，也能灵活满足实际负载需求。FX系列处理器如图1-2-6所示。

图 1-2-6 FX 系列处理器

4. 锐龙系列

2017年初AMD发布第一代Ryzen处理器，采用自己自产的14 nm工艺。Ryzen 1700X拥有八核心十六线程，采用Zen架构，对比FX时期推土机架构，在整体性能提升的基础上单核性能提升超过50%。同时全新的Zen架构Ryzen处理器每个核心都拥有独立的L1、L2缓存，同时使用全新的CCX模块化设计所有核心共用L3缓存。第一代Ryzen处理器实现了AMD处理器的复兴，虽然zen处理器单核性能还略逊于同时期Intel，但多核性能已经完全追赶上当时的6900K。

2018年发布的Ryzen 2000系列处理器基于改进过的12 nm制程Zen+架构，Zen+架构改进了Zen架构中对内存与缓存的支持问题，提高了对高频内存的兼容能力。新一代动态加速可以给Ryzen 2000系处理器带来更高的动态睿频，进一步提升性能。可以说Zen+架构的关键词就是改进与优化。

2019年，Ryzen 3000系列处理器发布，7 nm制程的Zen2架构完全追平改进的IPC架构，带来了相比上代50%的提升，在更换晶圆厂的同时，Zen2架构还提供了相比Zen+两倍的L3缓存，还优化内核调度和指令集。Zen2使用的CCD核心模块化设计，每个CCD拥有两个CCX模块，使得Ryzen 3000系列在单片CPU上突破16核心。

Zen3架构将精力主要放在单核性能上，Ryzen系列多核性能强而单核性能则比较欠缺。Zen3架构相比上代Zen2架构IPC提升近20%。Zen3架构中将Zen2中首次出现的CCD模块进行优化，将8个CCX核心封装到一个全新的CCD中，合并之前每个核心的三级缓存，每个核心都可以单独使用32 MB的L3缓存。锐龙系列CPU的性能指标见表1-2-2。

表1-2-2　各档次CPU性能指标

CPU	R7-1700X	R7-2700X	R7-3700X	R7-5800X
微架构	Zen	Zen+	Zen2	Zen3
核心/线程	8/16	8/16	8/16	8/16
制作工艺（nm）	14	12	7	7
（CPU频率/加速频率）（GHz）	3.4/3.8	3.7/4.3	3.6/4.4	3.8/4.7
TDP热设计功耗（W）	95	105	65	105W
接口	AM4	AM4	AM4	AM4
支持内存，最高频率（MHz）	双通道，DDR4 2667	双通道，DDR4 2933	双通道，DDR4 3200	双通道，DDR4 3200

2.2　主板

主板（Main Board）又称为母板或系统板（System Board），它是微机的骨架。作为整个硬件系统的载体，主板是决定系统性能发挥的基础，同时，许多新技术也必须由主板提供。从这方面来讲，主板对系统的影响不亚于CPU。选择主板应该从以下几方面考虑：

2.2.1　主板系统总线

系统总线是微机各模块间传递信息的公共通道，总线技术在微机系统中占有十分重要的地位，它相当于现代化城市中的交通及通信网络。总线结构直接影响着数据传输的速度和微机的整体性能。任何系统的研制和外围模块的开发，都必须服从一定的总线规范，不同的总线结构，在性能上差别是很大的。

总线结构就是指某种总线采用的通信标准，它是一种很具体的通信协议，包括很复杂的技术指标和参数，只要在设计和生产制造中遵守这些协议，就能很好地兼容各种外设，充分发挥CPU的性能。对一般用户来讲，只关心一些基本的性能指标就足够了。

1. 总线结构的性能指标

- 总线宽度：传输线路的位宽，由数据总线、地址总线和控制总线组成。
- 总线频率：即总线工作频率，以MHz为单位。
- 传输速率：单位时间传输的信息量。
- 兼容性：低级的功能卡、软硬件是否能在高级的总线结构下使用。
- 负载能力：可连接的扩展板的数量。

总线结构几经演变，都是围绕着这几条指标进行的。总线连接着微机系统内的各种部件，高性能的总线还需要有好的管理者才会更好地发挥作用，总线管理系统就担当这一任务。总线管理系统的任务就是将那些无须CPU参与的工作承揽下来，使CPU从繁重的总线管理事务中解脱出来，进一步提高效率。

随着硬件技术的不断发展，总线管理系统也由过去的一组功能低、集成度低的分离芯片，发展成高度集成、功能强大的一两个芯片。这样使主板结构更紧凑，布线更合理可靠，效率更高。

2. PCI-E总线

PCI Express总线标准简称PCI-E，它是由Intel、IBM、Compaq、Dell和Microsoft等几大公司联合制定的新一代总线标准，在2002年推出时被称为3GIO（third generation I/O architecture，第三代I/O体系结构）。

PCI-E与PCI总线最本质的区别在于它是一种全双工串行总线，而且设备与设备之间采用了点对点的工作方式，高传输率是通过极高的工作频率实现的；一条PCI-E通道由两对连线构成，一对连线用于传送，另一对用于接收，工作频率为2.5 GHz；同时它还具备了兼容原有PCI总线的特点。PCI-E插槽是由原有的PCI插槽和PCI-E附加插槽组成，PCI设备完全可以作为PCI-E设备使用。

第一代PCI-E设计标准中理论数据传输速率为2.5 Gbit/s（PCI-E × 1）；第二代的PCI-E显卡接口标准为PCI-E × 16；第三代PCI-E，理论数据传输速度是4 GB/s，接口的单向带宽近1 GB/s，十六倍信道（1 × 16）双向带宽可达16 GB/s；第四代PCI-E，理论数据传输速度是8 GB/s，接口的单向带宽2 GB/s，十六倍信道（1 × 16）双向带宽可达32 GB/s。

2.2.2 主板芯片组

主板芯片组（chipset）是指集成在主板上的若干个集成电路芯片，是主板的核心和中枢神经，它的功能决定了主板的等级。芯片组的主要功能是总线控制，即各总线具体功能的实际操作者，负责对CPU与内存、内存与外存、CPU与显示系统、高速缓存操作、显示系统操作、各总线接口（AGP、PCI、ISA、IDE、USB等）等进行协调控制。另外，还需对系统进行监控，实施电源管理等。可以看出，选择主板实际上是在选择芯片组。

目前，能够生产芯片组的厂家有Intel（美国英特尔）、VIA（中国威盛）、SiS（中国矽统）、ULI（中国宇力）、ALi（中国扬智）、AMD（美国超微）、nVIDIA（美国英伟达）等为数不多的厂家。其中以Intel、AMD以及nVIDIA的芯片组最为常见。与CPU的发展相比，芯片组的更新换代更加频繁，提供的功能让人目不暇接。另外，芯片组的发展从另一角度反映了微机的发展历程。

1. Intel系列芯片组

Intel目前主流的芯片组是H55、P55/45/43、G45等，G × × 系列带有集成显卡，而P × × 系列没有集成显卡；同系列的小号均是大号的精简版。一般都是数字越大，芯片组越新。普通芯片组（加字母P、G等）是指在台式机上使用的芯片组，而在笔记本上使用的芯片组一般会再加M（Mobile）。下面分别介绍3、4、5、6、7、8、9、100、200、300、400、500、600、700系列的芯片组。

（1）Intel 3～8系列芯片组

2007年到2014年间，Intel发布了3～8系列的芯片组。但是已经无法满足快速发展的计算机市场，现在基本已经被淘汰。

（2）Intel 9系芯片组

从2011年到2014年，Intel芯片组从6系、7系再到8系，对应每一代都有与之搭配的新CPU，这就是我们所熟知的Sandy Bridge（以下简称SNB）、Ivy Bridge（以下简称IVB）及Haswell处理器。而在这三代处理器上，Intel遵循了Tick-Tock策略，即SNB到IVB改变工艺（32 nm到22 nm），IVB到Haswell改变架构（Haswell为22 nm工艺不变）。到了9系平台，Intel本应推出与Haswell处理器架构相同，但工艺进化的新处理器。但是搭配9系芯片组的仍然为Haswell处理器，只不过它被Intel赋予了一个新的名称——Haswell Refresh。没有全新的CPU，只有一些更新的型号。9系芯片组只有两款新品，一个是Z87的替代者Z97，另一个则是H87的替代者H97。至于入门级的芯片组，9系并没有出现H81的替代者。

由于搭配的是Haswell处理器的升级版Haswell Refresh，因此Z97及H97芯片组同样采用了LGA1150 CPU底座。9系主板可以完美搭配Haswell及Haswell Refresh处理器。那么相较于8系的Z87和H87，9系的Z97和H97在规格上加入了对M.2接口的支持。

M.2是新一代磁盘接口，原称为NGFF，它是基于PCI-E M.2协议的产物。与SATA接口不同，M.2占用PCI-E 2.0通道，因此它可以获得更快的带宽。我们知道，目前，SATA磁盘接口SATA3的理论速度可达6 Gbit/s，而M.2接口的速度可达10 Gbit/s。对于目前高端SSD的速度已经接近SATA3接口上限。

（3）Intel 100系芯片组

伴随着Intel Skylake架构处理器的发布，Intel同时推出了H170、B150、H110、Q170、Q150、Z170六款芯片组。Q170与Q150主要面向OEM，而H170则对位代替H97，各大厂商的100系列主板均以H110、B150和Z170为主。

新一代芯片组对比上一代可以说有质的飞跃，除了总线升级为PCI-E 3.0，提供了更多的USB 3.0给消费者，CPU通道也同时提升为PCI-E 3.0的DMI 3.0总线。

对于每一代芯片组来说，Z开头的主板都可以称为旗舰，拥有最完整的接口，Z系列对比其他型号，最大的区别就是搭配k结尾的处理器可以实现完全超频。常见芯片组参数见表1-2-3。

表1-2-3　常见芯片组参数

接口规格	Z170	H170	B150	H110
CPU PCI-E配置	1×16或2×8或 1×8+2×4	1×16	1×16	1×16
CPU超频	支持	不支持	不支持	不支持
RAID支持	支持	支持	不支持	不支持
傲腾支持	不支持	不支持	不支持	不支持
USB 3.2/3.1/2.0	0/10/14	0/8/14	0/6/12	0/4/10
SATA 3.0	6	6	6	4
PCI-E 3.0通道数	20	16	8	6（2.0）
支持内存	双通道DDR4-2133	双通道DDR4-2133	双通道DDR4-2133	双通道DDR4-2133
每通道内存插槽数量	2	2	2	1

（4）Intel 200系芯片组

Intel这一代CPU被命名为KabyLake，相比上代Skylake频率增加100～300 MHz，使用改进的14 nm+工艺。

伴随着Kabylake的发布，200系列芯片组也被公布，200系列有Z270、H270、B250三款芯片组。兼容同为LGA1151接口的Skylake处理器，只需更新BIOS就能点亮。常见芯片组参数见表1-2-4。

表 1-2-4　常见芯片组参数

接口规格	Z270	H270	B250
CPU PCI-E配置	1×16或2×8或1×8+2×4	1×16	1×16
CPU超频	支持	不支持	不支持
RAID支持	支持	支持	不支持
傲腾支持	支持	不支持	不支持
USB 3.2/3.1/2.0	0/10/14	0/8/14	0/6/12
SATA 3.0	6	6	6
PCI-E 3.0通道数	24	20	12
支持内存	双通道DDR4-2400	双通道DDR4-2400	双通道DDR4-2400
每通道内存插槽数量	2	2	2

（5）Intel 300系芯片组

伴随着Intel第八代处理器Coffeelake的发布，全新的300系列芯片组也出现在消费者面前，300系列首发Z370、H370、B360（因为B350被Ryzen占用）、H310四款芯片组。

300系相比200系提升不大，都是LGA1151接口，伴随发布的八代酷睿CPU也同样采用了14 nm的工艺，但区别于100系与200系，可以通过更新BIOS实现对上代核心的支持，本代CPU新增六核版本，所以不支持通过更新Bios来支持上代核心，而300系列主要增加对原生板载Wi-Fi和USB 3.2 Gen2的支持。

第八代CPU与第九代CPU的更迭是很快的，伴随着第九代CPU的发布，Intel随之更新了芯片组，提供了更高规格的Z390和主流消费级的B365，与100系和200系相同的是，八代和九代CPU可以通过更新BIOS实现对两代产品的支持。

常见芯片组参数见表1-2-5。

表 1-2-5　常见芯片组参数

接口规格	Z390	Z370	H370	B365	B360	H310
集成无线支持	Wi-Fi 5	不支持	Wi-Fi 5	不支持	Wi-Fi 5	Wi-Fi 5
CPU PCI-E配置	1×16或2×8或1×8+2×4	1×16或2×8或1×8+2×4	1×16	1×16	1×16	1×16
CPU超频	支持	支持	不支持	不支持	不支持	不支持
RAID支持	支持	支持	支持	支持	不支持	不支持
傲腾支持	支持	支持	支持	支持	支持	不支持
USB 3.2/3.1/2.0	6/10/14	6/10/14	4/8/14	0/8/14	4/6/12	0/4/10
SATA 3.0	6	6	6	6	6	4
PCI-E 3.0通道数	24	24	20	20	12	0/6（2.0）
支持内存	双通道DDR4-2666	双通道DDR4-2666	双通道DDR4-2666	双通道DDR4-2666	双通道DDR4-2666	双通道DDR4-2666

续表

接口规格	Z390	Z370	H370	B365	B360	H310
每通道内存插槽数量	2	2	2	2	2	1

（6）Intel 400系芯片组

第十代酷睿使用了LGA1200接口，Intel推出的400系芯片组包括Z490、H470、B460、H410。新的芯片组为2.5 Gbit/s网卡单独增加一条通道，同时主板集成的无线控制器也从Wi-Fi 5升级到了Wi-Fi 6。提升最大的是全系提升到了DMI-3.0总线。常见芯片组参数见表1-2-6。

表1-2-6　常见芯片组参数

接口规格	Z490	H470	B460	H410
集成无线支持	Wi-Fi 6	Wi-Fi 6	不支持	不支持
CPU PCI-E配置	1×16或2×8或1×8+2×4	1×16	1×16	1×16
CPU超频	支持	不支持	不支持	不支持
RAID支持	支持	支持	支持	不支持
傲腾支持	支持	支持	支持	不支持
USB 3.2/3.1/2.0	6/10/14	4/8/14	0/8/12	0/4/10
SATA 3.0	6	6	6	4
PCI-E 3.0通道数	24	20	12	6
支持内存	双通道DDR4-2933	双通道DDR4-2933	双通道DDR4-2933	双通道DDR4-2933
每通道内存插槽数量	2	2	2	1

（7）Intel 500系芯片组

2021年1月Intel发布了500系芯片组，同400系一样采用LGA1200插槽，500系列芯片组包括Z590、B560、H570和H510四款。其中Z590定位为旗舰款。

在这四个芯片组中只有Z590和B560搭配十一代酷睿可以支持PCI-E 4.0，搭配十代酷睿只能支持PCI-E 3.0。500系和400系都可以通过更新BIOS实现上下兼容，与此同时，B560首次在主流消费级芯片组上支持XMP。常见芯片组参数见表1-2-7。

表1-2-7　常见芯片组参数

接口规格	Z590	H570	B560	H510
集成无线支持	Wi-Fi 6	Wi-Fi 6	Wi-Fi 6	Wi-Fi 6
CPU超频	支持	不支持	不支持	不支持
RAID支持	支持	支持	不支持	不支持
傲腾支持	支持	支持	支持	不支持
USB 3.2/3.1/2.0	10/10/14	4/8/14	4/6/12	10/10/14
SATA 3.0	6	6	6	4
PCI-E 3.0通道数	24	20	12	6

（8）Intel 600系芯片组

Intel在2022年1月发布了600系Z690、H670、B660和H610四款基于十二代酷睿Alder Lake主芯片组的全新芯片组。同时加入了对PCI-E 5.0和DDR5内存的支持。十三代酷睿发布后，600系芯片组也能通过更新BIOS支持新一代CPU。常见芯片组参数见表1-2-8。

表 1-2-8　常见芯片组参数

接口规格	Z690	H670	B660	H610
CPU 超频	支持	不支持	不支持	不支持
XMP	支持	支持	支持	不支持
20 Gbit/s USB 3 10 Gbit/s USB 3 5 Gbit/s USB 3	4/10/10	2/4/8	2/4/6	0/2/4
PCI-E 3.0 通道数	16	12	8	8
PCI-E 4.0 通道数	12	12	6	无
支持内存	DDR5 DDR4	DDR5 DDR4	DDR5 DDR4	DDR5 DDR4

（9）Intel 700 系芯片组

700系与600系芯片组相差不大，只是在芯片组自带PCI-E4.0数量上有所增加，并且根据厂家不同，也只有个别型号提供对DDR5内存的支持。常见芯片组参数见表1-2-9。

表 1-2-9　常见芯片组参数

接口规格	Z790	H770	B760
CPU 超频	支持	支持	不支持
XMP	支持	支持	支持
USB 3.2/3.1/2.0 20 Gbit/s USB 3	14/10/10/5	14/8/4/2	12/6/4/2
PCI-E 3.0 通道数	8	8	4
PCI-E 4.0 通道数	20	16	10
支持内存	DDR5 DDR4	DDR5 DDR4	DDR5 DDR4

2. AMD主板芯片组

纵观AMD芯片组这些年的发展可以看出，AMD在收购ATI之前对芯片组市场并没有多大热情，在K7时代曾经推出过AMD 750芯片组，不过对市场的指导意义多于销售的实质意义。随后又推出支持DDR内存的AMD 760芯片组，此款芯片组的发布也使DDR内存开始普及。AMD成功收购ATI后，将ATI的芯片组业务发扬光大，ATI芯片组更名为AMD芯片组，对nVIDIA的主板业务不断压缩，最终使得AMD自有芯片组迅速占领市场。

（1）AMD 9系列芯片组

AMD在下一代桌面布局里增加了APU这一新生部队，APU以高集成度和低功耗著称，主要针对中低端或者小型机消费者。9系列芯片组所在的Scorpius（天蝎）平台则是定位在了中高端市场，采用传统的主板配CPU的组合，主要定位群体是对性能要求比较高的用户。

根据AMD的命名规则，下一代推土机架构芯片组将会以9开头，也就是9系列芯片组。9系列芯片组在定位上相比于现在的8系列芯片组来说，主要集中在中高端市场，而8 系列则是全面覆盖高中低端市场。传统的中低端市场则由AMD Fusion APU平台来接替。相对于已有产品线来说，AMD下一代产品线显得更加复杂。中低端市场主要依靠APU，高端市场则要依靠9系列芯片组。

首先了解下9系列芯片组的型号区分。类似8系列芯片，9系列芯片组在型号方面也分为整合与独立芯片组。但是与8系列芯片组不同的是整合芯片组型号缩减到了一款。

在独立芯片组方面，9系列包含了990FX、990X、970三款芯片组，在高端市场同时拥有三款独立芯片组，能够满足不同用户的需求。

AMD在传统的整合芯片组方面一直保持着较大的优势，而且在中低端市场中AMD的整合主板也占据了比较大的市场。

980G在接口上采用了Sockot AM3+处理器接口，在南桥的搭配上采用SB 950。综合两者的进步来说，AMD 980G相对于880G芯片组来说提升的地方在处理器接口与额外的2个PCI-E通道。

AMD的Sockot AM3+接口依然采用了向下兼容的特性，也就是说如果用户采用现在的处理器，980G也就不具有接口优势了。而且对于普通的用户来说，额外的PCI-E通道在实际性能体验方面提升并不大。

由于AMD处理器在性能上相比于Intel来说还存在一定的差距，对于性能要求比较高的用户一般会选择Intel平台。所以AMD在传统的独立芯片组方面市场占有率比较小。

AMD 990FX在9系列芯片组中定位最高端，能够支持双卡16通道或者四卡8通道模式，主要是为高端发烧友准备，在拥有多块显卡的情况下990FX无疑更加具有性能优势，扩展性方面也最强大。

AMD 990X则是显得更加的大众化，与990FX的区别主要是在显卡的通道数量方面。990X支持双卡8通道的CrossFire模式，这主要是针对次高端的用户。

AMD 970只能够支持1条16通道的显卡插槽，主要是针对那些对显示性能没有太高要求，同时也不会组建CrossFire的用户。

（2）AMD A系列芯片组

AMD从锐龙发布开始就使用新的芯片组命名规则，分别是主打经济型的A系列（A320/A520/A620）、主流消费级的B系列（B350/B450/B550/B650/B650E），以及旗舰性能级的X系列（X370/X470/X570/X670/X670E）。

AMD 600系芯片组提升相较前几代非常大，在全面支持M.2 PCI-E 5.0和PCI-E 5.0插槽的同时还全系列支持DDR5内存。AMD系列芯片组参数见表1-2-10。

表1-2-10　AMD 600系列芯片组

芯片组型号	A620	B650/B650E	X670/X670E
接口	AM5	AM5	AM5
支持CPU	zen4	zen4	zen4
PCI-E	1×16	16xPCI-E 5.0 4xPCI-E 5.0（M.2）	16xPCI-E 5.0 4xPCI-E 5.0（M.2）
SLI	不支持	支持	支持
内存	4×DDR4 2933	DDR5-5200+	DDR5-5200+
SATA 3.0（硬盘）	4	4	8
USB 2.0/3.1/3.2	4/6	6/1（3.2Gen2*2）	12/2（3.2Gen2*2）
M.2	2（全速）	1（PCI-E 5.0）	1（PCI-E 5.0）

2.2.3　主板支持的CPU

从某种角度讲，选择了主板芯片组也就选定了CPU，但由于CPU的多样性和极高的发展速度，一些主板可能无法支持结构品牌相同、但属于新版的CPU。主板能够支持什么样的CPU由以下几种因素决定：

1. CPU插槽/座

在586时代，所有厂商生产的CPU都采用PGA封装，并且统一使用Socket 7插座。从

Pentium Ⅱ开始，CPU封装形式出现了多样化，给CPU的选择和升级换代带来了一定的困难。

在Pentium Ⅲ时代，如果要在Slot 1结构的主板上安装Socket 370结构的CPU，可以选择一块转接卡，通过转接卡将Socket 370结构的CPU插入Slot1插槽。有的主板干脆既提供Slot 1插槽，也提供Socket 370插座，成为“双子星”结构。

进入Pentium 4时代以来，CPU架构和封装形式变化速度加快，先后出现了多种形式，它们相互之间的兼容越来越困难。所以，给用户的选择和升级带来困难，但也不是完全没有办法，如K8T890芯片组主板，在一块主板上设计了两个CPU插座，它能同时支持Socket 754和Socket 939两种处理器。更有甚者，通过PCI-E × 16插槽转接卡，同时提供Socket T 和Socket 939这两种完全不同类型CPU的支持。

- Socket 7：支持Pentium、Pentium MMX、K6、K6-2、K6-3、6 × 86（M1）、6 × 86MX（M2）、WinChip C6、WinChip 2等处理器。
- Slot1：支持SEC封装的Pentium Ⅱ、赛扬、Pentium Ⅲ处理器。
- Socket 370：支持PGA封装的赛扬370、M3、Pentium Ⅲ 370处理器。
- Slot A：支持Slot A封装的K7处理器。
- Socket A（Socket 462）：支持K7-4、雷鸟、Athlon XP等处理器。
- Socket 423：支持第一版的Pentium 4处理器。
- Socket 478：支持第二版的Pentium 4处理器。
- Socket T：支持LGA 775封装的Pentium 4和双核Pentium D、Pentium EE、Pentium E、Core 2 Duo处理器以及四核Core 2 Extreme/Quad处理器。
- Socket 754：支持Athlon64、Sempron处理器。
- Socket 939：支持Athlon64、Athlon64 FX、双核Athlon64 X2处理器。
- Socket 940（Socket AM2）：支持双核Athlon64 X2 AM2处理器。
- AM4：支持ZEN、ZEN+、ZEN2和ZEN3架构的Ryzen处理器。
- AM5：支持ZEN4架构Ryzen处理器。
- LGA1151：支持Skylake 架构14nm六代酷睿处理器；支持Kaky Lake 架构14 nm七代酷睿处理器；支持Cannon Lake架构14nm/10nm八代酷睿处理器，主要使用100系200系芯片组；支持Coffee Lake 架构14 nm九代酷睿处理器，主要使用300系芯片组。
- LGA1200：支持Comet Lake架构14 nm十代酷睿处理器；支持Cypress Lake架构14 nm十一代酷睿处理器，主要使用400/500系芯片组。
- LGA1700：支持Alder Lake架构10 nm十二代酷睿处理器；支持Raptor Lake架构10 nm十三代酷睿处理器，主要使用600/700系芯片组。

2. 主板的BIOS

如果新型号CPU在主板BIOS之后面市，那么，即使CPU的插座相同，该BIOS也无法正确识别新的CPU。解决的办法是升级BIOS，当然前提是主板提供的前端总线频率、倍频能够支持新CPU的要求。也有个别主板用安装两块BIOS芯片的办法来支持两种不同架构的CPU。除此之外，还有主板对CPU电压的支持。

3. 主板的电压调节模块

电压调节模块（voltage regulator module，VRM）是位于CPU插座底部的集成电路芯片，负责为CPU提供所需的工作电压。由于各版CPU的工作电压在不断降低，需要主板提供相应电压支持，一些新版的CPU甚至改变了电压针脚的位置安排，使一些旧主板根本无法支持全新的CPU。

2.2.4　主板支持的内存条

与内存芯片的发展相适应，主板内存插槽也经历了286、386时代的30线，486、586时代的72线（使用SIMM插槽），Pentium Ⅱ、Pentium Ⅲ时代的168线（使用DIMM插槽），Pentium 4时代的184线（使用RIMM插槽），目前已经发展到了DDR4/DDR5所用的288线（使用DDIMM插槽）。

主板支持的内存条由两方面决定：一是提供的系统频率能否满足内存条的需求，二是插槽形式。有些主板同时设计了两种内存条插槽，为内存条的选择和升级换代提供了方便。

2.2.5　主板总线插槽

主板总线插槽的种类和数量是主板扩充能力的体现，除标准插槽外，一些厂商还提供了具有某些特殊功能的插槽。

1. 早期总线插槽

早期的总线插槽种类繁多，例如：连接低速外围设备的ISA插槽；扩展声卡网卡的PCI插槽、AMR插槽、CNR插槽、ACR插槽；安装和扩展显卡的 AGP插槽和ADIMM插槽；等等。但由于时代发展，以上大部分插槽已经被淘汰。

2. PCI-E插槽

在经历了长时间的各种混搭，AGP/PCI接口之后，PC总线以及接口跳过了PCI-X时代，直接进入了的PCI-Express时代。在现在的主板上，我们随处可见主板的标准接口包含若干个PC-IE 1X以及2个以上的PC-IE 8/16X接口，这些接口几乎取代了其他接口的所有功能。从Intel 915/925芯片组开始支持PCI-E总线标准，目前大多主板提供一个PCI-E×16插槽用来连接显卡、两个PCI-E×1插槽用来连接其他设备。除了i915/925芯片组以外，VIA 的K8T890、SiS756、nForce4、nForce4 SLI、nForce4 Ultra等芯片组也都开始支持PCI-E总线标准。有些主板可以支持双显卡，同时在两个PCI-E×16插槽安装两块显卡构成交火，可以利用低成本构建成高显示性能环境。

2.2.6　主板硬盘接口

1. SATA接口

Serial ATA（SATA）即串行ATA接口，是由Intel公司牵头发布的下一代硬盘接口标准，目的是为了取代EIDE接口。与传统的并行ATA接口相比，其最重要的特点就是采用串行方式传输数据。由于减少了信号线，只需四根信号线就可完成工作（一位数据接收、一位数据发送、电源和地线），所以SATA接口以极高的速度工作。第一代SATA标准（SATA 1.0）制定的数据传输率为150 MB/s，第二代SATA标准（SATA 2.0）数据传输率为300 MB/s，第三代SATA标准（SATA 3.0）数据传输率为600 MB/s。2003年SATA硬盘开始进入市场，目前主板都提供SATA 3.0接口，而且大多数还具有一定的RAID功能。

2. mSATA接口

mSATA固态硬盘是基于mini-SATA接口协议的固态硬盘产品，传输速度支持1.5 Gbit/s、3 Gbit/s、6 Gbit/s三种模式。其小巧的尺寸和轻薄的重量被广泛应用于便携式电脑及相关产品中，得到行业的一致好评。

3. M.2接口

M.2是固态硬盘的一种接口形式，这种接口的固态硬盘有的支持NVMe协议，有的支持

AHCI协议。支持NVMe协议的速度要比普通固态硬盘快很多，而支持AHCI协议的和普通固态硬盘的速度差不多。支持NVMe协议的固态硬盘比支持AHCI协议固态硬盘价格要贵。

4. SCSI接口

SCSI接口模式一般都用在服务器当中，随着成本的降低和技术的普及，目前一些主板已将SCSI接口控制芯片集成在主板上，并能实现一定的RAID功能。具有SCSI接口的主板属高档主板，可用来配置服务器。但大多数主板需要通过SCSI转接卡连接SCSI硬盘。

2.2.7　主板温控技术

由于CPU的频率越来越高，温度也自然高，而且CPU风扇也有可能被卡住或损坏而停转，这样会造成CPU温度过高而死机，更严重的会烧毁CPU。为防止这种现象发生，各主板厂商都在主板上增设了温度监控系统，方法很多，具代表性的有以下两种：

1. A-COPS技术

A-COPS（automatic cpu overheat prevention system，自动CPU过热保护系统）技术也称CPU超温保护和警告（over temperature protect & warning）技术，是在CPU插座下安装温度传感器对CPU温度进行监测，一旦发现温度超过规定的范围，保护装置就立刻启动，在发出警报的同时作出相应的处理，如强迫降低CPU频率或自动关机等。该技术最初由技嘉主板提出。

2. SMM技术

SMM（system management module，系统管理模块）是由皇朝主板设计的一种类似的保护功能，它能随时监控CPU的风扇运转情况和系统的温度，发现问题立刻给出警告信息。该功能必须与LDCM（land desk client manager）软件配合使用才能发挥作用。

2.2.8　主板电源管理技术

电源管理也叫节能技术，目的是有效地管理微机各部件的耗电情况，尽可能做到绿色节能，这一点在笔记本电脑中显得十分重要。节能技术已经发展了几代，主要有以下四种：

- DMI（desktop management interface）：桌面管理技术。
- APM（advanced power management）：高级电源管理。
- DPMA（dynamic power management architecture）：动态电源管理结构。
- ACPI（advanced configuration and power interface）：高级设置和电源接口。

其中，ACPI技术是目前普及的新技术，下面对其进行简单介绍。

Windows启动时间长是因为每次都进行硬件检测和配置，在硬件软件都没有改变的情况下再检测已没有意义，为了加快启动速度，采取了瞬间开机技术措施。

STR（suspend to RAM，挂起到内存）是把数据和系统运行状态信息保存在内存当中，再开机时就不通过复杂的系统检测而直接从内存读取相应数据，使系统进入挂起前的状态。实现该技术需两个条件：一是芯片组和BIOS支持ACPI，二是使用ATX电源。因为ATX电源在关机后仍有部分电路在工作，能输出微量电流为内存和其他唤醒设备供电。

ACPI有以下几种系统挂起状态：

- S0：全功耗，即不节能，功耗超过80 W。
- S1；电源挂起状态（power on suspend），CPU时钟停止，功耗低于30 W。
- S2：CPU、总线电源关闭，其他设备工作。
- S3：即STR状态，功耗低于10 W，仅RAM和唤醒部件工作。

- S4：即STD（suspend to disk，挂起到硬盘）状态，将挂起前的所有状态数据存入硬盘，开机后跳过检测直接从硬盘读取存入的状态数据到内存，实现快速启动。
- S5：功耗为0，即不采取任何措施，关掉电源。

2.2.9 主板其他接口

一台微机系统往往要连接多个不同种类的外围设备，它们各自的特性和工作方式可能有很大的差别，与主机的工作速度及信息表达和传送方式也不尽相同。所以，必须在主机与外设之间架设桥梁，我们把这些起桥梁作用的部件或电路叫作接口。

1. 接口的功能及特点

- 提供速度缓冲，使主机与外围设备的工作速度相匹配，缓冲功能由接口内部数据寄存器实现。
- 提供通信联络和控制，包括设备的选择、操作时序的协调、中断请求与响应，以及接收主机的命令对外围设备进行控制。这些功能由接口内部的状态寄存器及控制电路实现。
- 数据格式及逻辑电平的转换，包括数/模及模/数转换，串/并行转换。这些功能由接口内部的专用电路实现。

除此之外，接口还应该具备实时性和通用性的特点。实时性对接口的反应速度和传输速度提出了更高的要求，通用性则希望接口尽量能够适应各种外围设备的不同要求，所以在制定接口标准时应尽量独立于具体的设备。

2. 接口的硬件资源分配

CPU对外设的访问是通过接口完成的，我们把接口中的各种寄存器（数据寄存器、状态寄存器、控制寄存器）统称为端口。实际上，CPU就是通过硬件设备的各个端口来控制该设备的。为了识别不同的外设，所有的端口都必须统一分配地址码。在安装新硬件时，首先要为其分配端口地址，任何设备占用的端口地址都不能相同，否则CPU将无法正确访问它们，这也就是所谓的硬件冲突。

3. 标准串行接口

标准串行接口即COM1和COM2，是固定在主板边缘的两个9针D形插座，它是采用RS-232标准规格的异步串行通信接口，可用来连接鼠标、调制解调器、数码照相机等串行通信方式工作的外围设备。标准串口的工作速度极低，数据传输率只有115 KB/s，因此一般很少使用。现在新生产的计算机和主板基本都没有此接口了。但是单片机传输数据要使用此接口标准，因此与单片机连接或与此标准的实验箱等设备连接时，使用HL-340或PL2303转接口，并安装上对应的驱动即可。

4. 并行接口

并行接口（打印机接口）也叫LPT1，使用25针D形插座连接打印机和扫描仪等并口设备。并口采用并行方式工作，8位数据线，数据传输率在400 KB/s以上。由于并行方式连接成本较高，提高传输率则意味着大幅增加成本，同时新的高速串行通信标准不断出现，因此并口很可能被淘汰，取而代之的将是高速串行接口。如果老用户想使用LPT接口方式的打印机时，可以使用LPT转USB接口连接到新型计算机上，并安装上对应的驱动即可。

5. USB接口

USB（universal serial bus）即通用串行总线，它是由IBM、COMPAQ、DEC、Intel、NEC、Microsoft等公司共同推出的新一代通用接口标准。USB标准的提出就是试图把不同标准和不同形式的接口统一起来，并逐渐取代原有的串口、并口等各种接口。

USB接口仅用四芯接头：+5V电源、信号1（-）、信号1（+）和接地GND，单股线缆长度可达5 m，使用级联方式最多可以连接127个外接设备，同时由接口提供内置电源，直接向低压设备提供5 V电源，因此外接设备不需要专门的交流电源。它还支持热插拔，提供即插即用连接。通常主板上会自带两个USB接口。现在有些主板，提供高达6个USB接口。

USB 1.0标准数据传输速度只有2 MB/s，没有流行就已经被淘汰；USB 1.1标准数据传输速度为12 MB/s，此后USB标准开始流行；USB 2.0已经达到480 MB/s的传输速度，目前主板芯片组都提供对USB 2.0标准的支持。随着USB 3.0标准的出现，现今所生产的计算机主机、主板或笔记本电脑大部分都已作为标配配置。如今使用USB接口的外设也越来越多，已经成为微机最流行的接口。

6. IEEE 1394接口

IEEE 1394是由美国电子电器工程师协会制定的高速串行接口标准，它主要是面向微机外设和消费类电子产品设计。IEEE 1394使用6芯线缆，包括两对双绞信号线和两根电源线，可提供最高40 V的直流电压，因此又称为火线接口。

IEEE 1394最大线缆长度不超过4.5 m，最多可连接63个设备，支持热插拔和即插即用。现有的标准支持的数据传输速度可达400 Mbit/s，后续设计标准为800 Mbit/s、1600 Mbit/s、3 200 Mbit/s等更高的速度。IEEE 1394的传输速度远高于USB接口，主要是以早期的苹果电脑和索尼DV产品为主，虽然其设计和生产成本较高，还是逐渐获得了更多微机厂家的支持，尤其在2005年左右基本上是作为标准配置用于笔记本电脑。但由于成本的问题，以及苹果电脑对于火线的放弃，现在火线接口就不作为标准配置了。在桌面微机中，IEEE 1394接口设备的普及率远低于USB接口。

7. 其他接口

目前大多数整合主板都集成了显卡、声卡和网卡的功能，所以，除了有标准的键盘、鼠标以及USB接口以外，还提供了D-Sub（VGA）、DVI、HDMI、网络接口（RJ-45）、线路输入/输出、麦克风、音频输入/输出等接口，有些整合主板还提供了蓝牙接口、IrDa红外等接口（见图1-2-7）。但不同的主板之间会略有差别。

图 1-2-7　主板接口

2.2.10　主板布局结构

主板布局结构从最初的NLX结构，发展到AT结构，目前全部统一为ATX结构，但也有部分品牌机如IBM、HP等仍然在使用NLX结构。

1. NLX结构

NLX（new low profile extension，新型小尺寸扩展结构）是早期进口品牌机经常使用的主板结构，其特点是主板较小，上面只有CPU、内存插槽及芯片组，各PCI总线插槽、软硬盘接口、集成的显示系统等都做在扩展板上，主板是插在扩展板上的。其优点是升级系统方便，只须拔下主板即可。

2. AT结构

AT结构是在286时代制定的主板结构标准，在Pentium Ⅱ出现以前曾大量使用。它的特征是串口和打印口等需要用电缆连接后安装在机箱后框上。由于CPU在PCI插槽下方，CPU风扇会影响PCI卡的插入，内存条插槽、硬盘插口等正处在电源下方，影响插拔，从Pentium Ⅱ以后逐渐被ATX结构的主板取代。AT结构主板全部使用AT电源（插座），而ATX结构主板使用ATX电源。在ATX出现的初期为了以前的用户能继续使用AT机箱，也有AT 结构的主板采用Slot 1或Socket 370结构。

3. ATX结构

目前，在微机市场上能够见到的主板全部是ATX结构的主板，其特点是将CPU和内存插槽安排于主板的右半部分，并将串行口、并行口、USB、鼠标、键盘以及集成的显卡、网卡、声卡等接口直接设计在主板上，取消了电缆连接，减少了连接故障。ATX主板必须使用ATX电源，如果是Pentium 4主板，必须使用P4专用电源。

ATX结构主板又分标准ATX（大板）和microATX（小板或mATX）。标准ATX主板的尺寸一般为305 mm × 244 mm。mATX比ATX主板尺寸缩短了1/4左右（一般为244 mm × 224 mm），布局结构完全相同，只是减少了扩展插槽的数量，主要是为了降低生产成本。

2.2.11 主板的选用

目前主板的品牌和生产厂商很多，市场上提供的产品种类也非常多，其价格相差很大，质量和售后服务也存在较大差距，这给用户选购带来一定困难。一般来说用户选择主板应从以下几方面考虑：

1. 芯片组的选择

芯片组是主板的灵魂，确定了芯片组也就意味着确定了主板的基本功能和档次；芯片组的选择应该和CPU一同考虑。除此之外，主板可以安装的内存条类型以及最大容量、支持的总线标准及总线插槽的数量、提供的接口种类和数量等都应该加以考虑。

2. 制作工艺

主板的用料和做工对主板的内在质量及稳定性起着决定性的作用，同时也是影响主板价格高低的重要因素。

3. 价格和售后服务

芯片组相同的主板由于用料和制作工艺水平的高低及附加功能的不同，其价格往往有较大差距，应该尽量选择知名度高的产品和信誉良好的经销商，还应该考虑以后的系统升级。

2.3 内存条

为了减小体积和便于安装，从386微机开始普遍采用内存条技术，就是将若干个内存芯片做在一块很小的条形印刷电路板上，制作成标准的插件，使内存安装和升级十分方便。

微机配备的内存条容量以及内存芯片的类型是体现机器档次和性能的又一重要因素，在选择内存条时还应结合CPU和主板一起综合考虑。目前主流机器配置的内存条容量为8 GB，高档计算机应在16 GB及以上。另外，内存的升级和扩容也是有些用户将来要解决的问题。本节结合内存芯片的有关技术，简单介绍有关内存条的基本知识。

2.3.1　内存芯片

随机存储器芯片（简称RAM）按照电路的设计不同可分为静态RAM（简称SRAM）和动态RAM（简称DRAM）两类。SRAM中的存储单元是依靠电路工作状态记忆信息的，数据写入后一直被保存，直到电源断电为止。虽然SRAM读写速度更快，但电路设计复杂，不易获得较大的集成度和存储容量，同时价格昂贵，所以SRAM芯片一般用于高速缓存。

DRAM中的存储单元是依靠电容记忆信息的，电容中有电量则表示本单元存储的是“1”，反之则为“0”。由于电容非常小，储存的电量很容易流失，所以每隔一段时间（大约几十微秒）就必须为电容充电一次，也叫刷新一次，因此称为动态存储器。由于需要不断地刷新，而刷新的同时又不能进行读写操作，所以读写速度受到限制。由于DRAM电路简单，每个存储单元占用的芯片面积很小，在相同的制造技术条件下可以获得更大的存储容量，同时易于集成，价格便宜，因此微机内存条一直以来都采用DRAM芯片。下面简单介绍几种微机使用的内存芯片。

1. SDRAM

SDRAM即同步动态随机存储器，它采用管道流水操作方式，当指定一个地址时，可读出多个数据，实现突发传输。SDRAM与系统时钟同步，每个时钟周期进行一次读写操作。从Pentium Ⅱ开始用于系统内存，一直延续使用到低档Pentium 4。

2. DDR SDRAM

DDR SDRAM即双倍速率同步动态随机存储器，也称为SDRAM Ⅱ（第二代SDRAM）。SDRAM中使用了更为先进的同步电路，在时钟脉冲的上升沿和下降沿都能进行数据传输操作，所以速度是SDRAM的两倍。

3. DDR2 SDRAM

DDR2 SDRAM即第二代DDR SDRAM内存技术，在相同的工作频率下，数据传输带宽是DDR SDRAM的两倍，工作电压为1.8 V。用于更高档的Pentium 4系统及服务器系统内存。

4. DDR3 SDRAM

DDR3 SDRAM内存芯片，芯片容量达到512 MB，采用80 nm工艺制造，封装和DDR2一样，仍然采用FBGA。这款芯片新产品每秒处理数据达到1.6 GB，而能耗则减少40%。与DDR2相比，DDR3内存拥有更高的频率以及更高的带宽，这主要得益于DDR3内存的预取机制。相对于DDR2内存的4 bit预取机制，DDR3内存模组最大的改进就是采用了8 bit预取机制设计，也就是内部同时并发8位数据。在相同频率下，DDR3的数据传输率是DDR2的两倍。早期DDR3只作为显卡上的显存使用，而内存生产厂商规划中的系统内存型号包括DDR3 800/1066/1333/1600/2000等。

5. DDR4 SDRAM

与DDR3相比，DDR4主要的特性是同频率下速度可以达到上代的两倍，在提供性能和稳定性的同时降低工作电压到1.2 V，更加节能。

6. DDR5 SDRAM

与DDR4内存相比，DDR5标准性能更强，功耗更低。以下是DDR5的主要特性：

- 等效频率提升，直接从2 133 MHz增长至4 800 MHz。
- DDR5内存在频率上有了提升，在读取测试、写入测试，复制、延时方面，提升较大。
- DDR5内存单颗Die的容量上到64 GB。

● 工作电压低至1.1 V，对比DDR4最低1.2 V的工作电压，实现了20%左右的降低。

● 引入ECC纠错机制，从而规避风险，提高可靠性并降低缺陷率。

● 引入了双32位寻址通道，有效提高了内存控制器进行数据访问的效率，同时减少了延迟。

2.3.2 内存条的识别和选择

1. 内存条线宽

内存条线宽也就是条形印刷电路板上给出的引脚数。内存条的长短与主板上内存插槽的宽度相当，并且各引脚上信号的定义也都完全相同。

从SDRAM内存条开始使用双面引脚，所以叫双边接触，相应的内存插槽简称DIMM插槽。SDRAM内存条为双面168条引线，DDR SDRAM和RDRAM内存条都采用双面184条引线，但两者不能互换，因为这两种标准不兼容，而且插槽形状也有差别。为了与SDRAM插槽相区别，DDR内存插槽也叫DDIMM。

DDR2 SDRAM及后续生产的DDRx SDRAM内存条的外形与DDR SDRAM非常相似，只是引线数和防呆口位置有所不同，且各代产品互不兼容。

2. 早期的SDRAM内存条

早期的SDRAM内存条和DDR SDRAM、DDR2 SDRAM、DDR3 SDRAM内存条已经基本被淘汰，现在主流的内存条为DDR4 SDRAM。

3. DDR4 SDRAM内存条

● DDR4 2133：内存频率为2 133 MHz时，带宽为17 GB/s。

● DDR4 2400：内存频率为2 400 MHz时，带宽为19.2 GB/s。

● DDR4 2666：内存频率为2 666 MHz时，带宽为21.3 GB/s。

● DDR4 3200：内存频率为3 200 MHz时，带宽为25.6 GB/s。

4. DDR5 SDRAM内存条

● DDR5 4800：内存频率为4 800 MHz时，带宽为38.4 GB/s。

● DDR5 5200：内存频率为5 200 MHz时，带宽为41.6 GB/s。

● DDR5 5600：内存频率为5 600 MHz时，带宽为44.8 GB/s。

● DDR5 6000：内存频率为6 000 MHz时，带宽为48 GB/s。

5. SPD芯片

SPD（serial presence detection，串行存在探测）是一个很小的256字节的EEPROM内存芯片，位置一般处在内存条正面的右侧，内部记录了内存条的速度、容量、电压、行列地址、信号延时、带宽等信息，与BIOS配合可使内存条工作在最佳状态，对于那些没有SPD芯片的内存条，主板只能猜测或随意指定这些参数。

6. 内存条的选择

内存品牌就是内存条生产厂商的名称，知名品牌意味着优良的产品质量和服务。目前市场上比较流行的品牌有Kingston（金士顿）、KINGMAX（胜创）、VDATA（威刚）、Apace（宇瞻）、Hynix（现代）、Samsung（三星）、KINBOX（黑金刚）等。

存取速度是内存芯片最重要的性能指标，一般以ns（纳秒）为单位，目前主流内存芯片的存取速度已经低于10 ns，数值越小表明速度越快。只有当内存速度与主板总线速度相匹配时，系统才能发挥最大效率。如果内存速度低于系统要求的速度，就会造成系统崩溃；反之，内存速度高于系统要求的速度，对系统性能并没有明显的好处，反而会造成浪费，因为速度越快内存价格越高。从内存的容量来选择，目前选择DDR4 4 GB、8 GB、16 GB。在选择时，对于双通道方面的选择，注意成对双条的使用技术。

2.4　显　　卡

显卡又称显示卡，也称显示适配器，它是主机与显示器之间的接口，实现主机对显示器的控制。一般显示器接收的是模拟视频信号，而计算机主机只能处理数字信号，要实现在屏幕指定位置上快速、稳定、清晰地显示出相应的字符或图形图像，必须通过数模转换器将数字信号转换成模拟信号，同时还要配以相应的行、场控制信号来保证稳定地显示，这些工作就由显卡来完成。

显卡一般是一块独立的板卡，通过扩展槽插接在主板上，有的显卡集成在了主板上。显卡分为专业和普通用途两类，专业显卡主要应用在CAD、3D制图以及视频合成等专业领域，其价格昂贵；普通显卡在性能上不及专业显卡，只能满足一般需要，但其价格低廉。

2.4.1　显卡的发展

微机产生初期，显卡只承担简单的数模转换任务，功能十分简单。随着多媒体技术的发展，要求显卡承担相当规模的图形处理能力，当时，具备图形处理能力的显卡称为图形加速卡，使用PCI总线。图形加速卡上有专门处理图形的显示芯片和显存，它把常用的绘图计算功能内置其中，大大加快了显示速度，有效地提高了微机系统的整体性能。微机发展到Pentium Ⅲ、Pentium 4以后，一般配置的显卡都是具有3D图形计算能力的3D图形加速卡，我们统称为显卡，并且一律使用AGP总线，也有部分中低档微机使用主板上集成的显卡。从915芯片组以后的主板，普遍支持使用性能较高的PCI-E × 16总线的显卡。

显卡与显示器以及主板I/O扩展槽有着密切的关系。首先，显卡不断发展以适应显示器分辨率的需要；其次，显卡不断更新以适应主板新的总线要求。

显卡的发展主要经历了以下几种模式：

1. MDA显卡

MDA（monochrome display adapter）显卡由IBM公司在1981年推出，用于IBM PC/XT、286、386微机的单色显卡，支持单色显示器的80 × 25字符显示，分辨率为720 × 350像素。这种显卡不支持图形显示方式，也没有彩色功能。

2. CGA显卡

CGA（color graphics adapter）显卡是IBM公司在1981年推出的彩色图形显卡，具有两种显示方式，即字符显示方式和图形显示方式。在字符显示方式下可显示80 × 25个字符或40 × 25个字符；在图形显示方式下可显示640 × 200点阵黑白图形或320 × 200点阵4色彩色图形。

3. EGA显卡

EGA（enhanced graphics adapter）显卡是1984年随IBM PC/AT机面世的，是在CGA显卡的基础上发展起来的增强型图形适配器。在字符显示方式下采用8 × 14点阵字符，提供更清晰的字符显示；在图形显示方式下可显示640 × 350点阵16色彩色图形。

4. VGA显卡

VGA（video graphics array）显卡是一种视频图形阵列显卡，它将分辨率提高到640 × 480

像素，将色彩数提高到256色，至此真正提供彩色显示功能的显卡才算面世。VGA显卡主要用在286、386、486微机上。

现在VGA已成为工业标准，并在不断地改进和发展。后来推出的SVGA（Super VGA）显卡可提供更高的分辨率，如800 × 600像素、1 024 × 768像素、1 200 × 1 024像素、1600 × 1 200像素等，甚至还要高，更多的色彩数32K/64K色甚至1.67 × 107万色的全彩能力。

2.4.2　显卡的组成

显卡（见图1-2-8）上的主要部件有：显示芯片、RAMDAC、显示内存、显卡BIOS、D-Sub（VGA）插座等。有些多功能显卡上还有可以连接彩电的TV端子或S端子，以及数字视频接口DVI。

图 1-2-8　显卡

1. 显示芯片

显示芯片主要负责处理由系统总线送来的图形数据，是显卡的核心部件，它决定了该显卡的档次和大部分性能，同时也是区分2D和3D显卡的依据。2D显示芯片在处理3D图像和特效时主要依赖CPU的处理能力，称为“软加速”。如果将三维图像和特效处理功能集中在显示芯片内，即所谓的“硬件加速”功能，就构成了3D显示芯片。

显示芯片通常是显卡上最大的芯片（引脚数也最多），由于运算速度快，发热量大，一般都装有散热风扇或散热片。显示芯片上印有商标、生产日期、编号和厂商名称等，每个厂商都有不同档次的芯片，不能只看商标来判定芯片的档次，还要查看其型号。

常见的显示芯片如nVIDIA公司的GeForce RTX系列、ATI公司的Radeon RX系列等。

2. RAMDAC

RAMDAC（random access memory digital to analog converter，随机存取存储器数/模转换器）的作用是将显存中的数字信号转换为能够用于显示的模拟信号。RAMDAC是影响显卡性能的重要器件，它的转换速率决定了显卡支持的最高分辨率和刷新频率。转换速率的计算公式为

$$\text{转换速率}=\text{分辨率}\times\text{刷新频率}\times\text{带宽系数}$$

式中，带宽系数可在1.2～1.5之间选择。

RAMDAC的转换速率以MHz表示，例如要在1 024 × 768的分辨率下达到85 Hz的刷新频率，RAMDAC的转换速率至少是1 024 × 768 × 85 × 1.344（折算系数）≈90（MHz）。现在显卡的RAMDAC至少是170 MHz。芯片上标识的“RAMDAC × × × MHz”中的 × × × 就是转换速率。

为了降低成本，多数低档显卡都将RAMDAC集成到了显示芯片内，在这些显卡上找不到单独的RAMDAC芯片。

3. 显示内存

显示内存（Video RAM）简称显存，其功能类似系统内存，它是用于存储显示芯片处理的数据。显存的容量大小和速度直接影响着显卡性能的发挥。

显存容量表明可以存储的最大显示数据，单位为GB，一般显卡的显存容量从12～16 GB不等，高档显卡的显存容量在20 GB以上。显存容量的大小也决定了显卡支持的最高分辨率和图像的色深，它们的关系是

$$显存容量=分辨率 \times 色深$$

例如，要在1 024×768分辨率下达到16位色深，显存必须存储1 024×768×16＝12 582 912（bit）＝1.5（MB）的数据，因此要配置2 MB的显存才能实现上述要求。这种算法仅对2D显存有效，3D显存的分配和算法较复杂。

显存的速度是指显存存储数据和获取数据所用的时间，通常用纳秒（ns）表示，数值越小，存取速度越快。最初2D显卡的显存采用EDO DRAM，其存取速度在40～60 ns；现在的显存一般采用GDDR，它们的存取速度在10 ns以下。

2022年11月，韩国三星公司开发出了下一代GDDR7显存，GDDR7 显存采用 PAM3 信令，速率可达36 Gbit /s。

4. 显卡BIOS

显卡BIOS又称VGA BIOS，它固化在显卡上一个专用的存储器里。BIOS中含有显示芯片和显卡驱动程序之间的控制程序以及显卡的型号、规格、生产厂家、出厂时间等相关信息，其作用和主板BIOS相同。

早期的显卡BIOS是固化在ROM中的，不可以修改，现在的多数显卡则采用了大容量的Flash Memory，可以通过专用程序进行改写和升级，以获得兼容性和性能的提升。

5. 总线接口

Pentium 4及以前机器的显卡普遍使用AGP总线接口，Pentium Ⅱ之前机器的显卡使用PCI或ISA总线接口，目前显卡均使用PCI-Express×16总线接口。

PCI、AGP、PCI-Express总线标准的区分很容易，PCI的接口引线宽度上下对齐，而AGP的接口引线宽度上下错开，PCI-Express接口引线宽度要比PCI略宽一些，它是在PCI 的基础上又附加了一小段。

6. VGA插座

VGA插座是一个15孔的D形插座（D-Sub），插孔分3排设置，每排5个孔。VGA插座是显卡的输出接口，与显示器的D形插头相连，用于模拟信号的输出。

7. DVI插座

数字视频接口（digital visual interface，DVI）是一种数字信号视频接口技术，是一种国际开放的接口标准，在PC显示器连接、DVD、高清晰电视（HDTV）、高清晰投影仪等设备上使用。

8. HDMI插座

高清晰度多媒体接口（high definition multimedia interface，HDMI）是一种数字化视频/音频接口技术，最高数据传输速度为42.6 Gbit/s。

9. 其他输出接口

有的显卡还具有视频输入/输出接口和S端子接口。具备视频输出接口的显卡可将显示信号输出至电视机等设备，而具备视频输入接口的显卡可接收来自录像机、VCD/ DVD机或机外增补器等的视频信号，在显示器上观看录像或电视节目。

S端子是一种5芯接口，由两路视频亮度信号、两路视频色度信号和一路公共屏蔽地线共五条芯线组成。它将亮度和色度分离输出，克服了视频信号复合输出时的亮度和色度的互相干扰。采用S端子可以提高画面质量，因此将其称为“高清晰度输出”。

2.4.3 显示芯片的生产厂商和产品系列

1. nVIDIA

nVIDIA公司是显示芯片最大的生产厂商，早期的产品有TNT系列，其后推出的产品是Geforce系列，包括：Geforce Pro/Ti/TiVX系列、Geforce3 Ti200/Ti500系列、Geforce4 Ti4400/Ti4600/Ti4800系列，并引入了GPU（图形处理器）的概念。新产品系列有Geforce RTX 3090/4090等，均支持PCI-E × 16总线接口。该公司产品包括高、中、低档，是目前市场占有率较高的产品。这就是现代大家通常所说的N卡。

2. AMD

AMD公司的显示芯片多用在品牌机中，早期的有Rage I/Rage Ⅱ /Rage Pro/Rage等。其后推出了包含高、中、低档的Radeon系列产品，包括Radeon RX 6650/6750等。均支持PCI-E × 16总线接口。

3. Intel

在图形显示芯片方面，Intel推出的产品属于中低档产品，有显卡使用的i740芯片，有主板芯片组集成的i752、i754等。在845G系列主板芯片组中又集成了被称为Brookdale-G 的图形显示芯片。在915主板芯片组之后，Intel开发的集成显示芯片有GMA 900、GMA 950和GMA X3000、GMA 3100、GMA X3500等，均支持DirectX 10，并兼容OpenGL 2.0，图形处理功能有显著提高，可满足日常工作的绝大部分需求。

2.4.4 显卡的主要技术指标

显卡在设计时，虽然所选择的显示芯片具备了各种优越的性能，但显卡生产厂商在具体生产时还要考虑到成本和价格等因素，所以，在技术上必定进行某些取舍；另一方面，有的厂商为体现与众不同或抢占高端市场，又增加和扩充了一些功能。

1. SLI技术

SLI是一种多显示芯片并行处理技术。为了追求更真实的三维效果和速度，以nVIDIA公司为代表的个别厂商采用了与多CPU系统类似的多GPU芯片并行技术，可使多个显示加速芯片并行处理图形图像信息，成倍地提高处理速度。

最有代表性的是Geforce系列等，按不同级别最多可集成4个加速芯片。它是通过PCI-E显卡上端提供的SLI（scalable link interface，可扩展连接接口）将两块支持SLI技术的显卡组合起来，但要求这两块显卡必须是同一品牌并且配置完全相同。这就是通常玩家来大幅提高显示性能的“互连”技术。

2. 最高分辨率

显卡支持的最高分辨率主要取决于显卡的数模转换频率和显存容量的大小，它与显示器的分辨率是两个不同的概念。目前主流的分辨率都可以达到2 048 × 1 536像素，现在4K高清通常使用4 096 × 2 160像素，甚至8K高清的7 680 × 4 320像素。

3. 色深

像素描绘的是屏幕上极小的一个点，每一个像素可以被设置为不同的颜色和亮度。像素的每一种状态都是由红、蓝、绿三种颜色所控制，当它们都处于最大亮度时，像素就呈现为白色，反之，像素为黑色。

像素的颜色数称为色深，该指标用来描述显卡能够显示多少种颜色，一般以多少位色来表示。如8位色深可以显示256种颜色；16位色深可显示65 536种颜色，称为增强色；24位色深可以显示16×2^{20}种颜色，称为真彩色（24位）；32位色深可以显示4×2^{30}种颜色，称为真彩色（32位）。所以色深的位数越高，所能看见的颜色就越多，屏幕上画面的质量就越好。但色深增加时，也增大了显卡所要处理的数据量，这就要求显卡配有更大的显存并具有更高的转换速率。

4. 刷新频率

刷新频率是指图像在显示器上更新的速度，也就是图像每秒在屏幕上出现的帧数，单位为赫兹（Hz）。刷新频率越高，屏幕上图像的闪烁感就越小，图像就越稳定，视觉效果也越好。一般刷新频率在75 Hz以上时，人眼才不易察觉影像的闪烁。这个性能指标主要取决于RAMDAC的转换速率。

5. 驱动程序

每种显卡都配有相应的BIOS和驱动程序，该BIOS和驱动程序是能否发挥硬件性能的关键，是各厂商竞争的焦点。在有些情况下，BIOS和驱动程序由于种种原因会出现漏洞，从而造成系统性能下降、不兼容或系统崩溃。所以能否及时地升级BIOS和驱动程序就成为必不可少的条件。

6. 兼容性

兼容性是指显卡与主板芯片组的配合程度。要注意，有些品牌的显卡对主板十分挑剔，在选择时要特别关注。

7. 2D与3D

大部分图形加速卡都同时具有2D和3D加速功能，但在早期像Voodoo 2之类的加速卡省去了有关表格、图片等的2D处理部件，只对三维图形图像进行处理，这种显卡必须与普通的2D显卡一起使用，这一点必须注意。

8. 散热系统

由于显示芯片高速运行，散热已成为关键，目前采用的是风扇和散热片两种方式。根据经验，选择具有较大散热片的显卡较为理想，因为经长期使用后，风扇会产生噪声或停转，给日后维护带来麻烦。

2.4.5 3D显卡的技术指标及其意义

对于3D显卡，除了上述指标外，针对三维图像生成速度相对2D较慢的特点，更突出了对速度的描述，常见3D显卡的技术指标有以下几点：

1. AGP纹理

AGP纹理是指在系统内存大于64 MB的前提下，使用系统内存来弥补显卡在处理大容量纹理贴图时所需要的显存容量。然而并不是所有使用AGP接口的显卡都具备这一功能。

2. 三角形生成数量

3D显卡的重要性能是“每秒可生成多少万个三角形”，或“每秒可处理多少三角形”。微机显示3D图形时，首先是用多边形建立三维模型，然后再进行着色等其他处理，物体模型组成的三角形数量多少，将直接影响重现后物体外观的真实性。

显卡每秒生成三角形的数量越多，也就能在保障图形显示帧速率的前提下，为物体模型建立更多的三角形，以提高3D模型的分辨率。

3. 像素填充率和纹理贴图量

像素填充率也是衡量3D显卡性能的主要指标之一。它决定了3D图形显示时可能达到的最高帧速率，直接影响3D显卡运行时的显示速度。有些显卡没有提供像素填充率，但提供了纹理贴图量，比如每秒能处理多少兆字节的纹理贴图等，其意义与像素填充率相近。

4. 支持的各种图形处理技术

在不少3D显卡产品介绍中，可能会强调使用了诸如“单周期多重纹理”“三线性滤波”或“异向性滤波”等技术。采用这些技术的目的都是为了使显卡在处理3D图形时对像素的贴图和渲染的数据更精确，从而得到更精美的3D显示效果。

5. 32位彩色渲染

32位彩色渲染表示显卡可以对所显示的图形中的景物采用32位真彩色进行光线和纹理贴图处理，位数越大，表明渲染时所使用的颜色数量越多。

6. 32位Z缓冲

在3D图形处理中，Z参数用于表示景物在空间的纵深位置，Z缓冲位数越大，表明处理时景物定位越精细、准确。

7. 支持的API

API是应用程序接口，显卡支持的API由显卡所有使用的图形处理芯片而定，但通常都能支持Direct X和Open GL等，使用Voodoo系列芯片的显卡还支持专用的Glide API。显卡能支持的图形API越多，表明该显卡的功能越强，应用范围也越广。

2.4.6 显卡与显示器的匹配

理想情况下，显示器支持的最高分辨率应高于或等于显卡支持的最高分辨率。当显卡设定的分辨率高于显示器的分辨率时，由于行频过高显示器将无法正常工作，有时会出现花屏或黑屏现象，但一般会显示错误信息“Out Of Rang”告知，并在几秒后自动恢复到原来能够正常显示所设置的分辨率。

2.5 显 示 器

显示器是微机最主要的输出设备，它可将电信号转换成可视信号，并以字符和图像的方式在屏幕上显示出来。它的性能高低直接影响机器整体性能的发挥。目前，显示器的种类主要有：CRT（阴极射线管）显示器、LCD（液晶显示器）、PDP（等离子体）显示器、OLED（有机发光二极管）显示器、VFD（真空荧光）显示器等。其中最常见的是LCD和OLED显示器。

2.5.1 CRT显示器

CRT显示器的发展已有几十年的历史了，最早的显示器是球面显像管，随后出现了平面直角显像管、柱面显像管和纯平显像管。但由于尺寸和功耗等问题难以满足当代显示器的需求，目前这种显示器已经基本退出了主流市场。

2.5.2 LCD显示器

液晶显示器（liquid crystal display，LCD）是目前主流的显示器。LCD显示器根据显示原理主要分两类：DSTN（dual-scan twisted nematic，双扫描交错液晶显示）和TFT（thin film transistor，薄膜晶体管显示），也就是被动矩阵（无源矩阵）和积极矩阵（有源矩阵）两种。早前的液晶显示技术反应时间慢、效率低、对比度差，后来采用了矩阵技术。采用无源矩阵（被动矩阵）能显示高清晰度的文本，但当显示的画面快速改变时，显示器的响应速度跟不上，会产生拖尾现象，因而不适用于动态视频播放。有源矩阵技术的出现克服了这一弊端，有源矩阵液晶显示器对每一个像素独立编址，能显示出比CRT显示器更清晰的画面，而且不像CRT显示器那样，在聚焦不好的时候会使构成画面的每一个像素变得模糊不清。

1. LCD显示器的工作原理

液晶是一种具有规则性分子排列的有机化合物，正常情况下为液体，但由于它具有晶体的旋光特性，所以称之为液晶。一般最常用的液晶为向列（nematic）液晶，分子形状为细长棒形。在不同电流电场作用下，液晶分子会做规则旋转90° 排列，产生透光度的差别，如此在电场控制下会产生明暗的区别，依此原理控制每个像素，便可构成所需图像。

LCD显示器的显像原理是：将液晶置于两片导电玻璃基板之间，在两片玻璃基板上装有配向膜，所以液晶会沿着沟槽配向。由于玻璃基板配向膜沟槽偏离90° ，所以液晶分子成为扭转型。当玻璃基板没有加入电场时，光线透过偏光板跟着液晶做90° 扭转，通过下方偏光板，液晶面板显示白色；当玻璃基板加入电场时，液晶分子产生方向变化，光线通过液晶分子空隙维持原方向，被下方偏光板遮蔽，光线被吸收无法透出，液晶面板显示黑色。靠两个电极间电场的驱动，引起液晶分子扭曲向列的电场效应，以控制光源透射或遮蔽功能，在电场关开之间产生明暗而将影像显示出来，加上彩色滤光片，就可以显示彩色影像。

LCD显示器与CRT显示器的显示方式不同：CRT显示器为主动方式，即CRT显示器本身能够发出可见光；而LCD显示器为被动方式，它本身不能发出可见光，而是将外来光线反射后显示出来，因此LCD显示器必须在有光线的情况下才能使用。制造商在显示器的背面设置了一个光源，使LCD显示器在不借助外来光线的情况下也可以正常工作。

2. LCD显示器的主要性能指标

（1）点距和可视面积

LCD显示器的点距不同于CRT显示器，它的点距和可视面积有很直接的对应关系，可以直接通过计算得出。以14英寸的LCD显示器为例，它的可视面积一般为285.7 mm × 214.3 mm，而14英寸的LCD显示器的最佳分辨率为1024 × 768像素，就是说该液晶显示板在水平方向上有1 024个像素，垂直方向有768个像素。由此，我们可以很容易地计算出此LCD显示器的点距是（285.7/1024）mm或（214.3/768）mm，即0.279 mm。

（2）最佳分辨率（真实分辨率）

LCD显示器属于“数字”显示方式，其显示原理是直接把显卡输出的视频信号（模拟或数字）处理为带具体“地址”信息的显示信息，任何一个像素的色彩和亮度信息都是跟屏幕上的像素点直接对应的。正是由于这种显示原理，所以LCD显示器不像CRT显示器那样支持多个显示模式，LCD显示器只有在与显卡设置的分辨率完全一样时，才能达到最佳显示效果。

（3）亮度和对比度

LCD显示器亮度以每平方米烛光（cd/m^2）为单位，市面上的LCD显示器由于在背光灯的数量上比笔记本电脑的显示器要多，所以亮度看起来明显比笔记本电脑的要亮。亮度普遍在150～210 cd/m^2之间，已经超过了CRT显示器。

对比度是直接体现LCD显示器能否表现丰富色阶的参数，对比度越高，还原的画面层次感就越好，即使在观看亮度很高的照片时，黑暗部位的细节也可以清晰体现。目前，LCD显示器的对比度普遍在150：1～350：1之间，但高端的LCD显示器还远不止这个数，一般为450：1或更高。

（4）响应时间

响应时间是LCD显示器的一个重要参数，指的是LCD显示器对于输入信号的反应时间。组成整块液晶显示板的最基本的像素单元是“液晶盒”，在接收到驱动信号后从最亮到最暗的转换是需要一段时间的，而且LCD显示器从接收到显卡的输出信号后，进行处理并把驱动信息加到晶体驱动管也需要一段时间，在大屏幕LCD显示器上尤为明显。

LCD显示器的这项指标直接影响到对动态画面的还原，跟CRT显示器相比，LCD显示器由于过长的响应时间导致在还原动态画面时有比较明显的拖尾现象，在播放视频节目的时候，画面没有CRT显示器那么生动。响应时间是目前LCD显示器尚待进一步改善的技术难关。目前，20英寸以上LCD显示器的响应时间一般在1～10 ms。

（5）视角

LCD显示器在不同的角度观看的颜色效果并不相同，这是由于LCD显示器可视角度过低而造成失真。LCD显示器属于背光型显示器件，其发出的光由液晶模块背后的背光灯提供，而液晶主要是靠控制液晶体的偏转角度来控制画面，这必然导致LCD显示器只有一个最佳的欣赏角度——正视。从其他角度观看时，由于背光可以穿透旁边的像素而进入人眼，所以会造成颜色的失真。LCD显示器的可视角度就是指能观看到可接受失真值的视线与屏幕法线的角度。这个数值当然是越大越好，更大的可视角度便于多人观看。目前，15 英寸LCD显示器的水平可视角度一般在120° 以上；而垂直可视角度则比水平可视角度要小一些，通常在100° 以上。一些高端的LCD显示器可视角度已经达到水平和垂直都是170° 。

（6）最大显示色彩数

LCD显示器的色彩表现能力是一个重要指标。市面上的20英寸以上的LCD显示器像素一般是2 560 × 1 440甚至3 840 × 2 160，每个像素由R、G、B三基色组成，低端的液晶显示板，各个基色只能表现6位色，即$2^6 = 64$种颜色。可以很简单地算出，每个独立像素可以表现的最大颜色数是64 × 64 × 64 = 262 144种颜色。高端液晶显示板每个基色则可以表现8位色，即$2^8 = 256$种颜色，则每个独立像素能够表现的最大颜色数为256 × 256 × 256 = 16 777 216种颜色。这种显示板显示的画面色彩更丰富，层次感也好。目前，LCD显示器产品中这两种显示板都有采用。

（7）接口标准

LCD显示器的接口分为模拟接口和数字接口两大类。

- 模拟接口采用与CRT显示器相同的15芯VGA接口与显卡连接。但模拟接口的TFT液晶显示器有一个最大的弱点就是在显示的时候有像素闪烁的现象，原因是时钟频率与输入的模拟信号不完全同步，这种现象在显示字符和线条的时候比较明显。

- 数字接口标准有HDMI、DP、DVI和TYPE-C等，从性能上来说，性能最好的是DP，其次是HDMI，再次是DVI，最后是VGA。需要注意的是TYPE-C接口，它不是一个单纯的视频输出接口，全称是USB TYPE-C，属于USB接口中的一类，除了外观的统一，TYPE C在数据传输上也十分快速，除了支持自家的USB协议，还支持 DisplayPort和USBPower Delivery，不仅仅是数据传输，还兼容视频传输、充电协议。

3. LCD显示器的优缺点

（1）LCD显示器的优点

LCD显示器的显示原理与CRT显示器迥然不同，相对来说，LCD显示器具有如下优点：

● 零辐射，低能耗，热量小。LCD显示器的显示原理是通过扭转液晶像素中的液晶分子偏转角度来产生明暗的区别，从而实现画面还原的，因而不像CRT显示器那样内部具有超高压元器件，也就不至于出现由于高压导致的X射线超标。

● 体积小、重量轻。CRT显示器必须通过电子枪发射电子束到屏幕，因而显像管的管颈不可能做得太短，这导致整个CRT显示器的体积不可能缩小。而TFT液晶显示器通过显示器屏幕上的电极控制液晶分子状态来达到显示目的，没有CRT显示器那样的电子枪，即使屏幕尺寸增加，体积也不会成比例增加。在重量上，LCD显示器比相同屏幕尺寸的CRT显示器要轻得多。

● 精确还原图像。LCD显示器采用的是直接数码寻址的显示方式，它能够将显卡输出的视频信号根据信号电平中的地址信号，直接将视频信号一一对应地在屏幕上的液晶像素上显示出来。而CRT显示器是靠偏转线圈产生的电磁场来控制电子束在屏幕上周期性的扫描来达到显示图像目的的。由于电子束的运动轨迹容易受到环境磁场或地磁的影响，因而无法做到电子束在屏幕上的绝对定位。

● 显示品质高。LCD显示器显示字符锐利，画面稳定不闪烁。液晶显示器的独特显示原理决定了其屏幕上各个像素发光均匀，而且红、绿、蓝三基色像素紧密排列，视频信号直接送到像素背后以驱动像素发光，因此不会出现传统的CRT显示器固有的会聚和聚焦不良的弊病。而且，由于LCD显示器在通电之后就一直在发光，背光灯工作在高频下，显示画面稳定而不闪烁，有利于长时间地操作微机而不会使人眼感到不适。

● 屏幕调节方便。LCD显示器的直接寻址显示方式，使得屏幕调节不需要太多的几何调节和线性调节以及显示内容的位置调节。LCD显示器可以很方便地通过芯片计算后自动把屏幕调节到最佳状态，这个步骤只需要按一键就可以完成，省却了CRT显示器那样烦琐的调节步骤。

（2）LCD显示器的缺点

LCD显示器主要存在以下几点不足：

首先是价格，与传统的CRT显示器相比，LCD显示器由于优良品率过低、技术复杂等原因，使它的价格高于CRT显示器。不过，这种情况已大大改善。

其次，亮度和对比度的问题也是LCD显示器的一大问题。由于液晶分子不能自己发光，所以，LCD显示器需要靠辅助的背光光源发光，这个光源的亮度主宰整台LCD显示器画面的亮度和对比度。从理论上来说，液晶显示器的亮度是越高越好。

再次，就是可视角度过小，响应时间长。早期的LCD显示器可视角度只有90°，只能从正面观看。现在市场上的LCD显示器的可视角度在140°左右，响应时间过长会使画面产生拖尾现象。目前，20英寸以上LCD显示器的响应时间一般在1～10 ms。

2.5.3　其他种类的显示器

近几年来，显示器件技术的发展比较引人注目，在显示器不断发展的同时，曾经先后出现了PDP（等离子体）显示器、OLED（有机发光二极管）显示器、VFD（真空荧光）显示器等。PDP显示器属于平板显示器，它的工作方式类似有源阵列显示器，是靠电流和气体结合起来激发像素的。它的显示效果比LCD显示器要好，但价格极其昂贵。OLED技术是由柯达公司发明的一种可以卷曲和折叠的类似于电子纸张的显示器。同LCD显示器相比，OLED显示器具有更轻、更薄、功耗更低，而亮度和清晰度更高、视角更宽等特点，同时成本也低于LCD显示器。OLED是一种很有发展前途的显示技术，目前也占有相当的市场份额。

2.6　硬盘驱动器

硬盘驱动器简称硬盘，是微机系统中最重要的外围存储设备，操作系统及所有的应用软件等都存储在硬盘中。硬盘的存储容量极大，速度在所有外围设备中是最快的。硬盘驱动器的盘片是涂有金属氧化物的刚性金属盘片，所以称为硬盘。硬盘的生产过程是在无尘环境中进行的，盘片和磁头全部密封在金属盒子中，因此它的容量在出厂之前就已经固定了。

1968年，IBM公司在美国加州坎贝尔市温彻斯特大街的研究所首次提出温彻斯特（Winchester）技术，探讨对硬盘进行技术改造。1973年，IBM公司制造出了第一台采用温彻斯特技术的硬盘，此后硬盘的发展一直沿用这种技术。

温彻斯特技术的特点是：在工作时，磁头悬浮在高速旋转的盘片上方，而不与盘片直接接触，磁头沿盘片做径向移动。这也是现代绝大多数硬盘的工作原理。

2.6.1　硬盘的工作原理和结构

硬盘是一种磁介质存储设备，数据存储在密封、洁净的硬盘驱动器内腔的多片磁盘片上，这些盘片一般是在以铝材料为主要成分的基片表面涂上磁性介质所形成。在盘片的每一面上都有一个读写磁头，所有盘片相同位置的磁道就构成了所谓的柱面。

1. 硬盘的工作原理

硬盘驱动器加电正常工作后，利用控制电路中的初始化模块进行初始化工作，此时磁头置于盘片中心位置。初始化完成后，主轴电机启动并高速旋转，装载磁头的小车机构移动，将浮动磁头置于盘片表面的00道，处于等待指令的启动状态。当主机下达存取盘片上数据的命令时，通过前置放大控制电路，发出驱动电机运动的信号，控制磁头定位机构将磁头移动，搜寻定位它要存取数据的磁道扇区位置，进行数据读写。

2. 硬盘的外部结构

硬盘在外部结构上可分为三大部分：

（1）接口

接口包括电源接口插座和数据接口插座两部分，其中：电源接口插座与主机电源插头相连接；数据接口插座则是硬盘数据与主板控制芯片之间进行数据传输交换的通道，通过排线与主板的硬盘接口或其他控制适配器的接口相连接。硬盘的外观如图1-2-9示。

图1-2-9　硬盘的外观

（2）控制电路板

大多数硬盘控制电路板都采用贴片式焊接，它包括主轴调速电路、磁头驱动与伺服定位电路、读写电路、控制与接口电路等。在电路板上还有一块ROM芯片，其中固化的程序可进行硬盘的初始化，如执行加电和启动主轴电机、加电初始寻道、定位以及故障检测等。

硬盘控制电路板上有三个主要的芯片：主控制芯片、数据传输芯片、高速缓存芯片。其中，主控制芯片负责硬盘数据读写指令等工作；数据传输芯片则是将硬盘磁头前置控制电路读出的数据经过校正及变换后，通过数据接口传输到主机系统；高速缓存芯片是为了协调硬盘与主机在数据处理速度上的差异而设置的，其容量一般为8～64 KB。

（3）固定面板

固定面板就是硬盘正面的面板，它与底板结合成一个密封的整体，保证了硬盘腔体内的盘片、磁头和其他机构在绝对无尘的环境中稳定运行。在面板上最显眼的莫过于产品标签，上面印有品牌名、型号、序列号、生产日期以及硬盘参数等。除此之外，还有一个透气孔，它的作用是使硬盘内部气压与大气压保持一致。

3. 硬盘的内部结构

硬盘的内部结构主要包括盘片和主轴组件、浮动磁头组件、磁头驱动机构、前置控制电路等几部分，其中，磁头和盘片组件是构成硬盘的核心，它密封在硬盘的净化腔体内。硬盘的内部结构如图 1-2-10 所示。

图 1-2-10　硬盘的内部结构

（1）盘片和主轴组件

盘片是硬盘存储数据的载体，现在的硬盘盘片大多采用铝金属材料制成，这种铝金属比软盘载体具有更高的存储密度、高剩磁和高矫顽力等优点。

有些硬盘盘片是用玻璃材料制成的，这种盘片与铝合金盘片相比具有更好的稳定性和更大的容量。硬盘最重要的部件就是盘片，而盘片组一般是由一片或几片圆形盘片叠加而成。不同容量的硬盘盘片数是不同的，每个盘片有两个面，每个面都可以记录数据。

主轴组件包括轴承和驱动电机等。随着硬盘容量的扩大和读写速度的提高，主轴电机的速度也在不断提升，导致了传统滚珠轴承电机磨损加剧、温度升高、噪声增大的弊病，对速度的提高带来了负面影响。因而有些生产厂商开始采用精密机械工业的液态轴承电机技术，以油膜代替滚珠可以避免金属面的直接摩擦，使噪声和温度降到最低。液态轴承电机技术的采用，使主轴电机的速度得到进一步提高，促进了超高速硬盘的发展。

（2）浮动磁头组件

磁头组件是硬盘中最精密的部件之一，它由读写磁头、传动手臂、传动轴三个部分组成，它是用集成工艺制成的多个磁头的组合。它采用了非接触式头、盘结构，加电后磁头在高速旋转的磁盘表面移动，磁头与盘片之间的间隙只有 0.1～0.3 μm，这样可以获得较好的数据传输率、较高的信噪比和数据传输的可靠性。现在的硬盘都采用了巨型磁阻磁头（GMR），这种磁头的读、写分别是由不同的磁头来完成的，可有效地提高硬盘的工作效率，并使磁道密度进一步增加成为可能。

（3）磁头驱动机构

磁头驱动机构的作用是在硬盘寻道时用来移动磁头的，一般由电磁线圈电机、磁头驱动小车、防震动装置组成。高精度的轻型磁头驱动机构能够对磁头进行精确的定位，并能在极短的时间内定位到指定的磁道上，保证数据读写的可靠性。带动磁头驱动机构的电机有步进电机、力矩电机、音圈电机三种，前两种应用在低容量硬盘中，现已被淘汰，现在大容量硬盘均采用音圈电机驱动。

（4）前置控制电路

前置控制电路的作用是控制磁头感应的信号、主轴电机调速、磁头驱动和伺服定位等。由于磁头读取的信号微弱，将放大电路密封在硬盘腔体内可减少外来信号的干扰。

2.6.2　硬盘的主要技术指标

1. 硬盘容量

硬盘容量是指硬盘能够存储数据的总量，通常以 GB 或 TB 为单位。影响硬盘容量大小的因素有单碟容量和盘片数量。

单碟容量即在单张盘片上所能够存储数据的总量，对整个硬盘容量的大小起着至关重要的作用。硬盘一般可由两到四张盘片组成，单碟容量越大，制造大容量硬盘就越容易，硬盘的生产成本就越低。同时随着单碟容量的增加，磁盘密度随之增大，磁头在单位时间内可以读写的数据量也越多，即硬盘的内部数据传输率就越高。目前，硬盘单碟容量在飞速增加，但硬盘总容量的增加速度却没有这么快，这正是增加单碟容量并减少盘片数量的结果。出于成本和价格的考虑，两张盘片是比较理想的平衡点。在硬盘使用中，我们会发现微机检测出的硬盘容量小于标称的容量，这是由于采用不同的换算关系造成的。在微机中，1 GB＝1 024 MB，而硬盘生产厂家通常按1 GB＝1 000 MB来换算。

2．转速

硬盘的转速是指带动盘片旋转的主轴电机的最高旋转速度，目前主流硬盘的转速一般为7 200 r/min。SCSI硬盘主轴转速可达10 000 r/min，最高的SCSI硬盘转速高达15 000 r/ min。

通常，转速越高，硬盘的数据传输率也越高，综合性能也越佳。但是由此也带来价格的提高，以及发热量和噪声增大等问题，随之而来的是硬盘的降温问题，由此而发展了专为硬盘降温的风扇。

3．内部数据传输率

内部数据传输率也称为持续数据传输率，它是指从磁头到硬盘高速缓存之间的传输速度。目前主流硬盘在容量、平均访问时间、转速等方面都相差不大，但在内部数据传输率上的差别比较大，它的高低也会影响到系统的整体性能。另外，硬盘的外部数据传输率高于其内部传输率，所以提高内部数据传输率对系统的整体性能提升有很大的意义。

4．外部数据传输率

外部数据传输率也称为突发数据传输率，它是指从硬盘高速缓存到系统总线之间的传输速度。外部数据传输率与硬盘接口类型和高速缓存大小有关。目前，主流硬盘通常采用SATA接口，该接口的外部数据传输率为150 MB/s、300 MB/s或600 MB/s；而SCSI接口硬盘的外部数据传输率可达160 MB/s。

5．数据缓存

数据缓存（Cache）是指在硬盘内部的高速缓冲存储器。使用硬盘Cache后，可将磁头需要读取的数据事先放到Cache中，大大提高了硬盘读取数据的速度。另一方面，将要写入硬盘的数据事先存放到Cache中，等到磁头空闲时再从Cache写入盘片。所以，硬盘Cache对硬盘性能的提高起着很大的作用，硬盘Cache的容量和速度直接关系到硬盘的数据传输率。

目前硬盘Cache的容量为64～256 MB，多数硬盘Cache容量为256 MB，如Seagate（希捷）的ST8000VN004、Western Digital（西部数据）的WD Blue WD40EZAZ，都使用了256 MB的Cache。

6．硬盘速度参数

硬盘存取数据的过程大致是这样的：当硬盘接到存取指令后，磁头从初始位置移到目标磁道位置（经过一个寻道时间），然后等待所需数据扇区旋转到磁头下方（经过一个潜伏时间）开始读取数据。

- 平均寻道时间（average seek time）：硬盘接到存取指令后，磁头从初始位置移到目标磁道所需要的时间。它反映了磁头作径向运动的速度，代表硬盘读写数据的能力，一般在5～13 ms。对于性能较高的硬盘，其值一般小于8 ms。
- 平均潜伏时间（average latency time）：相应数据所在的扇区旋转到磁头下方的时间。它反映了盘片的转速大小，一般在1～6 ms。

● 平均访问时间（average access time）：平均寻道时间与平均潜伏时间之和。它代表了硬盘找到某一数据所用的时间，一般在6～18 ms。

7. 平均无故障时间

平均无故障时间（mean time between failure，MTBF）是指硬盘从开始运行到出现故障的平均时间，一般硬盘在30 000～40 000 h之间。在硬盘的产品广告或常见的技术特性表中并不提供这项指标，需要时可到具体生产硬盘的厂家网站上查询。

2.6.3　硬盘接口

硬盘接口是指硬盘与主机之间连接的通道，硬盘的接口方式直接决定硬盘的性能。目前硬盘的接口主要有Serial ATA接口和M.2接口两大类。此外，还有mSATA接口、USB接口等。

1. Serial ATA接口

Serial ATA（串行ATA），即SATA接口，是由Intel公司牵头，联合IBM、APT Technologies、Dell、Maxtor、Quantum、Seagate等公司于2000年推出的全新硬盘接口标准。顾名思义，它是串行传输数据的接口，在同一时间点内只会有1位数据被传输。这样可以减少接口的针脚数，克服了并行传输信号之间的电磁干扰，同时节省了机内空间，更有利于散热。Serial ATA接口传输数据时只需要用一根4芯电缆与设备相连，用4个针（第1针为数据发送端、第2针为数据接收端、第3针为供电端、第4针为地线）就能完成所有的数据交换工作。实际使用中，Serial ATA接口硬盘使用7芯信号电缆线、15芯专用电源线。考虑到兼容性，Serial ATA接口硬盘还提供IDE接口硬盘标准电源接口。

Serial ATA接口采用点对点的模式，一台微机连接两个硬盘时就没有主、从之分，避免了用户设置主、从跳线的麻烦。此外，Serial ATA接口不再受单通道只能连接两个硬盘的限制，它可以同时连接多个硬盘。同时它不但支持硬盘，还支持CD-ROM等存储设备。

在Serial ATA 1.0版中，规定数据传输速率为150 MB/s，已经超过了现有最快的Ultra DMA/133（Ultra ATA/133）。在Serial ATA 2.0版中，规定数据传输速率为300 MB/s。而且随着未来后续版本的推出，数据传输速率可允许提高到1.5 GB/s、3.0 GB/s、5.0 GB/s。

目前支持Serial ATA接口标准的硬盘和主板已经成为市场主流，Seagate、Maxtor、Western Digital等公司已有多款Serial ATA接口的硬盘在市场上流行。

2. M.2接口

M.2是固态硬盘的一种接口形式，这种接口的固态硬盘有的支持NVMe协议，有的支持AHCI协议。

支持NVMe协议的速度要比普通固态硬盘快很多，而支持AHCI协议的和普通固态硬盘的速度差不多，当热，支持NVMe协议的固态硬盘比支持AHCI协议的固态硬盘价格要贵。

所以，当我们看到M.2固态硬盘的时候要搞清楚它支持的是AHCI协议还是NVMe协议，同样都是M.2接口，两者的速度和价格都不一样。

3. mSATA接口

mSATA固态硬盘是基于mini-SATA接口协议的固态硬盘产品，传输速度支持1.5 Gbit/s、3 Gbit/s、6 Gbit/s三种模式。其小巧的尺寸和轻薄的重量被广泛应用于便携式电脑及相关产品中，得到行业的一致好评。

4. USB接口

USB接口属于外置接口。USB 2.0接口标准数据传输速率为480 Mbit/s，USB 3.0传输速率为5 Gbit/s，而最新的USB 4.0传输速率可达40 Gbit/s，速度已相当可观。USB接口硬盘是目前可移动存储器的主流发展方向。

2.6.4 硬盘的新技术

近年来，硬盘技术发展很快，硬盘的性能有了很大的提升。目前硬盘的新技术主要体现在以下几个方面：

1. 固态硬盘技术

固态硬盘是一种基于Flash芯片或DRAM的存储设备，有着读取速度极快、抗震性好等优点。下面为大家介绍SSD的基本现状，希望会对大家有所帮助。

与普通硬盘一致，包括3.5英寸、2.5英寸、1.8英寸多种类型。由于固态硬盘没有普通硬盘的旋转介质，因而抗震性极佳，同时工作温度范围很大，扩展温度的电子硬盘可工作在-45～+85℃。广泛应用于军事、车载、工控、视频监控、网络监控、网络终端、电力、医疗、航空、导航设备等领域。

① 基于闪存的SSD固态硬盘，采用Flash芯片作为存储介质，这也是我们通常所说的SSD。它的外观可以被制作成多种模样，如笔记本硬盘、微硬盘、存储卡等样式。SSD 最大的优点就是可以移动，而且数据保护不受电源控制，能适应于各种环境，但是使用年限不高，适合于个人用户使用。在基于闪存的固态硬盘中，根据存储单元的不同，又分为两类：SLC（single layer cell，单层单元）和MLC（multi-level cell，多层单元）。SLC的特点是成本高、容量小、速度快，而MLC的特点是容量大成本低，但是速度慢。MLC的每个单元是2 bit的，相对SLC来说整整多了一倍。不过，由于每个MLC存储单元中存放的资料较多，结构相对复杂，出错的概率会增加，必须进行错误修正，这个动作导致其性能大幅落后于结构简单的SLC闪存。此外，SLC闪存的优点是复写次数高达100 000次，比MLC闪存高10倍。此外，为了保证MLC的寿命，控制芯片都校验和智能磨损平衡技术算法，使得每个存储单元的写入次数可以平均分摊，达到100万小时故障间隔时间。

② 基于DRAM的SSD固态硬盘：采用DRAM作为存储介质，目前应用范围较窄。它仿效传统硬盘的设计，可被绝大部分操作系统的文件系统工具进行卷设置和管理，并提供工业标准的PCI和FC接口连接主机或者服务器。应用方式可分为SSD硬盘和SSD硬盘阵列两种。它是一种高性能的存储器，而且使用寿命很长，美中不足的是需要独立电源来保护数据安全。

2. 新型磁头技术

磁头是硬盘技术中最为关键的部件，好的磁头可以提高硬盘的整体性能。早期的硬盘都是采用读写合一的电磁感应式磁头，这种二合一磁头在设计时，需要同时兼顾读和写两种截然不同的操作，所以性能受到限制，现逐渐被淘汰。

目前硬盘广泛使用的磁头有两种：MR（magneto resistive）磁阻磁头和GMR（grand magneto resistive）巨磁阻磁头。

MR磁阻磁头采用的是读/写分离式设计，写入磁头仍然采用传统的电磁感应式磁头，而读取磁头则采用新型的MR磁阻磁头。MR磁头材料在不同的磁场下阻值会发生变化，利用这一原理来读取信号，读取速度和准确率都得到很大提高，同时由于读取信号幅度与磁道密度无关，因此，盘片密度比过去有了大幅度提高。

GMR巨磁阻磁头也是利用这一原理，但GMR磁头材料的磁阻效应更加明显，同时GMR磁头采用了多层薄膜结构，对信号的变化更加敏感，因而存储密度可以进一步提高。目前，GMR磁头已经走出实验阶段，逐渐开始普及。

目前新型的磁头是TMR（tunneling MR，隧道型磁阻）磁头，它是GMR巨磁阻磁头的后继产品，与开发的垂直磁性记录方式混用后可大大提高存储密度。

3. PRML读取通道技术

PRML（partial response maximum likelihood，部分响应完全匹配）技术就是将硬盘数据读取电路分成两段“操作流水线”，流水线第一段将磁头读取的信号进行数字化处理，然后只选取部分“标准”信号移交第二段继续处理；第二段将所接收的信号与PRML芯片预置信号模型进行对比，然后选取差异最小的信号进行组合后输出以完成数据的读取过程。PRML技术可以降低硬盘读取数据的错误率，因此可以进一步提高磁盘数据密集度。PRML技术的普遍利用，使硬盘的容量、速度、可靠性都有了不同程度的提高。

4. S.M.A.R.T.技术

随着硬盘容量和速度的提高，人们对硬盘数据安全性的要求也越来越高，硬盘生产厂商都在努力寻求一种硬盘安全监测机制。如今，S.M.A.R.T.（self-monitoring，analysis and reporting technology，自监测、分析及报告技术）在主流硬盘中得到了广泛的应用，它是一种对硬盘故障预先报警、防止数据丢失的技术。

S.M.A.R.T.技术可以监测磁头、磁盘、电机、电路等硬盘部件，并由硬盘的监测电路和主机上的监测软件对硬盘的运行情况和预设的安全值进行分析、比较，当出现超出安全值范围以外的情况时，会自动发出警告信息；还可以根据硬盘使用情况自动降低硬盘的运行速度，把重要的数据文件转存到其他安全扇区或存储设备上。例如，每隔8小时，S.M.A.R.T.技术会自动扫描硬盘，当发现快要损坏的扇区时，会自动将损坏扇区的数据转移到好的扇区上。

现在许多硬盘生产厂商都在S.M.A.R.T.的基础上开发了自己的数据保护技术。如Maxtor公司的MaxSafe和DPS（data protection system），Seagate公司的EDST（extended drive self test），Western Digital公司的Data Lifeguard等。

5. RAID技术

RAID（redundant array of inexpensive disks，廉价冗余磁盘阵列）技术是由美国加州大学伯克利分校的D.A.Patterson教授在1988年提出的。RAID简称为磁盘阵列，是将多个磁盘按照某种逻辑方式组织起来，作为逻辑上的一个磁盘来使用。一般情况下，组成的逻辑磁盘的容量要略小于各个磁盘容量的总和。RAID可以通过硬件实现，也可以通过软件实现，如Windows 7及以上的操作系统就提供了RAID功能。常用的磁盘阵列有3种模式：RAID0、RAID1和RAID5。

RAID技术的优点是数据传输速率高，数据安全性强，可以提供容错功能和更大的存储空间。RAID技术目前主要应用在服务器的硬盘上，近几年正在向普通微机转移，现在已有主板固化了支持RAID0、RAID1及RAID0+1等的芯片，安装了RAID接口。

6. 噪声与防震技术

随着硬盘主轴转速的提高，带来了磨损加剧、温度升高、噪声增大等一系列负面影响，各大硬盘生产厂商都在加大力度寻求解决方法。

“液态轴承马达”可以有效地解决这些问题。它使用黏膜液态轴承，以油膜代替滚珠，有效地降低了因金属摩擦而产生的噪声和发热。同时黏膜液态轴承也可有效地吸收震动，增强硬盘的抗震能力，由此硬盘的寿命与可靠性也得到提高。Seagate公司的酷鱼四代（Barracuda Ⅳ）

硬盘，以及Maxtor公司的金钻七代、九代硬盘产品都采用了液态轴承马达。

在防震技术方面，各大生产商还增加了独特的技术来提升硬盘的质量，如IBM公司的DFT（Disk Fitness Test）、Maxtor公司的ShockBlock、Seagate公司的SeaShield等技术能使硬盘承受较大的冲击，可将硬盘因冲击而造成的损害降到最低程度。

2.7 声卡和音箱

声卡和音箱作为多媒体微机的组成部分起着重要的作用。

2.7.1 声卡

声卡是实现音频信号/数字信号相互转换的硬件电路，与主板和显卡相比，声卡的出现相对较晚。但近几年来，在数字音频采集、压缩、还原技术方面的发展已越来越成熟，声卡已经成为微机系统中必不可少的组成部分。它可把来自话筒、磁带、光盘的原始声音信号加以转换，然后输入到微机中，并可将声音数据输出到耳机、扬声器、扩音机、录音机等音响设备，或通过音乐设备数字接口（MIDI）使乐器发出美妙的声音。

声卡只提供对音频信号的处理能力，而要让微机发出声音，音箱则是关键设备。声卡将数字音频信号转换成模拟音频信号输出，此时音频信号的电平幅值较低，不能带动扬声器正常发声。这时候就需要带有放大器的音箱对音频信号进行放大，再通过扬声器输出，从而发出声音。声卡的外观如图1-2-11所示。

图 1-2-11　声卡

1. 声卡的功能

声卡的功能主要有：

- 采集、编辑和还原数字声音文件。
- 语音合成，通过声卡可以朗读中、英文文本信息。
- 语音识别，通过声卡能够识别操作者的声音，实现人机对话。
- 控制声音源的音量，混合后再数字化。
- 对数字化声音信号进行压缩存储和解压播放。
- 提供MIDI功能。

2. 声卡的种类

声卡按其采样位数分为8位、16位、32位，位数越高，则其采集和播放的声音越逼真，效果越好。现在多数声卡采用16位和32位的采样位数，个别高档声卡采用64位采样位数，并且使用了环绕立体声技术，使微机具有了音响的功能。

3. 声卡的组成

声卡（见图1-2-12）的种类很多，它们之间有着细微的差别，但大体上硬件结构相同。目前主流声卡由以下主要部件组成：

图 1-2-12　声卡

（1）主音频处理芯片

声卡的主音频处理芯片承担着对声音信息、三维音效进行特殊过滤与处理、MIDI合成等重要任务。目前较高档的声卡主音频处理芯片都是一块具有强大运算能力的DSP（数字信号处理器）。多数情况下，声卡上最大的那块芯片即为主音频处理芯片。目前比较著名的主音频处理芯片设计生产厂家有新加坡

Creative公司的Sound Blaster AE-9和日本YAMAHA公司的UR44C等。

（2）CODEC芯片

CODEC的全称是“多媒体数字信号编码解码器”，一般简称为“混音芯片”。它主要承担对原始声音信号的采样混音处理，也就是前面所提到的A/D、D/A转换功能。CODEC技术成熟以后，板载软声卡也就诞生了。在主板上集成一块CODEC芯片，将除了信号采样编码之外的各种声音处理操作都交由CPU来完成，通过牺牲系统资源和一些附带功能来换取性价比。比较有名的CODEC设计生产厂家有SigmaTel、Wolfson等公司。

（3）声卡上辅助元件

声卡上辅助元件主要有晶振、电容、运算放大器、功率放大器等。晶振用来产生声卡数字电路的工作频率；电容起着隔直通交的作用，所选用电容的品质对声卡的音质有直接的影响；运算放大器用来放大从主音频处理芯片输出的能量较小的标准电平信号，减少输出时的干扰与衰减；功率放大器则主要用于一些带有SPK OUT输出的声卡上，用来接无源音箱，起到进一步放大声音信号的作用。

（4）外部输入输出口

声卡上外部输入输出口均为3.5mm规格的插口（MIDI/Joystick除外），常见的包括：

- 麦克风接口（MIC IN）：连接麦克风，实现声音输入、外部录音功能。
- 线性输入口（LINE IN）：连接各种音频设备的模拟输出，实现相关设备的音源输入。
- 音频输出口（LINE OUT）：连接多媒体有源音箱，实现声音输出。
- 扬声器输出口（SPK OUT）：通过声卡功放输出的放大信号，用于连接无源音箱。
- 后置音箱输出口（REAR OUT）：连接环绕音箱（四声道声卡专用）。
- MIDI设备接口/游戏手柄接口（MIDI/Joystick）：连接MIDI音源、电子琴或者游戏控制设备。
- 同轴数码输出（SPDIF OUT）：连接数字音频设备，主要是解码器和数字音箱。
- 光纤数码输入（SPDIF IN）：用于连接数字音频设备的光纤输出，实现无损录音。

（5）内部输入输出口

声卡的内部接口多为插针模式，比较常见的有：

- CD音频输入（CD IN）：连接CD-ROM光驱上的模拟音频输出，为四针。
- 数字CD音频输入（CD SPDIF IN）：连接CD-ROM光驱上的数字音频输出，为两针。直接传输PCM信号到声卡，绕过CD-ROM上的D/A转换。
- 辅助输入接口（AUX IN）：类似于CD IN、VIDEO IN的功能，以备用户连接多组内部设备。
- TAD接口：电话应答设备接口，提供和标准调制解调器的连接，并向调制解调器传送话筒信号。

（6）跳线

目前声卡上很少有跳线，即使有也主要是SPK OUT和LINE OUT的切换跳线。用户可以通过这个跳线自由选择输出方式。

4. 声卡的工作原理

声卡对输入的声音信号的基本处理流程：从麦克风或LINE IN输入模拟声音信号，通过模数转换器，将声波振幅信号采样转换成数字信号后，通过主音频处理芯片处理，或者被录制成声音文件存储到微机中，或者再通过数模转换器进行转换后放大输出。

声卡模拟通道输出声音的基本流程是：数字声音信号首先通过声卡主音频处理芯片进行处

理和运算，随后被传输到一个数模转换器（DAC）芯片进行D/A转换，转换后的模拟音频信号再经过放大器的放大，通过多媒体音箱输出。声卡在工作时涉及以下几种音频信号：

（1）数字化波形音频

数字化波形音频采用采样的方法把模拟信号转换成数字信号来记录。声音信号是一种模拟信号，微机中存储声音数据是用逻辑数字0和1来表示的。在微机上处理声音的本质，就是把模拟声音信号转换成数字声音信号；反之，在播放时则是把数字声音信号还原成模拟声音信号输出。

（2）MIDI合成音频

MIDI（musical instrument digital interface，音乐设备数字接口）是用于电子乐器之间以及电子乐器与微机之间的一种数据交换协议。MIDI音频数据是声音媒体在微机中存在的另一种形式，是一种使用指令序列表示声音的方法，在微机中以.MID或.RMI扩展名的文件形式存储。

（3）CD音频

CD音频是指利用CD光盘存储的音频数据形式。它是多媒体微机中音频存在的第三种形式，也是一种高质量的音频数据记录形式，几乎可以完整地重现自然界中的各种声音。CD音频光盘的输出有两种形式：一种是通过CD-ROM光驱前面的耳机插孔输出，另一种是经声卡处理后由与声卡相连的音箱输出。

声卡的基本功能是对上述三种音频信号做处理，主要包括：

- 对音频信号的编辑、重放、输入／输出、放大等。
- 声音模拟信号与数字信号之间的转换。
- MIDI音乐的合成。
- 提供话筒、音箱的接口，用于声音的输入与输出。
- 提供信号的功率放大与调节。
- 提供MIDI键盘、游戏杆Joystick、CD-ROM的接口。

5. 声卡的主要技术指标

（1）采样频率

声卡在对输入的模拟音频信号转换成数字信号的过程中，需要对模拟音频信号进行采样。采样频率为每秒取得声音样本的次数。采样频率越高，声音的还原就越真实。标准的采样频率有22.05 kHz、44.1 kHz和48 kHz三种，22.05 kHz只能达到FM广播的声音品质，44.1 kHz则是CD音质界限，48 kHz则更好一些。现在许多声卡都提供48 kHz的采样频率。

（2）采样位数

采样位数是指声卡在A/D数字化过程中采样的精度。采样位数越大，精度就越高，还原后的音质就越好。但采样位数越大，数据量也越大，占用的存储空间也越大。早期的声卡是8位，音质差；16位声卡的还原音质较好，可用于立体声播放。现在多数声卡采用16 位和32位的采样位数，个别高档声卡则采用64位采样位数。

（3）声道数

声卡所支持的声道数也是主要的技术指标。声卡声道数有以下几种类型：

- 单声道：是早期的声卡普遍采用的形式。其特点是两个扬声器播放的声音相同，缺乏对声音的定位感。
- 立体声：是声音在录制过程中被分配到两个独立的声道，从而达到了很好的声音定位效果，听者可以清晰地分辨出各种声音发出的方向，更加接近于现场效果。

● 四声道环绕：目的是为了给人们提供一个虚拟的声音环境，通过特殊的技术营造一个趋于真实的现场，从而获得更好的听觉效果和声场定位。要达到这种效果，只靠两个音箱是不够的。四声道环绕规定了四个发音点，即前左、前右、后左、后右，同时还建议增加一个低音音箱，形成4.1环绕，以加强对低频信号的回放处理。

● 5.1声道：来源于4.1环绕，不同之处在于它增加了一个中置声道。这个中置声道负责传送低于80 Hz的声音信号，在欣赏影片时有利于加强人声，把对话集中在整个声场的中部，以加强整体效果。

（4）复音数量

复音数量是指在播放MIDI乐曲时在1 s内发出的最大声音数目。因为MIDI乐曲中每种乐器的声音占一个声部，复音数量决定了最多可播放的声部数量，如复音为16的声卡只能同时听到16种乐器的声音，其他声部将被截掉。复音数越大，音色就越好。

（5）动态范围

动态范围是指当声音的增益发生瞬间突变时，即当音量突然变化时，设备所能承受的最大变化范围。这个值越高，则声卡的动态范围越广，就越能表现出声音的起伏。一般声卡的动态范围在85 dB左右，好的声卡可达到90 dB以上。

（6）信噪比

信噪比是衡量声卡抑制噪声能力的一个重要技术指标，它是指输出的有用信号功率与同时输出的噪声信号功率的比值，单位为分贝（dB）。这个值越高，则声卡的滤波效果越好，音质就越纯净。由于微机内部的电磁辐射较严重，所以集成声卡的信噪比并不高。按微软公司在PC-98中的规定，信噪比至少要大于80 dB。

6. 有关声卡的其他技术

（1）FM合成技术

FM（frequency modulation，频率调制）合成技术是在播放MIDI音乐时运用算法来模拟乐器的声音。其特点是电路构成简单，生产成本低，但由于算法毕竟与真实乐器差别很大，音色的逼真度显得很差。一些廉价的低档声卡就是采用此技术。

（2）波表合成技术

波表（wave table）合成技术分为软波表和硬波表两种。硬波表是将真实的乐器声音经采样后存放在EPROM芯片中，形成波表库，也叫音色库。当MIDI音乐需要某种乐器的音色数据时，随时从芯片中读取，其缺点是容量小，不利于扩充和升级波表库。软波表是将采集的乐器音色数据存放在硬盘中，需要时调入系统内存，经处理后再由声卡接收。其优点是容量大，可以存储精度很高的音色库，缺点是占有系统资源太多。

（3）DLS波表合成技术

DLS（down load sample，可供下载的采样音色库）波表合成技术原理与软波表相似，不同的是音色库的读取由声卡上的专用芯片控制，无须CPU的干预，并且可根据需要随时更新波表库，并利用DLS音色编辑软件进行修改。这是传统波表所无法比拟的优势，是目前高档声卡普遍采用的技术。

（4）SB Link接口

这是声卡从ISA总线发展到PCI总线过渡期间的遗留问题。由于PCI声卡不再需要DMA和IRQ，而一些以前的DOS游戏或使用旧规范的程序无法使用PCI声卡，为此在声卡和主板之间使用SB Link接口相连，使PCI声卡强行获得DMA和IRQ，以解决兼容问题。目前PCI声卡可用模拟仿真的方法为其分配虚拟的DMA和IRQ，SB Link接口已不再需要。

（5）SPDIF接口

SPDIF（SONY/Philips家用数字音频接口）可以传输PCM流和Dolby Digital、DTS这类环绕压缩音频信号，所以在声卡上增加SPDIF功能的重要意义在于使微机声卡具备更加强大的设备扩展能力。

声卡上的SPDIF接口分为输出SPDIF OUT和输入SPDIF IN。SPDIF OUT可以将来自微机内部的数字音频信号输出到外部数字音响设备进行再加工或录音处理，在目前的主流产品中，SPDIF OUT的功能已经非常普及，通常以同轴或光纤接口的方式做在声卡主卡上或数字子卡上。而SPDIF IN可接收来自外部其他设备的数字音频信号，最典型的应用就是CD的数字播放。

（6）3D音效技术

为了体现三维立体的音响效果，各声卡芯片厂商都开发制定了各具特色的3D音效标准，具有代表性的有：

- DS3D（direct sound 3D），是由微软公司开发的3D音效应用程序接口标准。
- A3D（aureal 3D），是由Aureal公司开发的3D定位音效技术。
- Q3D（qsound 3D），是由QSound试验室开发的可升级环绕音频技术。
- EAX（environmental audio extensions，环境音效扩展集），是创新公司开发的基于DS3D的扩展应用程序接口标准，共有三个版本。
- SRS（sound retrieval system，声音补偿系统），是由SRS试验室开发的三维空间立体声扩展技术，可与上述各项技术结合使用，其特点是只需一对音箱就可构成逼真的三维空间声场。

（7）WAVE音效与MIDI音乐

WAVE音效合成与MIDI音乐合成是声卡最主要的功能。

WAVE音效合成是由声卡上的ADC模数转换器和DAC数模转换器来完成的。模拟音频信号经ADC转换为数字音频信号后，以文件形式存放在磁盘等介质上，就成为声音文件。这类文件称为Wave Form文件，通常以 .WAV为扩展名，因此也称为WAV文件。WAVE音效可以逼真地模拟出自然界的各种声音效果。

MIDI文件记录了用于合成MIDI音乐的各种控制命令，包括发声乐器、所用通道、音量大小等，通常以.MID或.RMI为扩展名。由于MIDI文件本身不包含任何数字音频信号，因而所占的存储空间比WAV文件要小得多。MIDI文件回放需要通过声卡的MIDI合成器合成为不同的声音，而合成的方式有调频（FM）与波表（Wave Table）两种。

（8）AC-3

AC-3（dolby digital AC-3，杜比数字）是由美国杜比实验室制定的一个环绕声标准。它完全抛弃了模拟音频技术，采用了全新的家庭影院多声道数字音频技术，在录制、解码和放音过程中采用完全独立的5.1声道的环绕声系统。高频放音的上限由原来的7 kHz提高到20 kHz，并提高了输出功率，使环绕声更具有表现力。AC-3是根据感觉来开发的编码系统多声道环绕声，它将每一种声音的频率根据人耳的听觉特性区分为许多窄小频段，在编码过程中再根据音响心理学的原理进行分析，保留有效的音频，删除多余的信号和各种噪声频率，使重现的声音更加纯净，分离度极高。

（9）DTS

DTS（digital theater system，数字影院系统）是由美国的Digital Theater System公司开发出

来的一种电影全数字多声道技术标准。它也采用了5.1声道的环绕声系统，但在压缩编码的方法和原理上与AC-3不同。AC-3是采用大幅度删减理论上人耳无法听到的微弱细节声音，从而达到减少数据量的目的，所以AC-3的信息压缩率比较高。而DTS则是以提升数字空间率的方式保存较多微弱的细节声音，所以DTS声音还原真实度要高于AC-3，在表现声音的连续性、细腻性和层次性等方面要优于AC-3，DTS是目前最好的5.1声道环绕声系统。

（10）IAS

IAS（interactive around sound，交互式环绕声）是EAR（extreme audio reality）公司在开发者和硬件厂商的协助下开发出来的专利音频技术，该技术可以满足测试系统硬件和管理所有的音效平台的需求。开发者只需编写一套音效代码，所有基于Windows 95/98/2000 的音频硬件将通过同样的编程接口来获得支持。IAS为音效设计者管理所有的音效资源，提供了DS3D支持。此外，它的音效输出引擎会自动配置最佳的3D音频解决方案，其中四通道模式的声卡将是首要的目标，而DS3D可以在现有的双喇叭平台上获得支持。

（11）AC’97

AC’ 97（audio codec 97）是1996年6月由美国的Intel、新加坡的创新（Creative）、日本的YAMAHA等5家权威性的软硬件公司共同制定的一种全新思路的芯片级音源标准。

AC’ 97标准从根本上改变了传统的音源处理方式，首次采用了双芯片结构，即把声卡的数字部分与模拟部分分开，把模拟部分的电路从声卡芯片中独立出来，称之为Audio Codec的小型芯片，又称AC’ 97芯片。数字部分的电路称为Digital Control芯片，又称DC’ 97芯片。DC’ 97芯片完成大部分声卡功能，如WAVE回放、MIDI合成、音效处理等，再把PCM的数字信号送到AC’ 97芯片中，由AC’ 97芯片完成数字信号到模拟信号转换后再输出到音箱。

AC’ 97标准的主要规格有：采用双芯片的PC音频解决方案，数字信号和模拟信号分离，使用48针和64针两种标准的封装方式；固定48 kHz采样频率，4种模拟立体声输入，分别来自LINE、CD、VIDEO、AUX；两种模拟单声道输入，分别来自麦克风和PC喇叭；高品质的CD输入，立体声线性输出，电话单声道输出，支持电源管理，音效数据输出可以传送至USB或IEEE 1394接口，可选音调控制，可选高音控制，可选立体声耳机输出等。

（12）软声卡和硬声卡

目前微机上用的声卡可以分为两大类：一类是采用扩展卡的普通声卡，包括PCI、CNR、USB类型的声卡；另一类是集成在主板上的集成声卡，它价格低廉，效果也很好。由于普通声卡的成本较高，为了迎合微机的低价要求，现在主板厂商采用了在主板上集成声卡的方式。集成声卡又分软声卡和硬声卡两类。

软声卡通常是在南桥芯片中具有“集成音效功能”，即南桥芯片中具有部分DC’ 97芯片的功能。在主板上增加AC’ 97芯片，通过CPU的参与和软件的合成就可以完成普通声卡的主要功能。由于这类主板上没有DC’ 97芯片，只有一块AC’ 97芯片，所以CPU占用率比一般声卡高，如果CPU速度达不到要求就容易产生爆音等问题。

如果在主板上同时集成DC’ 97芯片和AC’ 97芯片，这类主板的集成声卡就称为硬声卡。硬声卡的音质好，不容易产生爆音等问题。

7. 声卡的选用

目前，市场上声卡的品牌、型号众多，价格也从几十元到上千元不等，创新（Creative）和雅马哈公司在声卡制造领域都有出色的表现。下面就如何选择合适的声卡这一问题，从声卡产品的角度和用户的角度分别进行考虑。

（1）从产品的角度选用

① 高档声卡。目前的顶级产品当属创新公司的创新Sound Blaster AE-9（PCI-E）。

Sound Blaster AE-9是先进音频发烧友技术和30年Sound Blaster处理经验的结晶。作为创新公司引以为傲的PCI-E声卡，Sound Blaster AE-9能够实现非常纯净的音频，其高解析度ESS SABRE级9038参考DAC，具有129 dB DNR和32位384 kHz播放能力。它还包括Sound Blaster的Xamp完整分立式耳放，支持高达600 Ω的耳机，并具有超低1 Ω耳机输出阻抗，适用于灵敏的入耳式监听器。

Sound Blaster AE-9还兼备一整套的处理技术，如Sound Blaster的Acoustic Engine、Dolby Digital Live和DTS Connect编码，以及便捷而强大的ACM音频控制模块。

② 中档声卡。创新Sound Blaster Audigy RX和创新Sound Blaster Audigy FX v2是现在创新公司生产的中档声卡。早期的创新公司生产的中档声卡中，有Sound Blaster PCI 64、PCI 128。它们都是基于创新Ensoniq Audio PCI ES137x技术，不同之处在于支持的复音数不同，但都支持EAX、A3D和8MB波表样本。

雅马哈公司的UR22C和摩羯公司的MOGE MC2208等声卡也是性能相当不错的中档声卡。

③ 低档声卡：在低档声卡市场上，Yamaha、花王、AZTech、启亨、松景、中凌等知名品牌的产品都有其各自的特点，产品性能差别不大，选用时主要看所使用的芯片就可以了。

（2）从用户的角度选用

对普通用户来说，听音乐、看电影、偶尔玩一些比较简单的游戏，对音质没有特殊的要求。再像公共机房、多媒体计算机网络教室、办公室等场合，一般的低档声卡或集成在主板上的声卡就足够用了。而对于需要上网打IP电话、举行网络会议等，一般需要支持全双工的声卡，很多中低档声卡都具有这个功能。

对专业用户来说，通常是建立小型或个人的音乐工作室，或需要进行音频、MIDI方面的创作，对声卡有独特的要求，如输入/输出接口是否镀金、信噪比大小、失真度高低等，因此应该选择高档产品。

2.7.2 音箱

音箱是多媒体微机的重要组成部分之一，优美的音乐、动听的歌曲、美妙的声音都来自音箱。音箱是一种声音还原设备，它可将电信号转换成声音信号，然后输出。还原质量好的音箱播放的音乐听起来更自然，这种音箱通常被称为高保真音箱。

1. 音箱的组成

有源音箱由放大器、接口部分、扬声器单元与箱体四部分组成。放大器对音频信号进行放大，使之能够推动扬声器正常发声；接口部分用来连接微机声卡，提供音频信号的输入；扬声器单元用于把音频信号转换成声波；箱体则提供对整个音箱系统的保护和支持。

最新推出的USB音箱采用了新技术，直接从微机USB接口引入数字音频信号，由内部芯片将数字音频信号转换为模拟音频信号，经过放大后在扬声器上输出，从而省去了声卡。

2. 音箱的主要技术指标

（1）防磁设计

微机音箱最重要的技术指标是防磁设计，否则强大的磁场会使显示器被磁化，产生花屏、偏色现象，还会使磁盘丢失数据，更严重的会使集成电路芯片产生特殊电流而死机。

（2）输出功率

输出功率分为标称功率和最大承受功率。标称功率就是常说的额定功率，它决定了音箱可以在什么样的状态下长期稳定地工作。最大承受功率是指扬声器短时间内所能承受的最大功率。例如，在一部影片放映达到高潮部分时，经常会通过震撼人心的音乐效果来渲染当时的气氛，此时音箱的功率会超出标称功率，而超出的这个值是有一定限制的，这个限制就是音箱的最大承受功率。

一般来说，音箱的功率越大，音质效果越好。在一个20 m^2的房间里要取得满意的放音效果，音箱标称功率必须在30 W以上。虽说功率越大效果越好，但也要适可而止，而且功率越大价格也越高。

（3）频率响应范围

频率响应范围是指音箱最低有效回放频率与最高有效回放频率之间的范围。人耳能够听见的是频率在20 Hz ～20 kHz以内的声音，因此放大器要很好地完成音频信号的放大，就必须有足够宽的工作频带。音箱在还原这个范围内的声音时，必须能将各种声音的基本频率和谐波频率都如实地反映出来，否则所重现的声音就不真实、不自然了。我们在选购音箱时可以试听一首熟悉的歌曲或电影情节，如果听起来声音正常，没有浑浊或发涩的感觉就可以了。

（4）灵敏度

灵敏度是指音箱输入给定功率的音频信号时，音箱所能发出声音的强度。它是衡量音箱效率的一个指标，与音箱的音质无关。普通音箱的灵敏度一般在85～90 dB之间，高档音箱则在100 dB以上。灵敏度的提高是以增加失真度为代价的，所以作为高保真音箱来说，要保证音色的还原程度与再现能力就必须降低对灵敏度的要求。因此，不能认为灵敏度高的音箱一定就好，而灵敏度低的音箱一定就不好。

（5）失真

失真分为谐波失真、互调失真和瞬态失真三种。通常所说的失真是谐波失真，是指在声音回放的过程中，增加了原信号没有的高次谐波成分而导致的失真。真正影响到音箱品质的是瞬态失真，这是因为扬声器具有一定的惯性质量存在，盆体的振动无法跟上瞬间变化的电信号的振动而导致原信号与回放音色之间存在差异。普通音箱的失真度应小于0.5%，低音炮的失真度应小于5%。

（6）信噪比

信噪比是指放大器输出的有用信号功率与同时输出的噪声信号功率的比值，单位为分贝（dB）。这个值越高，说明混在信号里的噪声越小，声音回放的质量就越高，否则相反。信噪比一般不应低于70 dB，高保真音箱的信噪比应达到110 dB以上。

3. 音箱的分类

按音箱内部有无功率放大器，分为有源音箱和无源音箱。无源音箱输出功率小，只适用于一些教学软件；有源音箱则把声卡的声音信号进行了放大，可以达到较好的音质效果。微机上配置的音箱一般为有源音箱。

2.8　机箱和电源

机箱和电源的重要性往往容易被人们所忽视，其实它们对微机系统来说，不但是必需的也是很重要的，它们对微机系统的整体性能影响很大。所以有必要对这两个部件进行比较详细的介绍。

2.8.1 机箱

机箱作为微机主机的外壳，除了外观形象美观之外，还要给主板、各种扩展板卡、软硬盘驱动器、光盘驱动器、电源等提供安装支架。经验表明，许多不稳定的故障都是由于机箱容易变形或本身结构布局不合理造成的。另外，机箱坚实的金属外壳保护着内部各板卡和设备，能够防压、防冲击，并且起着屏蔽电磁辐射的作用。此外，机箱还提供了若干便于使用的前面板开关、指示灯以及前置USB接口、耳机和麦克风插孔等，使用户能更加方便地操纵微机或观察微机的运行情况。

1. 机箱的分类

（1）从结构上分类

从结构上可以分为AT、ATX、Micro ATX、BTX-AT等种类。

AT机箱主要应用于Pentium Ⅱ以前的微机中，只能安装AT主板。ATX机箱是目前市场上最常见的机箱，不仅支持ATX主板，还支持AT主板和Micro ATX主板。Micro ATX机箱是在AT机箱的基础之上建立的，为了进一步节省桌面空间，因而比ATX机箱体积要小一些。BTX（balanced technology extended）。是Intel定义并引导的桌面计算平台新规范，可支持下一代电脑系统设计的新外形，使行业能够在散热管理、系统尺寸和形状，以及噪声方面实现最佳平衡。不同结构类型的机箱只能安装其支持类型的主板，不可混用。

（2）从外观上分类

从外观上分为卧式和立式两类。其中卧式又有超薄型和普通型之分，立式机箱又可分为半高、3/4高、全高。

- 超薄机箱主要就是一些AT机箱，只有一个3.5英寸驱动器固定架和2个5.25英寸驱动器固定架。
- 半高机箱主要就是一些品牌机采用的Micro ATX机箱和Micro BTX机箱，有2～3个5.25英寸驱动器固定架。
- 3/4高和全高机箱是目前市场上常见的标准ATX立式机箱，拥有3个或3个以上的5.25英寸驱动器固定架和2个或2个以上的3.5英寸驱动器固定架。

2. 机箱的结构

不论是卧式机箱还是立式机箱，其内部结构都差不多，只是位置和方向有些差异。

- 前面板。前面板上有电源开关（Power Switch）、电源指示灯（Power LED）、复位按钮（Reset）、硬盘工作指示灯（HDD LED）以及USB接口、耳机和麦克风插孔等。
- 后背板。后背板包括插卡槽和可抽换的背板。插卡槽是用来固定显卡和其他扩展卡的。
- 电源安装架。电源安装架是用来固定电源的。
- 5.25英寸驱动器固定架。5.25英寸驱动器固定架是用来固定5.25英寸驱动器的，包括5.25英寸硬盘、硬盘抽取盒、CD-ROM光驱、DVD光驱、刻录机等，一般称为“大固定架”。
- 3.5英寸驱动器固定架。3.5英寸驱动器固定架一般用来固定3.5英寸硬盘、MO、ZIP等3.5英寸驱动器的，一般又称为“小固定架”。有些机箱在电源供应器下方也预留一个3.5英寸驱动器固定架，不过这个位置只适合安装3.5英寸硬盘。

3. 机箱的主要技术指标

微机系统的性能与机箱的设计有很大的关系，合理的机箱应具备以下几方面的特性：

（1）坚固性

机箱外壳坚实，框架牢固，使用后不会因冷热变化、轻微撞击、搬运、局部受压而产生变形，特别是卧式机箱可允许显示器放在上面。易变形的机箱可能会导致内部各板卡、部件等发生故障。另外，坚固的机箱可减少振动，降低工作噪声。

（2）散热性

机箱内部空间大，面板与背板通风性好，能充分扩散部件工作中产生的大量热能，保持箱内温度不至于过高。从而避免器件过热而影响微机运行，减少因过热而产生的死机现象，降低器件受高温影响而导致的老化程度，延长机器的使用寿命。

（3）屏蔽性

机箱一般采用铁合金制成，能够减少电磁波的对外辐射，也能降低外界电磁波对主机的干扰，具有良好的屏蔽性。

（4）可扩充性

机箱内部空间大，易于安装各种板卡，固定架多可随时增加驱动器。扩充性好的机箱在升级微机、更换箱内配件时有充分的空间可以利用。

（5）兼容性

兼容性也即良好的通用性。标准机箱的各种装配孔、装配架应满足绝大部分配件的安装，特别是主板的安装不会出现错位，其他配件的安装位置也不能出现空间上的冲突。兼容性好的机箱不仅各部件安装方便，易于拆卸，而且装卸过程中不会出现卡阻或错位现象。

（6）美观性与时尚性

质量好的机箱制作工艺精良、线条流畅、颜色协调、外型美观大方、无磕碰和划痕。

4．机箱的选用

机箱的选择长期以来被人们所忽视，事实上，就机箱的选择有许多细微之处需要注意，否则不仅不便于安装、使用，而且易导致系统工作不稳定，甚至可能对人身造成伤害。

选择机箱的主要依据是机箱的摆放位置、散热、扩充问题。从原理上讲，不管什么样的机箱，横竖摆放都可以，这对摆放面积较小的环境来讲显得很重要。从目前情况来看，超薄机箱已不可取，因为它对日后的扩充和散热都不利。只要条件具备，应选择标准ATX立式机箱，因为标准ATX立式机箱不仅内部空间大，支持的驱动器固定架比较多，有利于日后的扩充，而且也有利于内部各部件的通风散热。有一点需要注意，当选择机箱时，电源提供的各插头线路和各信号线路的长度应合适，如果太短则无法安装。

选择机箱时，应从以下几方面入手：

（1）考虑机箱的结构

由于现在AT主板已不再使用，所以一般都选择ATX机箱。考虑到日后新增驱动器的可能，最好选择具有3个或3个以上的5.25英寸驱动器固定架和2个或2个以上的3.5英寸驱动器固定架的机箱，也即标准ATX立式机箱。标准ATX立式机箱内部空间大，易于安装各种板卡，而且通风散热性好。

（2）考虑机箱的选材

选择机箱时，除了看重品牌，如爱国者、银河、世纪之星、保利得等外，主要应细看机箱的选材。优质的机箱一般都采用具有一定厚度的经过冷锻压处理的SECC镀锌钢板制成，具有刚性好、高导电率、耐腐蚀、不易生锈等特点，而且这种镀锌钢板对机箱内的电磁辐射有很强的屏蔽作用。另外，优质机箱的前面板采用ABS或HIPS工程塑料注塑而成，长期使用不会泛黄和开裂。

（3）考虑机箱的设计和工艺

优质的机箱除了选材上乘外，也离不开优良设计和工艺。机箱预留多个风扇位置，可为以后增加风扇带来方便。多风扇系统和自然气流可以提高机箱的通风效果，尤其对于超频的系统散热更为重要。

机箱边缘若采用折边或特殊打磨处理后，会防止划伤人手；前置USB接口、耳机和麦克风插孔等的设计，为用户提供了方便；机箱有些部分紧固螺钉的改进，使得不用螺丝刀就可轻松地安装和拆卸。这些都是人性化的设计。

（4）考虑配套电源的质量

一般来说，如果机箱质量上乘，配套的电源质量也不会太差。但是有时原配的优质电源可能被中间商偷梁换柱，而换成了劣质电源。因此，在选择机箱时应注意随机箱配套电源的质量。

2.8.2 电源

电源是微机主机的动力核心，它担负着向微机中所有部件提供电能的重任。电源功率的大小、电压和电流是否稳定将直接影响微机的工作性能和使用寿命。目前，微机中所使用的电源均为开关电源。

1. 电源的分类

电源和机箱一样也有AT和ATX结构之分，即AT电源和ATX电源，这两种电源从插头外型到输出电压都有着明显的差别。

（1）AT电源

AT电源的功率一般为150～220 W，输出电压规格只有+5 V（20 A）、+12 V（8 A）、−5V（0.3A）、−12 V（0.3 A）。AT主板和AT电源被淘汰，分别被ATX主板和ATX电源所替代。

（2）ATX电源

ATX电源的输出电压除了保持传统的+5 V、−5 V、+12 V、−12 V输出以外，还提供了+3.3 V和+5 V SB（standby，待机电压）的输出电压和一个PS-ON信号。输出线将上述几种电压合并成一个20芯的双列连接器插头，并带有反插保护，可以有效地防止因插错电源接线而烧毁主板的严重后果。+3.3 V的输出电压用来直接为部分3.3 V的设备供电；+5 V SB的输出电压也称为辅助+5 V电压，只要主机接上市电220 V交流电就有输出，而与主机是否开机无关；PS-ON信号是主板向电源提供的电平信号，低电平时电源启动，高电平时电源关闭。ATX电源插头如图1-2-13所示。

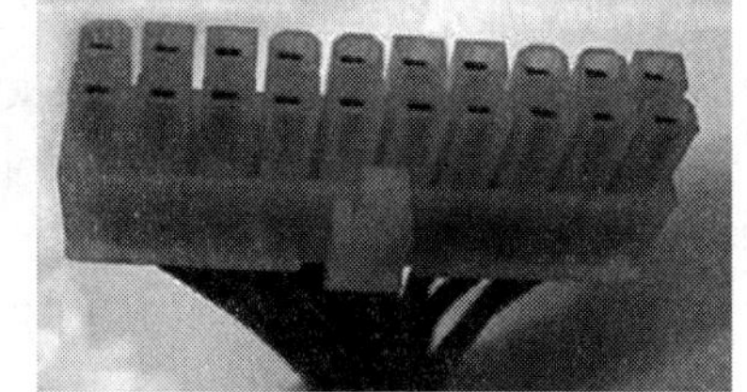
图 1-2-13　ATX 电源插头

ATX电源对整体电源控制与AT电源也不同。在AT 电源中，少不了电源开关的黑粗线，直接物理控制电源交流电的通断；而在ATX电源中却去掉了这组线，机箱面板上的电源开关直接连到主板上的Power Switch插针上，利用+5 V SB和PS-ON信号就可以实现软件开关机器、键盘开机、网络唤醒等功能。这就是最初的ATX 1.0标准的电源。

AT电源内置的风扇采取将电源内部的热空气向外抽的方法，而ATX电源风扇的风向依照不同ATX电源标准则有所不同。

ATX电源是根据ATX标准进行设计和生产的，而ATX标准也经过了多次的变化和完善，从最初的ATX 1.0到ATX 3.0，ATX电源技术已逐渐成熟。

（3）Micro ATX电源

Micro ATX电源是Intel公司在ATX电源之后推出的标准，主要目的是为了降低成本。它与ATX电源的区别是体积和功率较小。

2. 电源的性能指标

（1）输入电压范围

ATX标准中规定的市电输入电压范围在180～265 V之间。在这个范围内，ATX电源的指标不应该有明显的变化。此外还对过压范围、开机浪涌电流大小等也做出了规定。如果使用环境比较恶劣，就要选择具有宽电压输入功能的ATX电源。

（2）输出电压范围

ATX标准中规定直流输出端的电压不能偏离太多，输出端最大偏差范围为：+12 V DC（±5%）、+5 V DC（±5%）、−12 V DC（±10%）、−5 V DC（±10%）、+3.3 V DC（±5%）、+5 V SB（±5%）。

其中，+12 V DC端在输出最大峰值电流的时候允许±10%的误差。以+5 V DC为例，当输出端的电压在4.75～5.25 V之间（±5%）变化时都是所允许的范围，如果输出端的电压超出了这个范围，就属于不正常的情况了。

（3）输出功率和电流

ATX标准中详细规定了多种功率输出时各个电压输出端的最大输出电流，要求电源生产厂家在铭牌上对电源的+3.3 V DC、+5 V DC和+12 V DC等输出端的最大输出电流做出具体的说明。由于+3.3 V DC和+5 V DC共用变压器的一组绕组，不可能同时输出其标称的最大电流，所以ATX标准还规定厂家应该说明它们合并输出的最大功率。其实，+3.3 V DC、+5 V DC和+12 V DC三者之间也有类似的限制，为了体现这种相互的制约，ATX标准详细绘制了三端电压输出的功率分配图。但在实际应用中我们不可能去对照ATX标准所提供的功率分配图，一般来讲，输出功率大的电源相应输出电流也就大，价格也就高。

（4）转换效率

ATX标准要求最大功率输出时的转换效率不低于68%。

（5）输出波纹

虽然经过了多重滤波，开关电源的输出端也不可能完全没有波纹。波纹越小，电源的品质也就越好。

（6）负载调整率

电源负载的变化会引起电源输出的变化，负载增加，则输出降低，相反负载减少，输出升高。好的电源负载变化引起的输出变化会减到最低，通常指标为3%～5%。

（7）线路调整率

线路调整率是指输入电压在最高和最低之间（180～265 V）变化时，输出电压的波动范围，一般为1%～2%。

（8）电磁兼容标准与安全认证

微机采用的开关电源虽然具有重量轻、体积小、转换效率高等特点，但工作时产生的EMI（电磁干扰）和RFI（射频干扰）较大，容易对外、对内产生干扰，因此电源内部还要加入杂波滤除电路，减少对外界的干扰。

电源自身安全与否也会对用户构成威胁，安全认证的确立是为了防止电器设备因电击、着火、机械危险、热危险、能量危险、辐射危险等而对人体产生的伤害及财产损失，所以电源还必须通过一定的安全认证。只有通过电磁兼容标准与安全认证的电源才能说是一种安全而合格的产品。许多国家都制定了自己的安全认证规范，我国政府为保护消费者人身安全和国家安全，从2022年5月1日起依照法律法规，对电子产品实施了强制3C认证。3C认证的全称为“中国强制性产品认证”，英文为China compulsory certification，英文缩写为CCC。

3. 电源的选用

如何选择一个好的电源，对于一般的用户来说，不可能用专门的设备对电源的各项性能指标一一进行测试，因此在多数情况下，我们只能从外观上来判定一个电源的好坏。

（1）外观检查

质量好的电源一般比较重一些，电源输出线必定是粗线，因为电源盒输出的电流一般较大，很小的一点电阻将会产生较大的压降损耗。

（2）散热片的材质

从外壳细缝往里看，质量好的电源采用铝或铜散热片，而且较大、较厚。

（3）用料和元器件

如果能打开电源外壳的话，可以发现质量好的电源用料考究，如多处用方形CBB电容，输入滤波电容值较大，输出滤波电容值也较大；同时，内部电感、电容滤波网络电路特别多，并有完善的过压、限流保护元器件。

（4）安全认证

一个质量合格的电源应该通过安全和电磁方面的认证，如满足3C等标准，这些标准的认证标识应在电源的外表上有所体现。

（5）电源功率

为了系统能更安全地运行，电源功率要留有一定的余量。鉴于目前的微机配置，应该选购功率在300 W以上的电源。需要注意的是，在选购电源时不能只看其标称功率，现在市场上有很多杂牌电源，往往标称功率很大，事实上根本达不到所标称的值；另外，电源的稳定性和可靠性要好。

由于电源本身的技术含量比较低，容易生产，所以品种和品牌非常多，性能参差不齐，给选购带来一定的困难。建议尽量去选择一些品牌电源，例如长城、航嘉等。

2.9 键盘和鼠标

键盘和鼠标是微机系统中最常用的两种输入设备，它们担负着向微机输入各种数据和控制命令、指挥系统按用户的要求工作的任务。

2.9.1 键盘

键盘是微机重要的外围输入设备之一，使用键盘向微机输入各种指令，指挥其工作；使用键盘向微机输入程序和数据，修改、调试程序；还可以使用键盘玩各种游戏。如今，鼠标的应用越来越广泛，但在文字输入方面，键盘依旧有着不可动摇的地位。在今后很长的一段时间内键盘仍然是微机最重要的输入设备之一。键盘的外观如图1-2-14所示。

图 1-2-14　键盘

1. 键盘的分类

（1）按按键类型分类

按按键类型分类，可分为机械式键盘和电容式键盘两类。

① 机械式键盘：是最早使用的键盘，按键全部为触点式。早期的机械式键盘按键开关由金属弹簧片组成，当键按下时，两个金属弹簧片接通；按键松开时，金属弹簧片脱离。大部分机械式键盘采用铜片作为弹簧片，这种键盘的特点是工艺简单、价格低廉，缺点是击键响声大、手感差、有抖动、故障率高、寿命短，现已被淘汰。现在使用的机械式键盘由导电橡胶和电路板上的触点组成，当按键按下时，导电橡胶与触点接通；按键松开时，导电橡胶与触点分开。这种开关的接通与断开是通过机械弹簧片的作用进行的，比较可靠，但由于电路板上的触点容易磨损会造成接触不良，其寿命也不长。

② 电容式键盘：按键多采用电容式（无触点）开关。这种按键是利用电容器的电极间距离变化产生容量变化的一种按键开关。当按键按下时，电极间距离缩小，电容量增大，形成振荡脉冲允许通过的条件；按键松开时，电容量减小，振荡脉冲不能通过。由于电容器无接触，所以这种按键在操作中不存在磨损、接触不良等问题，耐久性、灵敏度和稳定性都比较好。为了避免电极间进入灰尘，电容式按键开关采用了密封组装。由电容式无触点按键构成的电容式键盘具有击键声音小、手感好、寿命长的特点，但维修起来稍感困难。目前使用的微机键盘多为电容式无触点键盘。

（2）按键盘接口分类

可分为PS/2接口键盘、USB接口键盘和无线键盘。

PS/2接口是在ATX主板上广泛使用的键盘，其接口插头较小，俗称“小口键盘”。它和AT接口键盘的区别只是接口不同，而所带信号和功能完全一样。这种键盘的插头是圆形6芯，也具有方向性。用一种转换接头，就可以实现AT到PS/2的相互转换，使两者兼容。USB接口键盘使用USB总线接口与主机相连，在ATX结构的主板上都设置了USB接口，它的特点是支持热插拔和即插即用。

无线键盘与微机之间没有直接的物理连接，可以完全脱离主机使用。它一般是通过红外线或无线电波将输入信息传送给微机，需要使用干电池供电，有效距离在3 m之内。

按照发射的遥控信号，无线键盘可分为红外线型和无线电波型。红外线型的无线键盘要求有严格的方向性，尤其是水平位置。在使用时，键盘红外发射头要基本对准接收器，就像使用电视机的遥控器一样。而无线电波型的无线键盘方向性要灵活得多，但如果附近有多台微机在使用，有可能干扰其他机器。为了避免在近距离内有同类型（同频率）的键盘操作相互干扰，一般无线电波型的无线键盘都备有4个以上的发射频道，如遇干扰可以手动改频。

（3）按按键个数分类

微机键盘是从打字机演变而来的，有83键、84键、101键、102键、104键、105键、108键等几种。

早期的PC/XT机采用83/84键键盘；从286机开始采用101/102键键盘；在Windows 95出现以后，机器又采用了104/105键键盘，它在101键的基础上增加了几个快捷键，用来快速调用Windows 95的菜单。在Windows 98流行后，又出现了108键的键盘，在原来的基础上增加了Windows 98的功能键：【Power】、【Sleep】和【Wake Up】。在这之后，键盘的键数越来越多了，这主要是为了提供一些多媒体的功能，如CD播放、互联网应用等。

有些键盘将类似鼠标的滚动球设计在键盘上，免去了鼠标的安装。还有依据人体工程学原理设计的键盘，将键盘设计得更适于操作，而且手感舒适，减少了疲劳程度。

2. 键盘的结构

一般来说，微机键盘可以分为外壳、按键和电路板三部分。平时用户只能看到键盘的外壳和所有按键，电路板安置在键盘的内部，用户是看不到的。

（1）外壳

键盘外壳主要用来支撑电路板并给操作者一个方便的工作环境。多数键盘外壳上有调节键盘角度的装置，键盘外壳与工作台的接触面上装有防滑减震的橡胶垫。另外，键盘外壳上还有一些指示灯，用来指示某些按键的功能状态。

（2）按键

印有符号标记的按键安装在电路板上，有的直接焊接在电路板上，有的用特制的装置固定在电路板上，有的则用螺钉固定在电路板上。

对微机键盘而言，尽管按键数目有所差异，但按键布局基本相同，共分4个区域，即主键盘区、副键盘区、功能键区、数字键盘区。

所有按键按其功能可分为三类：打字键，包括主键盘区的字母键A ～Z，数字键0～9 和一些符号键；功能键，包括功能键区的【F1】～【F12】共12个键，其功能由软件决定，对于不同的软件它们有不同的功能；控制键，除了以上两类键以外的各按键均为控制键，包括主键盘区的【Ctrl】、【Shift】、【Alt】、【Caps Lock】等键和副键盘区的光标移动键及其他特殊键，控制键的功能由软件决定。

（3）电路板

电路板是微机键盘的核心，主要由逻辑电路和控制电路所组成。逻辑电路排列成矩阵形状，每一个按键都安装在矩阵的一个交叉点上。控制电路由按键识别扫描电路、编码电路、接口电路组成。

在一些电路板的正面，可以看到由某些集成电路或其他一些电子元件组成的键盘控制电路，反面可以看到焊点和由铜箔形成的导电网络。而另外一些电路板只有制作好的矩阵网络，没有键盘控制电路，这一部分电路被放到了微机内部。

3. 键盘的选用

选择键盘时可从以下几方面考虑：

- 查看键盘的品质：选择键盘时，首先要查看键盘外露部件加工是否精细，表面是否美观。劣质键盘不但外观粗糙、按键弹性差，而且内部印刷电路板工艺也不精良。
- 注意键盘的手感：键盘的手感很重要，手感太轻、太软都不好，手感太重、太硬则击键响声大。

● 考虑按键的排列习惯：挑选键盘，应该考虑按键的排列，特别是一些功能键的排列是否符合自己的使用习惯。一般来说，不同厂家生产的键盘按键排列不完全相同。

用户在选择键盘时，可选知名的品牌，如明基（BENQ）、罗技（Logitech）、三星（SAMSUNG）、飞利浦（Philips）、爱国者等。

2.9.2　鼠标

鼠标是除了键盘之外最为普遍的输入设备。鼠标的历史比键盘短得多。设计鼠标的初衷是为了使微机的操作更加方便，用来代替键盘烦琐的指令操作。

鼠标通过一条导线与主机相连，由于其外形像老鼠，故称为鼠标。它最先应用于采用图形操作系统的Apple机，随着Windows操作系统在微机上的盛行，鼠标逐渐超越键盘成为使用率最高的基本输入设备。使用鼠标可增强或代替键盘上光标移动键和回车键的功能，在屏幕上更快速、更准确地移动和定位光标。鼠标的外观如图1-2-15所示。

图 1-2-15　鼠标

1. 鼠标的分类

鼠标是利用自身的移动，把移动距离及方向的信息变成脉冲送给微机，再由微机把脉冲转换成鼠标光标的坐标数据，从而达到指示位置的目的。鼠标的分类方法很多，一般按键数、接口方式、内部构造来分类。

（1）按键数分类

鼠标按键数可分为两键鼠标、三键鼠标、微软智能鼠标和多键鼠标。

（2）按接口分类

鼠标按接口类型可分为串行鼠标（COM口鼠标）、PS/2鼠标、USB鼠标几类。

（3）按内部构造分类

鼠标按内部构造不同可分为机械式、光机式、光电式、轨迹球式和无线鼠标等。

① 机械式鼠标：其结构最为简单，使用时由鼠标底部的胶质小球带动X方向滚轴和Y方向滚轴，两个滚轴带动译码轮旋转，接触译码轮的电刷随即产生与二维空间位移相关的脉冲信号。由于电刷直接接触译码轮，鼠标小球与桌面直接摩擦，所以精度有限，电刷和译码轮的磨损也较为厉害，直接影响鼠标的使用寿命。

② 光机式鼠标：是光电和机械相结合的鼠标，是在机械式鼠标的基础上将磨损最厉害的接触式电刷和译码轮改进成为非接触式的LED对射光路元件（主要由一个发光二极管和一个光栅轮组成），在转动时可以间隔通过光束来产生脉冲信号。由于采用的是非接触式部件，使磨损率下降，从而大大提高了鼠标的使用寿命，也能在一定范围内提高鼠标的精度。光机式鼠标的外形与机械式鼠标没有区别，不打开鼠标的外壳很难分辨。出于这个原因，人们还习惯上称其为机械式鼠标。

③ 光电式鼠标：没有橡胶小球、传动轴和光栅轮，所以内部结构比较简单。它是利用发光二极管（LED）与光敏三极管的组合来测量鼠标的位移，两者之间的夹角使LED发出的光照到反光板后，正好反射给光敏三极管，鼠标中的电路就将检测到的光的强弱变成表示位移的脉

冲。光电式鼠标以定位精度高而著称，由于接触部件较少，所以可靠性强。新型光电鼠标的原理是利用光线照射所在的物体表面，然后用透镜将反射的光线聚焦投影到鼠标内部的光学传感器上，然后每隔一定的时间就做一次快照，接着分析处理两次图片的特性来决定坐标的移动方向及数值。因为与其他物体表面没有实际接触，所以也不用常常清洗内部，寿命也因为没有机械部件而提高了很多。

④ 轨迹球式鼠标：工作原理和内部结构与机械式鼠标类似，所不同的是轨迹球工作时球在上面，其球座在下面固定不动，直接用手拨动轨迹球来控制屏幕上光标的移动。由于轨迹球的基座无须运动，所以可占据较小的桌面空间，操作时手腕基本不动，全靠手指拨动。

⑤ 无线鼠标：无须连接线，可以完全脱离主机使用。按照发射的遥控信号，无线鼠标也分为红外线型和无线电波型。通过红外线或无线电波远距离操作主机。

红外线型鼠标的方向性要求比较严格，使用时一定要对准红外线发射器后才能操作，而无线电波型的鼠标方向性要求并不严格，可以偏离一定角度操作。

2. 鼠标的性能指标

对于有特殊需求的用户（如CAD设计、三维图像处理、超级游戏玩家等），在选择鼠标的时候应当考虑以下几个性能指标：

• 分辨率：是指鼠标内的解码装置所能辨认的每英寸长度内的点数，单位为dpi。分辨率高表示光标在显示器屏幕上移动定位较准且移动速度较快。分辨率分为硬件分辨率和软件分辨率，硬件分辨率反映鼠标的实际能力，而软件分辨率是通过软件来模拟出一定的效果分辨率。分辨率一般情况下是指硬件分辨率。机械式鼠标的分辨率一般有100 dpi、200 dpi、300 dpi几种；光机式鼠标的分辨率则超过400 dpi，光电式鼠标的分辨率甚至高达1 600 dpi。

• 支持鼠标的软件：虽然现在鼠标的功能越来越多，但前提条件是必须得到相应软件的支持才能充分发挥其作用。好而实用的鼠标应提供比操作系统附带的驱动程序功能更多和更强的配套软件，能够满足各类用户的特殊需求。

3. 鼠标的选用

选择鼠标时可从以下几方面考虑：

• 鼠标的功能：对于普通用户而言，标准的两键或三键鼠标就可应付常规操作；对于图形和图像的设计人员，则有必要选择高精度的鼠标甚至轨迹球式鼠标；对于经常上网者，可选择带有滚轮键的智能鼠标；如果有需要，可选择无线鼠标。

• 鼠标的手感：若长期使用手感不适的鼠标，会引起上肢的疲劳，因此鼠标的手感至关重要。

• 鼠标的外形：鼠标的外形主要以个人的喜好为准。

• 鼠标的售后服务：信誉好的厂商应该提供一年以上的保质期，为用户提供足够的技术支持，并保证用户能够方便地进行产品退换或维修。

用户在选择鼠标时，可选知名的品牌，如明基（BENQ）、罗技（Logitech）、三星（SAMSUNG）、微软（Microsoft）、五洲（Genius）、双飞燕、爱国者等。

习　题

一、名词解释

主频、Core、FSB、位宽、协处理器、SSE3、SSE4、HT技术、工艺线宽、LGA、PGA、

mPGA、BGA、FC-PGA、MCH、ICH、USB、SATA、BIOS、ROM、CMOS、RAM、DRAM、SRAM、DDR4、SPD芯片、LCD、分辨率、行频、场频、PIO模式、DMA模式、SCSI、PNP、PCI-E。

二、简答题

1. 目前CPU的等级如何划分?
2. CPU的插槽或插座有哪些?
3. 主板上的I/O接口有哪些?
4. 内存条的种类有哪些?
5. 什么是硬盘的外部数据传输率和内部数据传输率?
6. 硬盘的新技术主要体现在哪几方面?
7. 硬盘接口类型有哪些?现在应用最广泛的是哪几种?
8. 显卡的主要技术指标有哪些?
9. CPU在发展过程中，其内部结构的设计采用了哪些新技术?
10. 简述主板芯片组在微机系统中作用及地位。
11. 简述Intel芯片组的发展过程。
12. 简述内存条的发展过程。
13. 简述硬盘数据保护技术。
14. 64位处理器与32位处理器有哪些主要差别?
15. 简述硬盘的速度参数?
16. 什么是接口?它在微机系统中起什么作用?

第3章 微机系统的组装与调试

组装微机的过程实际上是熟悉其内部结构的过程，对今后的使用及故障排除有很大帮助。通过前面章节的学习，已经对微机各部件结构、原理有了初步的认识。本章进一步学习如何使用散件来组装一台完整的微机，同时进行系统CMOS参数设置。

3.1 微机组装流程

微机配件的集成化和标准化程度越来越高，其安装、调试过程也越来越简单，但组装前的准备工作是非常必要的，因为微机毕竟是非常精密的电子设备。

3.1.1 准备工作

1. 常用工具

我们在购买微机配件的时候一般都要经过商家当面测试并承诺保修、包换条件，所以在组装机器时一般不需要测试仪器。有一个宽敞绝缘的工作台，一把尖嘴钳，带磁性的螺丝刀，这些简单的工具就可以了。

2. 注意事项

- 断电操作：在安装或插拔各种适配卡及连接电缆过程中一定要断电，否则容易烧毁板卡。
- 防静电：为了防止因静电而损坏集成芯片，在用手触碰主板或其他板卡之前应先触摸水管等大件金属物体，将身体上的静电释放掉。
- 防止金属物体掉入主板引起短路。
- 在操作过程中，不可用力过猛，使用工具时，注意不要划伤线路板。
- 在拧各种螺钉时，不能拧得太紧，拧紧后应往反方向拧半圈。
- 插板卡时一定要对准插槽均衡向下用力，并且要插紧；拔卡时不能左右晃动，要均衡用力地垂直插拔，更不能盲目用力，以免损坏板卡。

3.1.2 硬件组装的一般流程

一般来讲，微机的装配过程并无明确规定，但步骤不合理会影响安装速度和装配质量，造成故障隐患。因此，可以将微机的组装流程按照基础安装、内部设备安装及外围设备安装这三个阶段共分为14个步骤：

① 准备好机箱和电源。

② 在主板上安装CPU。
③ 在主板上安装内存条。
④ 把插好CPU、内存条的主板固定在机箱底板上。
⑤ 在主机箱上安装电源盒并连接主板的电源。
⑥ 安装固定硬盘和光盘驱动器。
⑦ 连接各部件的电源插头和数据线。
⑧ 安装显卡，连接显示器。
⑨ 安装其他附加卡（如声卡、网卡等），连接音箱、麦克风。
⑩ 连接机箱面板上的连线（复位按钮、电源指示灯、硬盘指示灯等）。
⑪ 安装键盘、鼠标。
⑫ 开机前做最后检查。
⑬ 进入SETUP设置程序，优化设置系统的CMOS参数。
⑭ 保存新的配置并重新启动系统。

3.2　微机组装

3.2.1　机箱和电源的处理

目前市场上流行的是立式ATX机箱，按结构分为普通螺钉螺母结构和抽拉式结构。这两种机箱都是由整体支架、机箱外壳和面板组成，但是打开机箱的方式不同。

打开机箱后，取出装附件的塑料袋，里面应有两种口径的螺钉若干个，铜柱螺杆和与其配套的螺母、垫片若干个，机箱胶皮垫四个，塑料支撑四个以上，金属挡片若干。先将机箱四个角的胶皮垫安好，再检查以下内容：

① 主板和机箱的安装孔位置是否对正，如遇安装孔错位，用电钻等工具在准确位置重新打孔。

② 机箱集成音频IO和USB口接线是否正常。

③ 机箱正面各指示灯、按钮的连线是否有脱落，如有脱落须焊接好。

④ 电源的安装是否正确，把电源放在固定架上，把电源后面的螺孔和机箱上的螺孔一一对应，然后拧上螺钉即可，如图1-3-1所示。

图 1-3-1　电源的安装

3.2.2　主板的处理

在处理主板的时候，首先要消除身体静电，轻拿轻放，不要碰撞，安装主板要稳固，防止主板变形。

1. 安装CPU

先将CPU插座旁的把手轻轻向外侧推出一点，并向上拉起把手，然后打开安装盖。CPU的外侧有两个安装用的定位豁口，插座对应的位置也有两个凸起，将CPU的豁口对准插座的凸起，使CPU自然落入插座，然后再把安装盖合上，如图1-3-2所示，最后压下把手，听到“咔嚓”一声即可。注意：千万不要在CPU还未对准时用力，否则会损坏插座上的金属触须，如果金属触须断裂，主板基本就报废了。

图 1-3-2　CPU 的安装

2. 安装CPU散热风扇

在CPU与散热片的结合面上均匀涂上导热硅脂，排除结合面的空气，用CPU自带的弹性卡子将风扇固定在CPU上面，然后将风扇电源线插到主板上的风扇电源插针上。

3. 安装内存条

DDR4和DDR5内存条上都有一个定位凹槽，对应的内存插槽上也有一个凸起。DDR5基本在正中心位置，DDR4在中心偏右位置，所以方向容易确定。安装时把内存条对准插槽，如图1-3-3所示，两手均匀用力插到底就行了，同时插槽两端的卡子会自动卡住内存条。拆卸时不能用力往下拔，只要用力按下插槽两端的卡子，内存条就会弹出插槽。

4. 主板的固定

主板上的CPU和内存条都安装好了以后，就可以将主板安装到机箱中，一般采用螺钉固定较为稳固，但要求各个螺钉的位置必须精确。主板上一般有5～7个固定孔，位置是标准的，相应在机箱上也有多个螺孔，要选择与主板相匹配的孔，把固定螺钉支柱旋紧在底板上。主板的安装如图1-3-4所示。

图 1-3-3　内存条的安装

图 1-3-4　主板的安装

在固定主板时要注意将主板上的键盘口、鼠标口、串并口等和机箱背面挡片的孔对齐，使所有螺钉对准主板的固定孔，然后依次把每个螺钉上好。主板一定要与底板平行，绝不能搭在一起，否则会造成短路烧毁主板。

3.2.3　电源的安装

ATX电源有三类输出接头，其中比较大的一个是24针的长方形插头，给主板供电，连接时只要将插头对准主板上的电源插座插到底就可以了。其中插头的一侧有卡子，安装的时候不会插反，如图1-3-5所示。在取下时，拇指按住卡子顶端将卡子拉开，然后与主板保持垂直用力将插头拔起。另外还有几个4芯D形插头可以连接IDE接口的硬盘、光驱等，连接时要保证D型插头与插座相吻合，并用力插到底。还有2～3个15芯的SATA接口电源插头，连接比较简单，因为它的方向是固定的，对准插紧就可以了。

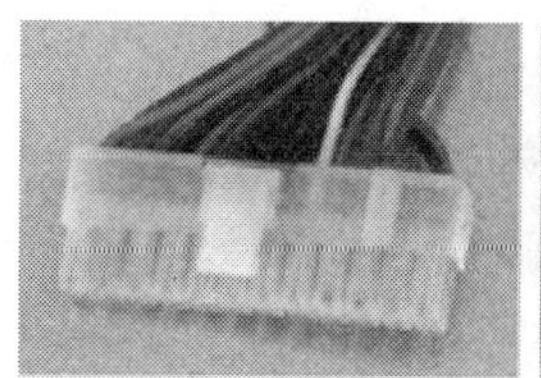

图 1-3-5　主板电源的连接

3.2.4　硬盘的安装

硬盘可直接安装到相应的托架位置上，从侧面安装固定螺钉。

1. SATA接口硬盘

现在流行的主板上至少有四个SATA接口，最多可连接四块SATA硬盘。连接时要注意，从标有SATA1的接口开始连接，与IDE接口不同的是，一根数据线只能连接一块硬盘。SATA硬盘的安装和连接如图1-3-6所示。

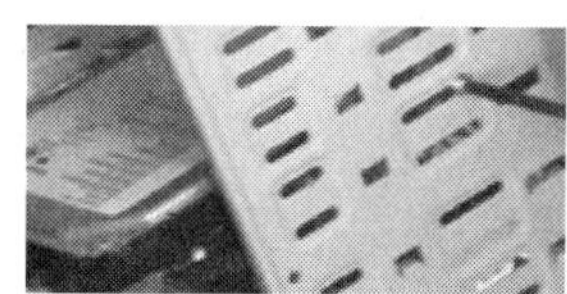

图 1-3-6　SATA 硬盘的安装和连接

2. mSATA接口硬盘

mSATA固态硬盘是基于mini-SATA接口协议的固态硬盘产品，传输速度支持1.5 Gbit/s、3 Gbit/s、6 Gbit/s三种模式。其小巧的尺寸和轻薄的重量被广泛应用于便携式电脑及相关产品中，得到行业的一致好评。mSATA硬盘的安装和连接如图1-3-7所示。

图 1-3-7　mSATA 硬盘的安装和连接

3. M.2接口硬盘

M.2是固态硬盘的一种接口形式，这种接口的固态硬盘有的支持NVMe协议，有的支持AHCI协议。支持NVMe协议的速度要比普通固态硬盘快很多，而支持AHCI协议的速度和普通固态硬盘差不多。当然，支持NVMe协议的固态硬盘比支持AHCI协议的固态硬盘价格要贵。所以，当我们看到M.2固态硬盘的时候要搞清楚它支持的是AHCI协议还是NVMe协议，同样都是M.2接口，两者的速度和价格都不一样。M.2硬盘的安装和连接如图1-3-8所示。

图 1-3-8　M.2 硬盘的安装和连接

3.2.5 显卡、显示器的安装

目前市场上大部分的主板都集成了显卡和声卡，所以不必安装显卡。但对于没有集成显卡的主板，则须安装一块显卡。现在流行的显卡都是使用PCI-E接口，它是显卡的专用接口。

显卡安装步骤如下：首先在主板上找到相应的PCI-E×16插槽，卸下对应位置的机箱背面的防尘挡板。将显卡以垂直于主板的方向插入PCI-E插槽中，两手均匀用力并插到底部，保证显卡的金手指和插槽良好接触，然后将显卡的挡板与机箱背部固定好即可。

显示器的安装比较简单，只需将显示器的信号线（见图1-3-9）插入显卡的VGA、DVI或HDMI接口，然后用自带的螺扣固定好即可，另外，还需要单独给显示器连接电源线。显示器电源线可直接连接220 V交流电源。

图 1-3-9 显示器的 VGA 信号线

3.2.6 其他设备的安装

1. 其他线路的连接

除上述比较重要的连接线路外，在主板靠近机箱正面的一边，有一些辅助线路需一一与机箱板面各指示灯、各开关进行连接。主板上各插座的位置以及各插座的名称可在主板的说明书上看到，如图1-3-10和图1-3-11所示。

图 1-3-10 机箱控制面板连线接脚

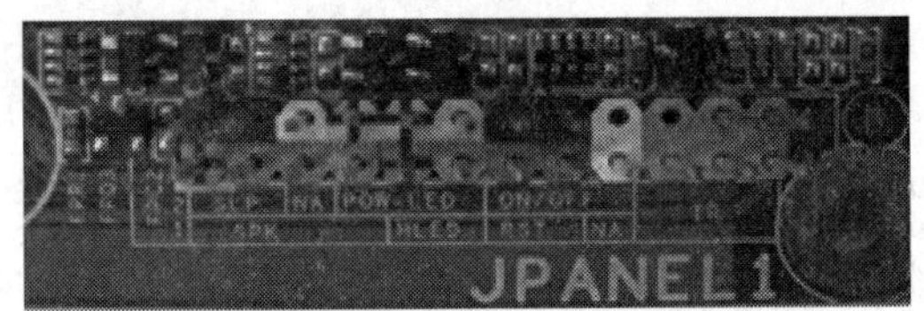

图 1-3-11 主板上与控制面板接脚对应的插针

- 电源开关按钮。将标有POWER SW的插头与主板上标有ON/OFF的两针插座连接，该按键为启动键，一般为二芯插头。
- RESET键的连接。将标有Reset的插头与主板上标有RST的两针插座连接，该按键为系统复位（重启动）键，一般为二芯插头。
- 喇叭线连接。将标有SPEAKER的插头与主板上标有SPK的插针连接，该插头一般为四芯插头。机箱上的小喇叭对检测机器故障和状态有很大作用（现在机箱已没有喇叭）。
- 硬盘灯的连接。将标有HDD LED的插头与主板上对应的HLED两芯插针连接，当硬盘正在读写时硬盘灯闪亮，为操作者指示硬盘处于工作状态。
- 电源指示灯的连接。将标有Power LED的插头与主板对应的插座连接，该指示灯亮，表示主板已被加电。

2. 键盘、鼠标

键盘和鼠标插孔相同，一般紧贴主板的是键盘插孔，另一个是鼠标插孔。插入时注意插头的方向，插头和插座都有缺口，应旋转插头使缺口对准后再用力插入。如果键盘没有安装就通电开机，喇叭会鸣响警告，屏幕上会给出有关键盘未安装的信息。

3. 音箱、麦克风

主板已集成了声卡，其功能完全可以满足一般家庭的要求，将音箱和麦克风直接接入相应的插孔即可。如果希望更好的视听效果，或搞专业研究，可以另外配置声卡。目前的声卡一律使用PCI总线，将声卡直接插入PCI总线扩展槽即可，按照声卡说明和标识，将音箱和麦克风接入相应的插孔，以便检查声卡和音箱、麦克风的质量。

4. 打印机

如果配有打印机，应将其接入系统，对打印机接口和线路进行初步检测。此项工作也可在整个系统安装、检测、调试完毕后进行。打印机也有两个接口：一个是电源接口，使用线路与机器电源线相同，将一头插入打印机电源输入口，一头插入与供电网连接的多功能供电电源插座；另一个是专用的打印信号线，现在大部分打印机使用USB接口与主机相连。

5. 电源线

一切安装就绪后，将机器电源线一头与电网连接，另一头与机器电源盒背后的电源输入口连接。在插拔电源线时要注意，动作一定要快速、稳健，防止电源插头在插入插座时产生虚接、打火现象而烧毁器件。另外，一定要确保在最后检查之后再通电。

3.2.7　最后检查和加电测试

将所有设备、线路安装固定完毕后，切不可急于加电。应将所有可能出问题的电源线、信号线、跳线、插头等设备进行检查后再加电，以防止接错而造成损失。重点检查可能造成损失的部位：

- 主板和硬盘电源插头是否插接正确。
- 光驱电源插头连接是否正确。
- 电源盒110 V/220 V开关是否处在220 V位置。
- 显示器信号线插头是否插接牢靠，防止意外掉下。
- 是否有金属物品掉入机箱，可摇晃机箱进行检查，防止形成短路烧毁设备。

为使装配一次成功，最好依次将每一步骤检查一遍，这是一件需要细心和耐心的工作，也是维护人员必备的素质。

1. 加电前的准备

装配后的第一次加电非同一般，可能造成的损失就在这一瞬间发生，因此要提高警惕，在加电之前先不要盖上机箱盖板，在开机的同时手指不要离开电源插座开关，并观察电扇是否转动、光驱硬盘是否工作正常，是否有异味出现，某部件是否有烟雾飘出等。一旦出现问题立即关掉电源，并检查原因。这一切都是在一两秒以内发生的事情，如果动作稍慢会使故障扩大，殃及其他部件。如果十几秒后没有出现上述问题并且机箱上的各指示灯正常显示，说明电源通过了全负载加电考验，装配基本完成。

2. 首次加电后的CMOS设置

如果加电后一切正常，首先运行的是系统BIOS的上电自检程序（POST）。该程序首先对CPU、内存、显卡进行检测并根据CMOS参数对光驱、硬盘等进行检测。由于刚加电时CMOS中的参数是主板以前默认的配置参数，这些设置不一定与现在实际的配置相同，所以需要进行初步的CMOS设置。关于CMOS的原理和设置将在3.3节进行介绍。

3. 机箱板面各按键、指示灯的调整

核实Reset按键是否起作用、接线是否正确，如果出现问题，可在加电的情况下进行调整。核实各指示灯是否正常。由于机箱正面的指示灯使用的是发光二极管，接错线不会烧坏二极管，如果某个灯不亮，可在带电的情况下将对应的插头反转插入即可。

4. 光驱、硬盘基本测试

使用光盘启动系统后，对硬盘进行读、写操作，进行初步的测试，以断定硬盘及接线是否正常。

5. 打印测试

进行简单的联机打印操作，以检测打印口、打印信号线、打印机是否正常。

6. 键盘、鼠标测试

运行有关键盘、鼠标检测软件，测试键盘口和鼠标接口及键盘、鼠标是否正常。

7. 装配的最后完成

一切正常后进行最后的收尾工作：在机箱背后与空槽对应的空挡安装挡片，将各挡片用螺丝固定以防止灰尘进入；清理机箱，将各线路进行适当捆扎，防止线路进入有关设备造成故障；盖上机箱盖板，用螺钉固定。至此装配工作完毕，然后进行CMOS设置及操作系统的安装。

3.3 系统 CMOS 参数设置

CMOS参数设置是系统安装、调试过程中最经常的操作，机器运行状态的好坏很大程度上取决于CMOS中的参数设置。

3.3.1 BIOS和CMOS的基本概念

BIOS和CMOS是两个完全不同的概念，BIOS是一组程序，而CMOS则是一种集成电路。

1. BIOS

系统内存可分为只读存储器（ROM）和随机存储器（RAM）。RAM即常说的内存条。ROM则是安装在主板上的一块芯片，它里面存储的内容就是BIOS（Basic Input/Output System，基本输入/输出系统），也称为ROM BIOS。

BIOS程序都是针对与之配套的主板设计的，并且由微机制造商在出厂前写入ROM电路。系统BIOS程序占用内存F0000H到FFFFFH之间的64 KB地址空间，它主要包括以下内容：

（1）自检程序POST

电源接通后，POST（power on system test）程序对所有内部设备进行自检，有些检测信息和检测结果在屏幕上可看到。检测内容包括CPU、主板、内存、键盘、显卡、硬盘、串并接口等硬件设备是否正常，以及配置信息（CMOS）是否与硬件相符。如果发现严重错误，会给出错误编号并响铃警告。

（2）最初级的引导程序

最初级的引导程序也称自举程序，当自检通过以后，自举程序负责按设置（Setup）的启动顺序在启动盘的第一物理扇区中寻找系统引导程序，将引导扇区读入内存，并将系统控制权交给引导程序。

（3）部分中断服务程序

中断服务程序为我们提供了软件与硬件的接口，解决了程序设计人员与硬件的交涉问题。对主板来讲，芯片组及总线之间如何配合、数据如何进入内存或从内存发往各端口、高速缓存如何工作、如何接受CPU指令等操作都是由BIOS中的程序来实现的，从这一点可以看出，BIOS程序又是主板的灵魂。

除了系统BIOS程序以外，显卡和网卡、声卡等其他板卡上也有一部分BIOS程序，它们一般分别占用内存的C0000H到C7000H之间的32 KB的地址空间和C8000H到EFFFFH之间的某段地址空间。总之，任何板卡都离不开自己的BIOS程序。

（4）设置程序Setup

当微机加电启动时，系统将有一个对硬件设备进行检测的过程，这个过程由POST（power on test，上电自检程序）来完成。那么POST程序是依据什么来检测的呢？这就是存放在CMOS RAM芯片中的硬件配置参数，如果CMOS中设置的硬件配置信息与实际情况不相符，POST程序就会认为不正确，一般会导致系统不能识别硬件，并由此引发一系列的软硬件故障。在BIOS中有一个Setup程序，是专门用来进行CMOS RAM中参数设置的。目前市场上常见的BIOS有Award BIOS、AMI BIOS和Phoenix BIOS等版本，在相应的BIOS芯片上可以看到厂商的标记。不同的厂商（版本），其设置程序界面不同。

2. CMOS

CMOS（complementary metal oxide semiconductor）即互补金属氧化物半导体。考虑到不同的用户在组装机器时可能需要不同的硬件配置，或者在使用中进行硬件升级和调整，厂家在主板上专门设置了一片由CMOS工艺制造的SRAM芯片，习惯将其称为CMOS芯片，所以也叫CMOS存储器。

因为CMOS中的数据只有在加电的情况下才能保存，所以，主板上安装了一块钮扣电池专门为它供电。如前所述，通常所说的CMOS设置就是通过执行系统BIOS中的Setup程序来设置CMOS中的内容，所以，CMOS设置也可以称为BIOS设置。CMOS存储器不占用内存地址，而使用端口地址70H和71H进行读/写操作。当然，也可以直接通过端口70H和71H进行读/写操作。

3. BIOS的工作流程

在每次加电启动过程中，首先进行CPU初始化，随后CPU开始执行ROM BIOS中的启动代码，系统BIOS启动，接下来由BIOS程序完成以下三项启动任务：

（1）系统自检程序POST

由POST（power on test）程序对内部各个设备进行检查，它也是BIOS的一个基本功能。POST程序主要检查CPU、内存、主板、CMOS存储器、串口、并口、显卡、硬盘系统及键盘等各部件，自检中若发现出错，系统会提示出错信息或鸣喇叭警告。

（2）系统以及外围设备的初始化

系统以及外围设备的初始化操作包括创建中断向量、设置寄存器、对外围设备的初始化和检测等，这个过程可以通过显示器屏幕显示出来，如图1-3-12所示。

（3）引导操作系统

在完成POST自检后，ROM BIOS将按照系统CMOS设置中的启动顺序搜索硬盘驱动器、CD-ROM或其他启动驱动器，读入操作系统引导记录，然后将系统控制权交给引导记录，并由引导记录完成操作系统的启动。至此BIOS的启动任务结束。

System Configuration, AMIBIOS Version 08.00.14.1AAAA000.2008.0704.190121

Main Processor(s) : Intel(R) Core(TM) 2 Duo CPU E7200 @ 2.53GHz

Math Processor	: Built-In	Base Memory Size	: 640KB
Floppy Drive A:	: None	Extd Memory Size	: 1023MB
Serial Port(s)	: 3F8	Display Type	: VGA/EGA
Parallel Port(s)	: 378	BIOS Build Date	: 07/04/08

ATA(PI) Device(s)	Type	Size	LBA Mode	Block Mode	SMART Info	32Bit Mode	DMA Mode	PIO Mode
Primary Master	: Hard Disk	160.0GB	LBA	16Sec	Good	On	UDMA5	4
Primary Slave	: ATAPI CDROM						UDMA2	4

PCI Devices:

PCI Onboard VGA, IRQ10	PCIE Onboard Multimedia Device, IRQ10
PCIE Onboard PCI Bridge, IRQ11	PCIE Onboard PCI Bridge, IRQ10
PCI Onboard USB Controller, IRQ3	PCI Onboard USB Controller, IRQ10
PCI Onboard USB Controller, IRQ10	PCI Onboard USB Controller, IRQ5
PCI Onboard USB Controller, IRQ3	PCI Onboard PCI Bridge
PCI Onboard SerialBus Cntlr, IRQ5	PCI Onboard IDE, IRQ5
PCI Onboard IDE	PCIE Solt- 33 Ethnet, IRQ11

图 1-3-12 启动信息

3.3.2 CMOS参数设置

1. CMOS设置的基本功能

目前流行的CMOS设置参数主要包括基本参数设置、扩展参数设置、安全设置、总线周期参数设置、电源管理设置、PCI局部总线设置、板上集成接口设置以及其他参数设置。

2. 进入CMOS设置的方法

在开机时按下特定的热键可以进入CMOS设置程序。不同的BIOS制造商进入CMOS设置程序的按键不同。几种常见的BIOS设置程序的进入方法如下：

- Award BIOS：屏幕上提示按【Delete】键。
- AMI BIOS：屏幕上提示按【Delete】键或【F1】键。
- Phoenix BIOS：屏幕上提示按【F2】键。

3.3.3 CMOS参数设置举例

下面以AMI BIOS为例，详细介绍其CMOS的设置过程。

启动微机后，系统开始上电自检（POST）过程，当屏幕上出现图1-3-13所示的引导菜单时，按【F1】键就可以进入BIOS设置程序主菜单。如果不需要进入BIOS设置程序则按【Esc】键，机器正常启动。

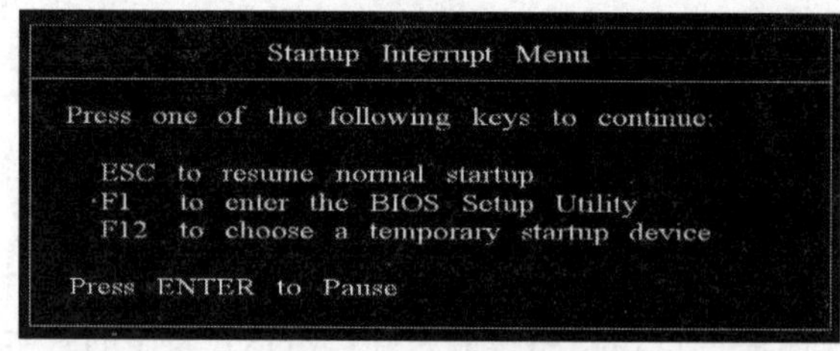

图 1-3-13 引导菜单

主菜单中屏幕最上面是BIOS厂商的名称、程序的标题，屏幕第二行是BIOS功能设置菜单选项，含义如下：

- Main：主菜单。
- Device：集成外设设置。

- Advanced：高级设置。
- Power：电源设置。
- Security：安全设置。
- Startup：启动设置。
- Exit：退出设置。

屏幕中间框内是对应第二行的各标签的具体设置内容和帮助信息。在屏幕的下面是一些功能键。

通过【↑】、【↓】、【←】、【→】光标键移动光条来选择标签和菜单，高亮度点亮的标签或菜单是当前被选中的，可按【Enter】键来执行。

在设置过程中，有些菜单选项会出现对话框，要求确认当前所做的改变，这时可按【Y】键（代表“是”）同意改变或按【N】键（代表“否”）不同意改变；有些选项会出现输入框，例如设置口令选项就要求输入口令，有些菜单选项还会出现一些细目表，在右侧通常有一个数值供选择，当它被高亮度点亮时，可以用【PgUp】和【PgDn】键改变它的值，也可以用光标键选择不同的栏目。

当进入某一项菜单后，可以在任何时候按【Esc】键返回主菜单；按【F1】键可以调出帮助信息；按【F5】键取消当前被显示选项的修改而使用原来的值；按【F7】键为当前被显示选项设置一个默认的优化值。当屏幕出现主菜单画面时，可以按【Esc】键退出CMOS设置程序；也可以按【F10】键保存被修改的设置，然后再退出CMOS设置程序。下面是主菜单中各项的具体功能。

1. Main（主菜单）

进入CMOS设置界面，利用【→】、【←】光标键移动光条选择“Main（主菜单）”标签项，出现图1-3-14所示菜单。

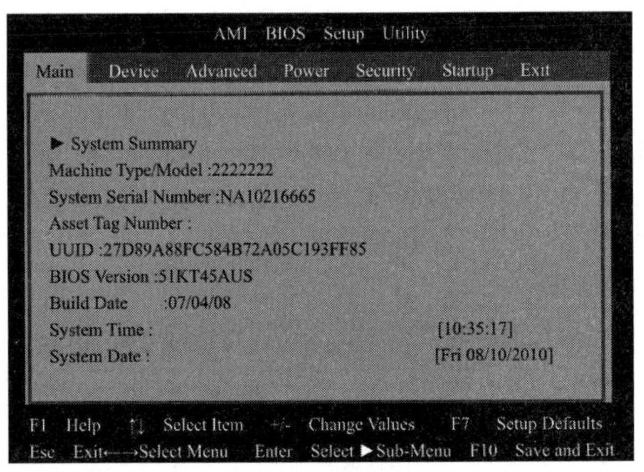

图 1-3-14 CMOS 设置主菜单

（1）System Summary（系统概要）

System Summary（系统概要）主要包括机器类型（Machine Type/Model）、系统系列号（System Serial Number）、财产标签号（Asset Tag Number）、全球标识符（UUID）、BIOS版本号（BIOS Version）、BIOS程序出厂日期（Build Date）。

（2）System Date（日期）

设定日期，以“mm:dd:yy”即“月:日:年”格式来设定当前日期。

（3）System Time（时间）

设定时间，以“hh:mm:ss”即“时:分:秒”格式来设定当前时间。

2. Device（集成外设设置）

在主菜单中选择“Device”标签项，如图1-3-15所示。在该标签中可以设置如下内容：

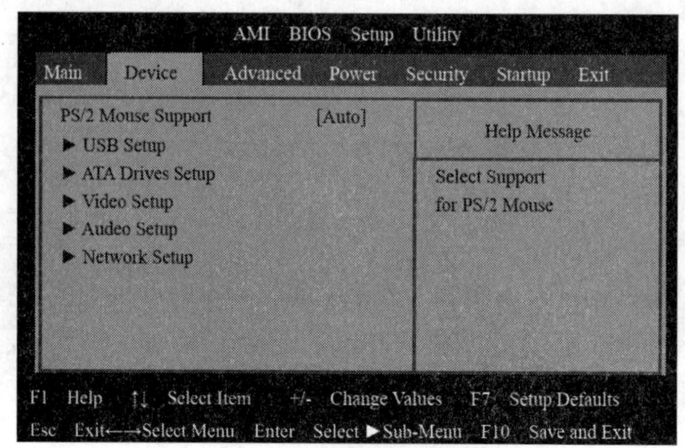

图 1-3-15　集成外设设置

① PS/2 Mouse Support（设置是否支持PS/2型鼠标）。

② USB Setup（USB口设置），此项用来设置打开或关闭板载USB控制器。可根据板载USB口的数量和用户需要使用的USB口的数量来设置。此外还能够设置是否支持USB 2.0和USB设备原始支持（Legacy Support）设置，如果需要在不支持USB或没有USB驱动的操作系统中使用一些USB设备，如DOS和UNIX，则需要打开Legacy Support项。

③ ATA Drives Setup（ATA驱动器设置），此项可以设置是否支持串行ATA（SATA）设备或同时支持SATA、PATA和SATA扩充。另外六个设置项用来设置硬盘的类型和参数，由于每个IDE接口可挂接两个IDE设备，如果主板有两个IDE接口，因此最多可挂接四个硬盘或光驱。挂接在IDE口上的每个硬盘，要根据挂接的位置，分别在Primary IDE Master（第一主硬盘）、Primary IDE Slave（第一从硬盘）、Secondary IDE Master（第二主硬盘）、Secondary IDE Slave（第二从硬盘）位置上填入硬盘的参数，新型主板也有提供第三个IDE接口的（Third IDE Master和Third IDE Slave），每个接口都提供Type（类型）选项，包括“Not Installed”“01～46”“User”“Auto”等50个选项，其中：

- Not Installed：未安装硬盘。
- 01～46：定义了46种硬盘的柱面数、磁头数、扇区数等各项参数，如果挂接的硬盘与其中的某种类型的参数一致，只要选择相应的类型序号即可；现在主流的大容量硬盘基本没有在此46个类型之列的。
- User：允许用户自行设定硬盘的相关参数。选择User后，必须按硬盘的标称参数正确输入CYLS（柱面数）、HEAD（磁头数）、SECTOR（扇区数）三个参数；Maximum Capacity（最大容量）由微机根据上面的三个参数计算得出并自动填入；由于现在生产的硬盘已不需要预补偿，Write Precompensation（写入预补偿）参数无须输入，可使用默认值。
- Auto：允许系统开机时自动检测硬盘类型和参数并加以设定。没有挂接硬盘的应填入“Not Installed”或“Auto”，否则系统启动时就会报错。

若用户不知道硬盘的Cylinders、Heads、Sector参数时。可在硬盘类型（Type）中选择Auto选项自动检测和设置硬盘参数。当硬盘类型定为User后，还需要设置Mode（模式）项的参数，若模式设置不对也同样会导致硬盘无法工作。模式设置包括以下四项：

- LBA Mode：LBA模式打开或关闭。
- Block Mode：即块模式，也称块传输，多命令或多扇区读/写，是指每次都传送指定的若干个扇区的数据。此项用来选择驱动器支持的每扇区块读/写优化数目的自动检测。当配置的硬盘支持块模式时，可允许按此模式工作（On），以提高访问硬盘速度，对于不支持块模式的老式硬盘应禁止按此模式工作（Off），以避免硬盘访问出错。
- Fast Programmed I/O Modes：为每个IDE设备选择PIO模式（0～5）。模式0到5成功地提供了增强的效能。
- 32bit Transfer Mode：当32位I/O传输打开时，可提升效能。

④ Video Setup（视频设置），设置板载显卡的显示模式，默认值为VGA/EGA。

⑤ Audio Setup（音频设置），设置板载声卡开启或禁止，设置值为Enabled/Disabled。

⑥ Network Setup（网络设置），设置板载网络适配器开启或禁止，设置值为Enabled/Disabled。

3. Advanced（高级设置）

在主菜单中选择Advanced项，按回车键进入图1-3-16所示高级设置画面。此菜单内容与主板使用的CPU有关，不同主板之间有所不同。如果对CPU不十分熟悉，建议用户最好不要修改这些设置。

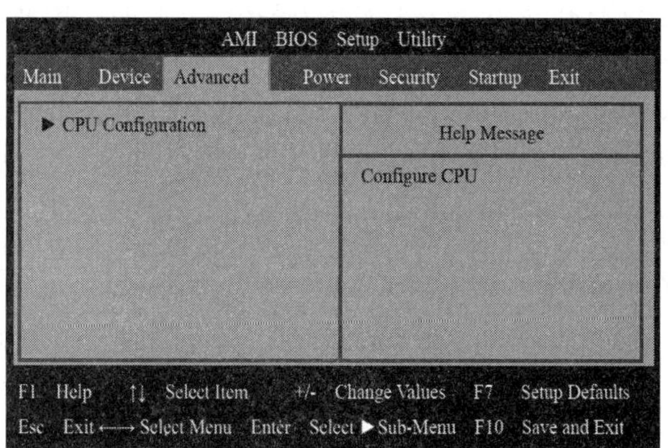

图 1-3-16 高级设置

移动光条选择CPU Configuration键进入CPU设置项，如图1-3-17所示。

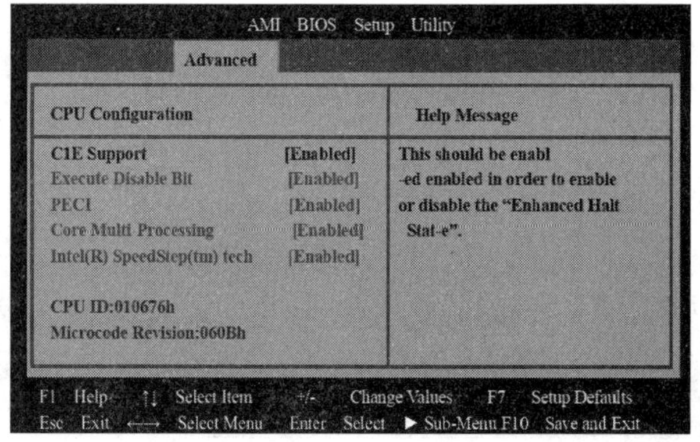

图 1-3-17 CPU 设置界面

① C1E Support（C1E支持设置），用于打开或关闭CPU的C1E功能，设置值为Enabled和Disable。C1E的全称是C1E enhanced halt stat，老的C1 Halt State只是让处理器在相关时钟周期内处于挂起状态，而C1 Enhanced Halt State当CPU处于暂停状态时，则会通过调节倍频来逐级降低处理器的主频，以及同时降低电压来降低功耗、节约能源。C1E是直接内置于处理器的功能，当处理器温度上升达某一程度时，便会立刻降低时钟频率。在Pentium 45××J系列处理器中增加了C1E halt state，它取代了传统x86处理器中常用的C1 Halt State。C1 Halt State和C1 Enhanced Halt Stat都是由操作系统发出的HLT命令触发，然后处理器就会进入到低功耗的挂起状态（Halt State）。

② Execute Disable Bit（病毒防护技术开关选项），设置值为Enabled和Disable。可以通过开启或关闭此选项决定是否开启CPU内置的病毒防护技术，借此杜绝某些缓冲溢出。建议打开该功能，但如果发现与某些软件冲突，可尝试关闭该功能。

③ PECI（系统平台环境控制界面）是platform environment control interface的缩写，设置值为Enabled和Disable。通常是用来更精确地计算出CPU的表面温度（Tc）。开启PECI后因为显示的温度从Ti（CPU核心表面温度）变更为Tc（CPU表面温度），因此显示的数值会有相当的差异。基本上只是显示方式的差异，并不会因此让处理器温度改变。打开该功能，主板侦测到的CPU测试是CPU的表面温度，关闭则是核心温度。

④ Core Multi-Processing（多核功能），设置值为Enabled和Disable。本选项用于打开或关闭CPU的多核功能。如不打开该功能，多核CPU在系统中也只能以单核运行。

⑤ Intel（R）SpeedStep（tm）tech（英特尔SpeedStep技术）设置值为Enabled和Disable。打开本选项使用户能够在笔记本电脑上定制高性能计算。当笔记本电脑连接到电源输出口时，移动式计算机能够运行最为复杂的商业和互联网应用，同时速度可以达到台式机系统的水平。当采用电池供电时，处理器频率将自动降低（通过改变总线速率），同时能耗也相应降低，从而在保持高性能的同时延长电池寿命。手动设置能够使用户在采用电池时将频率调整到最高。对于台式机而言，可以关闭该项。

⑥ CPU ID和Microcode Revision，每个CPU都有一个不同的唯一的ID号码，在本项中的最下方可以显示CPU ID号和主板BIOS支持的处理器微码版本号（microcode revision）。

4. Power（电源设置）

在主菜单中选择Power项，进入图1-3-18所示界面。此菜单主要用于对电源管理的设置，以减少系统能耗，即当微机系统在设定时间内未被操作时，则系统将自动关闭屏幕或硬盘并降低工作频率。

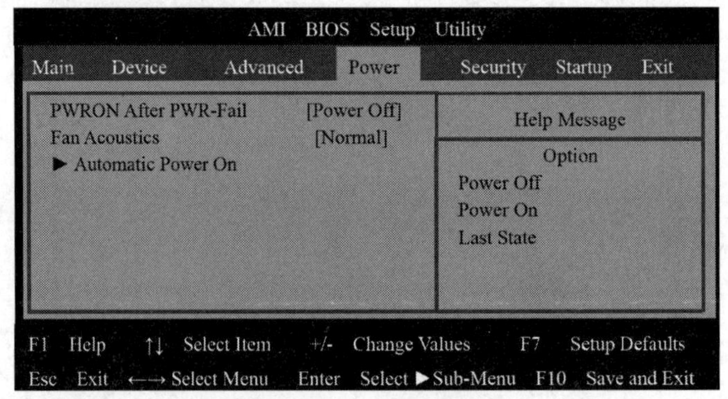

图1-3-18 电源设置

① PWRON After PWR-Fail（断电后恢复电源设置）此项用于设置若在开机状态下出现意外断电后恢复供电时系统电源的状态，有如下三个选项：

- Power Off：保持机器处于关机状态。
- Power On：保持机器处于开机状态。
- Last State：将机器恢复到发生掉电之前的最后状态。

② Fan Acoustics（风扇降噪设置），此项内容可以修改机箱内机箱风扇转速，有三个值可以选择：

- Normal：正常转速。
- Quiet：安静。
- High：高转速。
- 默认值为Normal。

③ Automatic Power On（自动开机设置），此选项可设置系统唤醒事件功能，有三个选项：

- Resume On Ring（铃声唤醒）：此项设置是否通过拨入调制解调器的电话铃声将系统从节电模式唤醒。
- Resume On RTC Alarm（定时启动）：此项是用来启用或禁用系统在指定的时间/日期从软关机状态启动的功能。
- PCI/PCI-E/LAN WAKE UP（PCI/PCI-E/LAN唤醒）：此项设置是否允许利用PCI、PCI-E和网络设备的信号将系统从睡眠状态唤醒。

5. Security（安全设置）

在主菜单中选择Security标签项，进入图1-3-19所示界面，有五个设置项。

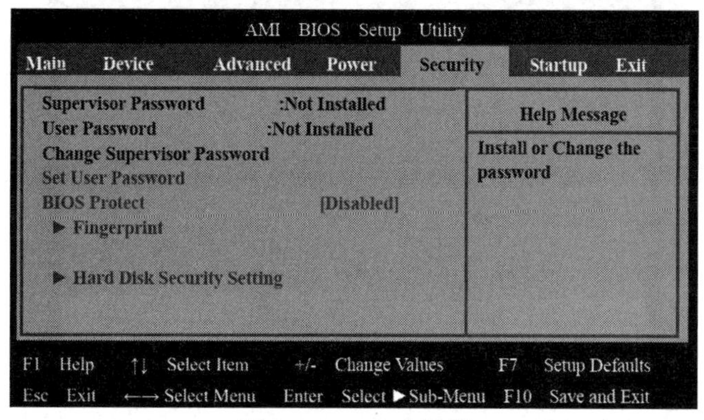

图 1-3-19　安全设置

① Change Supervisor Password（修改管理员口令），在Security界面中选择此项按【Enter】键，将会出现图1-3-20所示的对话框，提示用户输入口令，输入口令最多6个字符，按【Enter】键，还会要求用户再输入一次口令，然后按【Enter】键确认；也可以按【Esc】键放弃此项选择。现在输入的口令会清除所有以前输入的CMOS口令。

② Set User Password（设置用户口令），在Security界面中选择此项按【Enter】键，将可以在这里设置一个一般用户密码，如图1-3-21所示，注意这个一般用户的密码与超级用户密码是不同的，使用用户口令不能访问或只能有限访问BIOS设置。

③ BIOS Protect（BIOS保护）用来保护BIOS芯片不受用户和病毒的破坏。此项开启（Enabled）时，无法用刷新工具升级或修改BIOS数据；当需要升级BIOS时关闭此项（Disabled）。

图 1-3-20　输入管理员口令

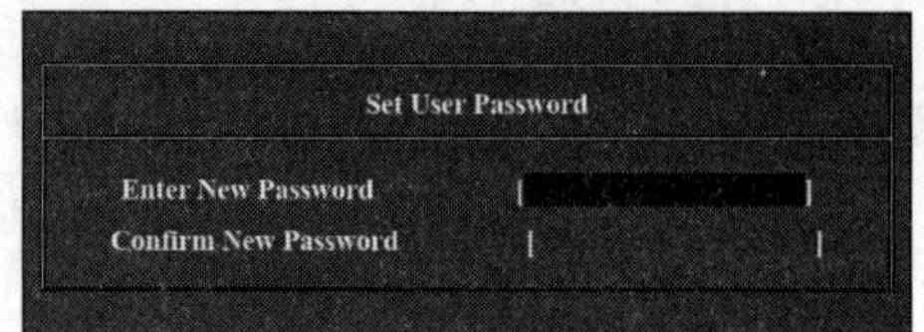

图 1-3-21　输入用户口令

要清除口令，只要在弹出输入密码的窗口时按【Enter】键，屏幕会显示一条是否禁用口令的确认信息。

④ Fingerprint（指纹识别），该项设置是否使用指纹识别系统，选中Fingerprint选项回车进入Predesktop Authentication项，默认的设置为Enable，这样就可以通过指纹来代替开机口令了；如果更改为Disable，就不能够使用指纹识别代替口令了。

⑤ Hard Disk Security Setting（硬盘安全设置），选择Hard Disk Security Setting 进入该选项，选择Primary Master HDD Master Password可以设置第一主硬盘访问口令。

若设定了以上各种密码，系统在开机时，会先询问硬盘密码，随即询问系统口令（三组口令可以设定为不同密码）。如此一来，当计算机或硬盘不小心被他人盗用时，对方若无密码则无法开机，这样就可以确保资料安全。

6. Startup（启动设置）

在主菜单中选择“Startup”标签项，进入图1-3-22所示界面，共有四个选项：

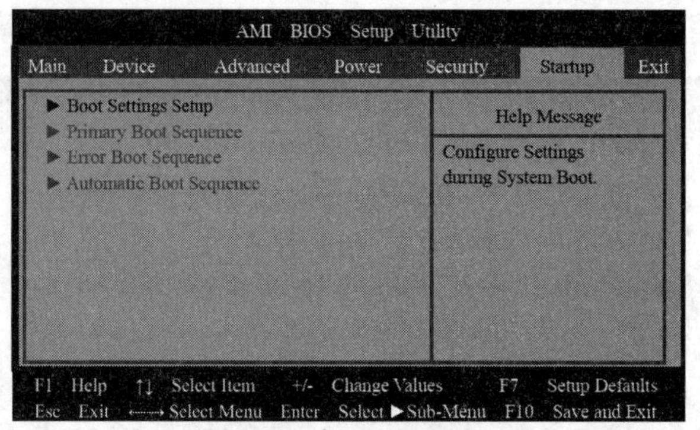

图 1-3-22　启动设置

① Boot Settings Setup（引导配置设置）。在该选项可以设置Quick Boot（快速引导）、Quiet Boot（静音引导）、Keyboard NumLock state（小键盘锁定方式）等选项。

• Quick Boot（快速引导）此选项可以设置在系统冷启动或者复位启动时快速进行POST（上电自检）。设置此项为Enabled时，启动过程跳过一些检测项目，可缩短开机自检时间。

• Quiet Boot（静音引导），因为刚启动计算机时机箱内温度并不高，本项设置为Enabled，在启动时可以暂不开启机箱风扇以减少启动噪声。

• Keyboard NumLock state（小键盘锁定方式），此项用来设置系统启动时Numlock键的状态，设置为ON时，则开机后小键盘为数字键方式，设置为OFF时，开机后开启小键盘上的控制键。

② Primary Boot Sequence（第一引导顺序）。选中Primary Boot Sequence项，回车进入该项，可以设置设备启动顺序。1st/2nd/3rd/ Try Other Boot Device（第一/第二/第三启动设备/尝试其他启动设备）。用来设定载入操作系统的引导设备启动顺序，可供选择的设定值较多。一般设定为Primary IDE Master，即第一IDE口主硬盘引导。现在微机可支持的启动设备种类越来越

多，可以根据不同的情况加以设置。

③ Error Boot Sequence（错误引导顺序）。该项设置错误引导顺序，按照该项设置的顺序启动时系统会发出错误警报，不能启动。设置方法同上。

④ Automatic Boot Sequence（自动设置启动顺序）。本项设置为Enabled，可由系统自动安排启动顺序，无须用户手工设置。

7. Exit（退出设置）

在主菜单中选择“Exit”标签项，进入图1-3-23所示界面。共有四个选项：

① Save Chang and Exit（保存修改值后退出）。如果要保存修改后的设置参数并要退出设置程序，选中此项回车，弹出确认对话框，确认后即可保存用户修改了的设置值并退出CMOS设置程序。

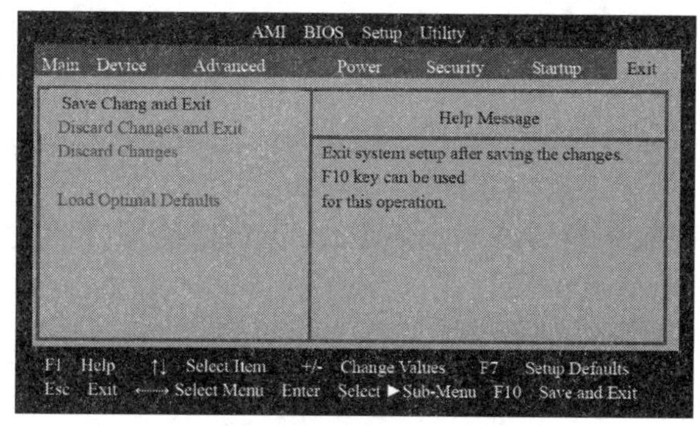

图 1-3-23　退出 BIOS 设置

② Discard Changes and Exit（不保存修改值退出）。放弃对CMOS的修改，然后退出Setup程序。

③ Discard Changes（放弃修改值）。放弃对CMOS的修改，并不退出Setup程序，还可以重新修改CMOS设置值。

④ Load Optimal Defaults（加载优化设置默认值）。这个选项允许用户加载厂商设定的高性能优化默认值。这是根据主板的特点为系统性能优化而专门设定的，可能会对系统稳定性有所影响。

如果用户选择该项，屏幕将显示确认信息，按【Enter】键自动载入此项默认参数，系统性能会有所提高，但有可能导致系统不稳定。

以上是以AMI BIOS设置程序为例，对系统CMOS设置程序做了比较详细的介绍，由于主板品牌和BIOS厂商及BIOS版本的不同，CMOS设置的内容和参数也不尽相同。

习　题

1. 微机组装与调试的注意事项有哪些？
2. 什么是BIOS？什么是CMOS？它们的特点和区别是什么？
3. 进入CMOS的常用方法有哪些？
4. 标准CMOS设置的作用是什么？
5. BIOS特性设置的作用是什么？
6. 管理员口令设置和用户口令设置的作用是什么？

第4章 存储器构成与管理

由于磁盘，尤其是硬盘在系统中具有极其重要的地位，所以微机的维护在很大程度上是对硬盘的管理和维护。所以，深入了解硬盘的结构和数据组织原理是非常必要的。本章主要介绍磁盘的组织结构、硬盘的分区以及优化管理。

4.1 磁盘组织结构

磁盘是信息的载体，磁盘的每面划分为若干磁道，再将每磁道划分为若干扇区，每扇区存储512字节，下面对这种结构作进一步的介绍。

4.1.1 概述

1. 磁道与扇区的划分

磁盘在使用之前，一定要先经过格式化处理，这样才能用于存放数据。经格式化处理后，磁盘每个磁面的可读写区域都被划分成若干磁道，磁道编号均从0开始至其最高数。磁盘在转动时，磁头通过磁盘读写窗口进行读写，离盘心最远的一条磁道为第0磁道，而离盘心最近的一条磁道为第79条磁道。每条磁道又划分为若干个扇区（Sector），扇区是磁盘的基本存储单位，其物理编号从1开始，直到每磁道的最大扇区数。此外，对整个磁盘的所有扇区还有统一的逻辑编号，它是从0开始的。每个扇区可存放数据的字节数是确定的，并不因处于不同磁道的扇区有效长度不同而不同。Windows划分的扇区大小为512个字节。

如果逐个扇区地保存文件数据信息，则效率太低。在实际使用中，操作系统将扇区分组为“簇”（cluster），簇是文件分配的最小单元，即文件在磁盘上是以簇为单位（而不是以扇区为单位）存放的。每个簇由一个或多个连续的扇区组成，每个簇所占用的扇区数由操作系统版本的磁盘类型决定。一个文件视其大小可占用若干个簇，但不论多小至少要占用一个簇。

2. 磁道与扇区的组织形式

我们都知道，作为同心圆的磁道，外层磁道的周长比内层的长得多，划分为扇区后，外层扇区与内层扇区的长度也不会相同。那么，不同长度的扇区如何存储相同的512字节呢？

（1）磁道

每条磁道由以下三部分组成，即引导部分、扇区部分、结尾部分，如图1-4-1所示。

- 引导部分：磁道开始位置由索引孔的位置决定，考虑到不同驱动器的定位误差，在前端留有一定的误差间隔，这就是磁道的首部。首部是每条磁道的引导部分，大约写有一百多字节的同步缓冲信号，内容全部为4EH，目的是告诉驱动器的电路部分，从哪个位置开始才是本磁道第一扇区的开始位置。不同机器格式化后其长度有所不同。

● 扇区部分：从第一扇区开始位置，连续划分若干区域，每一区域为一个扇区。不同磁盘扇区数不同，最少为低密软盘，有9个扇区；最多为大容量硬盘，最多可达64个扇区。

● 结尾部分：不同驱动器转速稍有不同，即使同一驱动器在电压波动的情况下转速也会改变。所以，最后扇区与磁道首部之间留有一定的间隙，这就是磁道的尾部。尾部从最后一个扇区结束位置开始，一直到检测到索引孔（首部）为止，其内容全部被无用的数据4EH填满，以作识别信号。显而易见，内外层磁道的尾部长短是不同的，即使是同一编号的磁道，在不同环境下或不同机器上格式化，长度也不会相同。

（2）扇区

上述扇区部分是由若干扇区组成，每个扇区又由三部分组成，依次为标识区、数据区、缓冲区，结构如图1-4-1所示，每部分的作用如下所述。

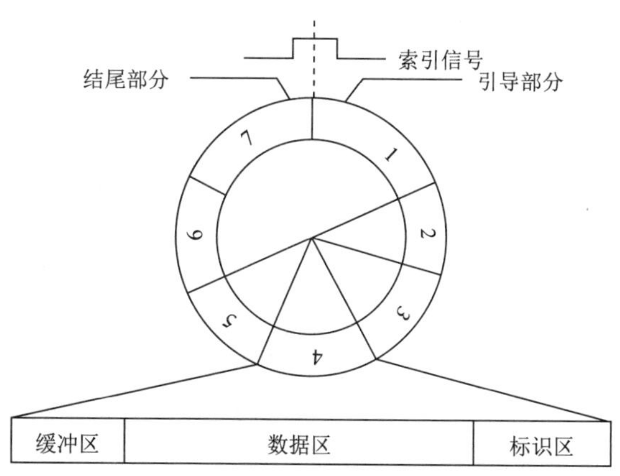

图 1-4-1　磁道、扇区结构图

① 标识区：标识区也叫地址字段，记录了描述每个扇区的4个参数C、H、R、N。

● C：磁道（Track）或柱面（Cylinder）数，记录该扇区所处磁道或柱面号，从0开始编号，直至最后磁道或柱面号。

● H：磁头（Head）数，记录该扇区对应的磁头号，从0开始编号，直至最后磁头号。

● R：扇区（Sector）或记录区（Record）数，记录该扇区在本磁道内的记录区编号，从1开始编号，直至本磁道最后扇区号。

● N：存储容量（Number），记录该扇区存储字节数，1代表每扇区存储256字节，2代表每扇区存储512字节，3代表而扇区存储1 024字节等。一般都为2，即每扇区512字节。

在正常情况下，每扇区的C、H、R、N值是在格式化时按严格的规律写入的，即物理位置与这4个参数必须对应。例如，当磁头移动到某磁道后，随着盘体的转动，从第一扇区开始位置记数，当转到要读写的扇区时，首先核对标识区的C、H、R、N值，如果与预期的值不相同，操作系统就会认为驱动器定位机构或磁盘记录C、H、R、N的磁信息出错，给出有关错误信息，并拒绝操作。

② 数据区：数据区格式如图1-4-2所示。数据区内存放着512字节数据，为确保其数据存储位置的宽度，在格式化时全部填写为F6H，即每扇区数据区要填满512个F6H。在写数据时，用正常数据将其覆盖掉。除此之外，数据区中还有其他一些信息，记录格式及各字段含义如下：

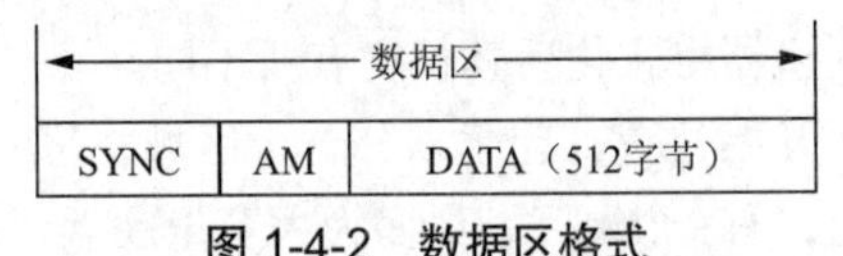

图 1-4-2　数据区格式

- SYNC：12个字节的同步信号，全部为“0”，只有时钟位，没有数据位。
- AM：数据标志和删除数据标志。4个字节组成，前3个字节的值为A1H，第4个字节的值若为FBH，则表示扇区数据有效；若为F8H则表示扇区数据已被删除。
- DATA：512个字节的数据区。

③ 缓冲区：为抵消驱动器的转速不同带来的误差，在数据区之后到下一扇区开始，留有一定的间隙起缓冲作用，以防止数据内容将后面扇区内容覆盖掉。通常这个缓冲区内被无用数据4E填满。

上述磁道和扇区的组织结构都是在格式化时完成的。可以看出，具体的数据区占整个磁盘存储信息的80%左右，整个磁盘并不能全部用来存放用户数据。现在所说的磁盘容量都是指格式化完毕后，用户可用磁盘空间，而不是指某磁盘的信息承载总量。

3. 扇区的定位及读写方式

磁盘读写数据的方式不同于内存和磁带，是介于随机方式与顺序方式之间的一种方式。扇区的定位采用随机方式，依靠磁盘旋转可直接找到某一扇区，而扇区内采用顺序读写方式。所以，这种方式又叫直接存取方式。

4. 磁盘容量

无论是硬盘还是其他存储介质，用户最关心的是它的存储容量，而存储容量又是由扇区个数决定的。当知道磁头数H、每面磁道数C、每磁道扇区数S后，某一磁盘的存储容量可由下面的公式计算出来：

$$\text{磁盘容量}=\text{磁头数}\times\text{每面磁道数}\times\text{每道扇区数}\times\text{每扇区字节数}=H\times C\times S\times 512$$

对大多数磁盘来讲，每面磁道数和每磁道扇区数是由操作系统在格式化时，根据驱动器类型和格式化参数决定的。对于硬盘来说，磁头数、每面磁道数和每磁道扇区数都是由生产厂家在生产时决定的，用户是无法改变的。

5. 物理扇区与逻辑扇区

扇区是操作系统在磁盘上的最小读写单位。那么，如何定位某个扇区呢？通常采用两种方式来确定某个扇区的具体位置。

（1）物理扇区

物理扇区也叫绝对扇区，是指某扇区的绝对位置，用绝对地址描述，即对应的磁道号C、磁头号H、该磁道中的扇区号S，或者说需要三维坐标C、H、S在圆柱形的空间内定位某个扇区的具体位置。

在向磁盘读写数据时，必须确定这三个数据，否则操作系统无法决定操作对象。可以看出，采取这种方法定位扇区，会因不同磁盘的C、H、S取值范围不同而不同。如果让操作者用绝对扇区去访问磁盘，必将花费大量精力去确定这三个值，这显然是不可取的。

（2）逻辑扇区

为方便使用者，Windows提供了另一种定位扇区的方法，即按一定逻辑规律，将所有扇区排序编号。操作者只要给出相应的扇区编号L，系统会自动换算出针对某种磁盘的C、H、S值，再根据此值进行操作。将三维定位数据C、H、S转换为一维定位数据L是根据一定的逻辑规律进行的，用这种方法定位的扇区叫逻辑扇区，也叫相对扇区。为合理高效地管理所有扇区，Windows按如下规律将所有扇区进行排序：

先从最外层0磁道开始，1磁道，2磁道……向内排序。对某一磁道（柱面）来讲，先排0磁头，再排1磁头……至最后磁头。对某一磁头来讲，先排1扇区，再排2扇区……至最后扇区。最终排序的结果是：

逻辑扇区0对应的物理扇区为0磁道、0磁头、1扇区。

逻辑扇区1对应的物理扇区为0磁道、0磁头、2扇区。

逻辑扇区2对应的物理扇区为0磁道、0磁头、3扇区。

……

6. 逻辑扇区与物理扇区的换算

操作系统在管理磁盘时，要根据需要将物理扇区地址换算成逻辑扇区地址，或根据逻辑扇区地址换算成物理扇区地址，这些计算都是根据磁盘参数表进行的。具体的换算关系如下：

（1）由逻辑扇区号（L）计算物理扇区参数柱面号（C）、磁头号（H）、扇区号（S）

磁头号=（逻辑扇区号 div 每磁道扇区数）mod 磁头总数

柱面号=逻辑扇区号 div（每磁道扇区数 × 磁头总数）

扇区号=（逻辑扇区号 mod 每磁道扇区数）+ 1

式中：div为整除运算，mod为求余运算，每磁道扇区数和磁头总数必须是已知数据，具体存放在每个磁盘的磁盘参数表中。

（2）由物理扇区参数柱面号（C）、磁头号（H）、扇区号（S）计算逻辑扇区号（L）

逻辑扇区号=（柱面号 × 磁头总数+磁头号）× 每磁道扇区数+（扇区号−1）

式中，磁头总数和每磁道扇区数必须是已知数据，同样在磁盘参数表中可以得到。

7. 磁盘空间分配

对磁盘进行格式化，不仅对磁盘划分了磁道和扇区，而且将磁盘划分为引导扇区、两个文件分配表（FAT）、根目录表（FDT）和数据区四部分。经格式化的磁盘存储空间分配见表1-4-1。

表 1-4-1　磁盘存储空间分配

引导扇区	文件分配表	根目录表	数据区
BOOT	FAT1，FAT2	RDT	用户区

4.1.2　引导扇区

引导扇区是为启动系统和存放磁盘参数而设置的，引导扇区位于逻辑0扇区，即磁盘的0面0磁道1扇区。对硬盘来讲，是在系统隐含扇区之后的第一扇区，属该盘的逻辑0扇区。在这512字节的空间中，存放着一些十分重要的内容，是操作系统启动和识别磁盘的关键。任何一张磁盘，无论它是否作为系统启动盘，只要是经过格式化后，都含有引导扇区。引导扇区的内容包括以下四个部分（见表1-4-2）：一条3字节的跳转指令、厂商标识和操作系统版本号、BPB（基本I/O参数表）、引导程序。

表 1-4-2　逻辑 0 区的地址分配表

偏移量	00H ~02H	03H ~0AH	0BH ~1DH	20H ~FFH
内容	跳转指令	厂商标识和操作系统版本号	BPB	引导程序

其中，跳转指令占用3个字节，厂商标识和操作系统版本号占用8个字节。BPB从第1（20BH）字节起占用19个字节，这是磁盘的重要参数区。引导程序从第32（20H）字节开始。

1. BPB表

BPB表记录了磁盘操作所需要的基本I/O参数，是提供给磁盘驱动程序使用的，它是磁盘正常使用的前提。表1-4-3列出了BPB表的内容及所占字节数。

表1-4-3　BPB的内容及所占字节数

内　容	代表符号	起始字节	长　度
字节数/扇区	SS	0BH	2
扇区数/簇	AU	0DH	1
保留扇区数	RS	0EH	2
FAT个数	NF	10H	1
根目录中文件个数	DS	11H	2
总扇区数	TS	13H	2
介质描述	MD	15H	1
扇区数/FAT	FS	16H	2
扇区数/磁道	ST	18H	2
磁头数	NH	1AH	2
隐含扇区数	HS	1CH	2

2. 引导程序

引导程序是供该盘作为操作系统系统启动盘使用的。引导程序与操作系统的版本有关，它的基本功能是判断系统引导程序是否存在，如果不存在，给出“Non-System disk or disk error. Replace and press any key when ready...”的信息；否则，将引导程序读入内存，并将控制权交给系统模块，至此引导程序的任务完成。

引导程序由两部分组成。第一部分是引导扇区的头3字节，它是一个跳转指令（JMP）。系统引导时，由系统的ROM-BIOS负责将引导扇区中的512字节读入内存，首先执行的就是这3字节的跳转指令，它跳过BPB表和其他信息，指向引导程序的第二部分。第二部分是引导程序的主体，该部分程序在引导扇区中的起点位置由跳转指令指定，一般在位移3EH处。

4.1.3　文件分配表

1. 文件分配表的作用

用户文件是以簇为单位存放在数据区中的，当一个文件占用多个簇时，这些簇的簇号不一定是连续的，但这些簇号之间有确定的顺序，即每个文件都有其特定的“簇号链”。而文件分配表（FAT）即用于存放这些簇号链，通过在对应簇号内填入“表项值”来表明数据区中文件的存储情况。FAT中每个簇号可取的表项值及其含义如表1-4-4所示。

表1-4-4　文件分配表中每个簇号可取的表项值及其含义

12位表项值	16位表项值	描述意义
000H	0000H	空闲，未占用
001H ~FEFH	0001H ~FFEFH	已占用，其值为下一簇号
FF0H ~FF6H	FFF0H ~FFF6H	系统保留
FF7H	FFF7H	坏簇
FF8H ~FFFH	FFF8H ~FFFFH	文件的最后一簇

FAT中所取表项值与所用磁盘的容量有关，12位表项值可表示4 096个簇，若磁盘的簇数大于4 096，则必须用16位表项值。FAT的组成格式及功能如下：

（1）表明磁盘类型

FAT的第0簇和第1簇为保留簇，其中第0字节（首字节）表示磁盘类型，其值与BPB中MD值所对应的磁盘类型相同。

（2）表明一个文件所占用的各簇的簇链分配情况

FAT从002簇开始分配给文件。表项值001H ～FEFH（或0001H ～FFEFH）中的任一值表明文件的下一个簇号。文件的起始簇号由根目录（FDT）中每个目录登记项决定，作为FAT的入口，起始簇号在FAT中的表项值即为文件的第二簇号，第二簇号的表项值即为第三簇号，第三簇号的表项值即为第四簇号，依此类推，直到表项值为FF8H ～FFFH（或FFF8H ～FFFFH），表示该簇为文件的最后一簇。

（3）标明坏簇和可用簇

若磁盘格式化时发现坏扇区，即在相应簇的表项中写入FF7H（或FFF7H），表明扇区所在簇不能使用，操作系统就不会将它分配给用户文件。

磁盘上未用但可用的“空簇”的表项值为000H（或0000H），当需要存放新文件时，操作系统将它们按一定顺序分配给新文件。

2. 文件分配表的位置、长度与个数

文件分配表位于逻辑1扇区开始的若干扇区，占用扇区数由BPB表的第8项给出，操作系统是根据磁盘容量决定文件分配表占用扇区数的。16位文件分配表的硬盘需$2^{16}/256=256$个扇区，32位分配表硬盘需$2^{32}/128=33\ 554\ 432$个扇区。

由于文件分配表记录着整个磁盘的分配、使用情况，其地位举足轻重。如果文件分配表被破坏，即使数据区中数据完整无缺，也无法找到所需数据。因为文件分配表的损坏意味着簇链的损坏或截断，如同侦破案件时线索中断一样。所以，操作系统建立了两份FAT表，即FAT1和FAT2，FAT2紧接FAT1之后，是FAT1的备份。操作系统在读数据时，只从FAT1中进行，如不成功再从FAT2中读出。写入数据时却是同时写入两个FAT表，以确保数据的安全性。

尽管如此，由于某些软件的缺陷、使用者不适当的操作或者病毒的破坏，仍然会造成簇链的损坏。其结果是在磁盘上产生一些不归任何文件的“丢失簇”，这些簇对应的FAT表项内容非空，但又不与任何文件挂钩，属于无主簇。由于FAT表项非空，其他文件在申请存储空间时，操作系统会认为它们已属别的数据文件，自然不会考虑它们，这样形成了另一种形式的磁盘空间浪费。

4.1.4　根目录表

根目录下的所有文件都有一个“目录登记项”。每个目录登记项占用32个字节，分为8个区域，提供有关文件或子目录的信息，其含义如表1-4-5所示。

表 1-4-5　根目录表的内容及含义

字　节	内　容	说　明
0～7	文件名	最长8字符
8～10	文件扩展名	最长3字符
11	文件属性	每一位代表一种属性
12～21	保留未用	

续表

字　节	内　容	说　明
22～23	文件生成或最后一次修改时间	顺序为时、分、秒
24～25	文件生成或最后一次修改时间	顺序为年、月、日
26～27	文件起始簇号	指向FAT入口
28～31	文件长度	以字节为单位

由于每个文件的目录登记项占用32个字节，用作目录的一个扇区最多只能装入512/32=16个文件。因此，每一磁盘根目标下所含文件数取决于该磁盘的RDT所占用的扇区数。

由于根目录下文件个数有限，Windows引入了子目录的概念。子目录实际上是一个特殊文件，它的内容是一些另外的目录项。也就是说，在它之下的各文件目录项是它的具体数据，所以，只要磁盘空间足够大，对这个文件的数据（目录项）就没有限制。同时又允许某子目录中的目录项又是子目录项，再发展下一级目录。这样一级级地繁衍下去，形成了树形目录结构，使磁盘中文件的个数从理论上达到了无限。子目录作为特殊的数据文件，其存储位置和长度并不固定，无法用一般工具直接查看其中每个目录项的内容。但根目录区的位置和长度是相对固定的，只要使用如同Debug之类的工具就可清楚地看到各目录项的实际内容，也可对其中某项进行修改。

4.1.5　数据区

数据区（Data Area）占磁盘的绝大部分，是各文件数据的具体存放场所。这部分空间以簇为单位，一一对应地与文件分配表FAT的每一项建立一种映射关系，某一FAT的表项归哪个文件的簇链，说明该文件的数据就存储在对应的簇中。可以这样说，数据区中的各簇，实际相当于FAT表的放大。

1. 数据区容量

格式化完毕后显示的磁盘可用容量，是磁盘全部可用扇区减去引导扇区、两份FAT表占用扇区、根目录占用扇区后的容量，是用户实际可用存储空间。例如：

2 MB磁盘的扇区数为：磁头 × 磁道数 × 每磁道扇区数=2 × 80 × 15=2 400

用户可用扇区为：2 400−引导扇区（1）−FAT表（7 × 2）−根目录区（14）=2 371

2. 数据区的利用率

由于磁盘空间的分配单位是簇，文件的最后一簇即使只有1个字节的内容，该簇的剩余空间也不能再被其他文件使用，造成一定的浪费，使数据区的利用率降低。这种浪费对大容量的硬盘是很可观的，因为Windows是按硬盘的容量决定每簇扇区数的，如表1-4-6所示。

表 1-4-6　硬盘的容量与每簇扇区数

硬盘容量（MB）	小于127	128～255	256～511	512～1 023	1 024～2 048
每簇扇区	4	8	16	32	64
每簇尺寸（B）	2 048	4 096	8 192	16 384	32 768

例如，对1 GB以上的硬盘将有近32 KB的空间浪费，如果这种文件很多，浪费是相当大的。当某硬盘给出“磁盘空间已满”的信息后，会发现各文件的尺寸总和绝对小于硬盘总容量，原因就在于此。减少这种损失的办法之一就是对硬盘进行合理的分区。

目前，硬盘容量达到1 TB或者更大，如果还使用16位文件分配表，浪费太大，为此，Windows XP及后续的操作系统对硬盘使用32位文件分配表，每簇扇区数由此而大大降低。

对刚格式化完毕的磁盘，文件的数据一般都是被分配在几个连续的簇中，但过一段时间以后，由于经过不断的建立、删除、重新建立等操作，会使文件的存储空间支离破碎，被分配在零星的簇中。这种将某一磁盘文件分配在一些不连续的零星簇中而产生的存储碎片叫磁盘碎片。由于磁盘碎片的存在，磁盘系统在读写这些扇区时，磁头不得不在这些磁盘碎片之间来回移动，移动距离和次数就大大增加。如果这种磁盘碎片太多，一方面会明显地降低读写速度，另一方面会增加磁头移动机械装置的磨损程度，降低使用寿命。

减少磁盘碎片的办法之一是经常进行磁盘碎片的整理，就是采用搬移、调配的办法对各文件原来的磁盘碎片进行整理，最终将它们的数据存放在几个连续簇中，并将所有数据移至数据区的前部，最大程度地减少磁头的移动次数和距离。

4.2　硬盘使用管理

4.2.1　硬盘的使用步骤

硬盘要经过以下三个步骤才能使用，即低级格式化、分区和高级格式化。

1. 硬盘的低级格式化

硬盘生产完毕后，第一件事就是低级格式化。低级格式化的任务是将硬盘逐头逐面划分磁道，每磁道划分扇区，每个扇区建立标识区、数据区和缓冲区，并将每个扇区的物理地址记录在该扇区的标识区中，用无效内容填充数据区；同时低级格式化还要标记出坏扇区，使它们不再被用来存放数据。

低级格式化的另一重要任务是决定扇区交叉因子。交叉因子也叫隔离因子，是一种利用扇区交叉排列技术提高硬盘读写速度的方法，在对硬盘进行低级格式化之前，需要确定此值。交叉因子示意如图1-4-3所示。

因为硬盘的转速较快，如果像图1-4-3（a）那样按顺序排列扇区，就有可能出现磁头刚读写完第1扇区的数据再读写第2扇区时，第2扇区已滑过磁头下方的现象，这时只能等盘片旋转一周后再读写第2扇区；当第2扇区内容处理完毕后，第3扇区又已错过，以后扇区同样如此，这样产生了很多空转现象，读写速度会明显降低。解决这种空转的办法是扇区不连续编号，如图1-4-3（b）所示。即每隔一定扇区数编下一个扇区号，这样给磁头留出一些反应时间，当须读写下一扇区时，此扇区正好转至磁头下方，免去了空转的等待时间，加快了读写速度。

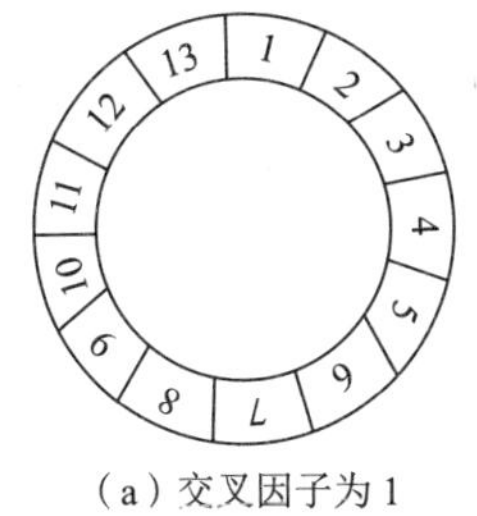

（a）交叉因子为1

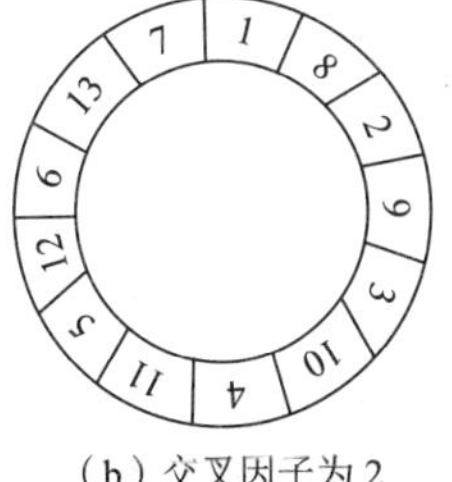

（b）交叉因子为2

图 1-4-3　区交叉因子示意

交叉因子就是指在进行扇区编号时，下一扇区与前一扇区的位置关系，图1-4-3（a）交叉因子为1，图1-4-3（b）交叉因子为2。对不同的硬盘和系统（包括CPU、硬盘卡等），交叉因子的最佳设置值是不同的，一般可通过实际测试进行选定，也可使用一些工具进行最佳选择，如Norton中的有关交叉因子的最佳选择等。

硬盘出厂前，低级格式化和交叉因子的设定都已完成，其中交叉因子是按照目前通用配置选择的，适用于绝大多数情况。

2. 硬盘的分区

硬盘使用的第二步是分区操作，目的是将大容量的硬盘分为几个部分，使硬盘的使用更加方便、灵活。硬盘的容量日益增加，如果将整个硬盘空间作为一个盘使用，各软件系统都放在一个根目录下，即使建立各级子目录，也会因子目录太多，管理十分不便。为此，可将整个硬盘分为几个部分，使其形成容量相对小一些的、各自独立的、逻辑上的磁盘。即将实际上的一个硬盘，用软件管理的方法设置成若干个大容量磁盘，如将1 TB的硬盘分为300 GB、300 GB、400 GB三部分，分别使用C、D、E为盘符，好像安装了三个硬盘一样。用这种方法建立的磁盘叫逻辑盘，建立逻辑盘的必要性是分区操作的原因之一。

硬盘分区的另一重要原因是在硬盘中容纳两个以上的操作系统。现在讲述的磁盘组织结构是Windows管理磁盘的方式，它无法与其他操作系统兼容。为了在一台机器中安装两个以上的操作系统，如Windows系统和Linux等系统，就需要将硬盘分成归不同操作系统管理的各部分，即Windows部分和非Windows部分。

3. 硬盘的高级格式化

各分区划分完毕后，还必须进行高级格式化，其中，非Windows分区的格式化由其他操作系统以及有关的格式化命令完成。

分区只是建立了分区表，将硬盘进行了划分，但磁盘能够使用的关键部分，如引导扇区、FAT表、根目录、数据区等还未建立，而这一切都是由格式化命令完成的。其中对C盘的格式化必须是系统格式化，因为它承担着引导、启动Windows系统的任务，其他逻辑盘不承担这一任务，但也必须进行格式化，否则无法使用。当高级格式化完毕后，建立的每个逻辑盘的结构完全相同，只不过容量和读写速度不同而已。

4.2.2 硬盘的分区

1. 硬盘分区概念

一块硬盘通常由主分区、扩展分区、逻辑分区构成。其中扩展分区可以分成若干逻辑分区，如图1-4-4所示。

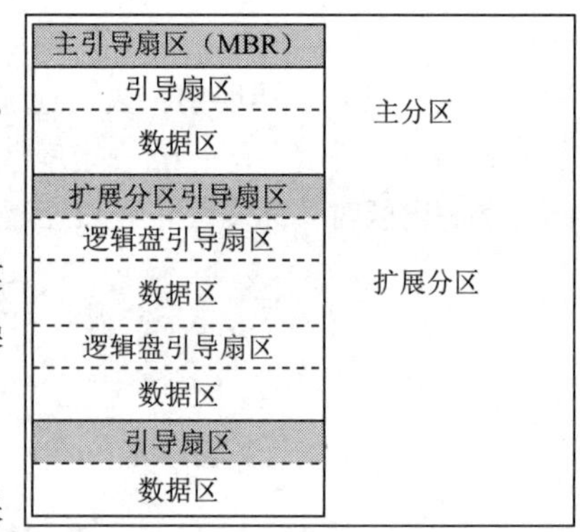

图 1-4-4 硬盘分区示例

（1）主分区

主分区一般位于硬盘最前面的部分，主分区只可以建立一个逻辑磁盘，就是我们常见的逻辑C盘，负责启动操作系统。

（2）扩展分区

由于分区表的存储空间有限，在主引导扇区中只能保存4个分区的信息。如果所有的分区都设置成主分区，则硬盘上最多只能存放4种操作系统，每个操作系统占用一个逻辑磁盘，而这是远远不能满足我们实际使用的需要。为了突破这个限制，扩展分区出现了。扩展分区与主分区的地位相同，在分区表中也占用一个表项。对于主引导扇区来讲，扩展分区仅作为一个分区存在，但扩展分区的身份比较特殊，它实际上仅仅是指向下一级分区，这就是各逻辑分区（逻辑磁盘）。对于各逻辑分区来说，扩展分区的主引导扇区又起着近似于分区表的作用，在扩展分区中可以建立若干个逻辑磁盘，完全可以满足实际需要。

（3）逻辑分区

逻辑分区存在于扩展分区之中。每一个逻辑分区都跟主分区一样，可建立一个逻辑磁盘。主分区、扩展分区和逻辑分区的关系，有点近似于一级子目录和二级子目录的关系。

主分区和扩展分区都是一级子目录，而逻辑分区则是扩展分区下的二级子目录。借助于扩展分区和逻辑分区，我们才摆脱了一个物理硬盘只能分为4个逻辑磁盘的局限。

（4）活动分区

一个物理硬盘分为多个分区。当计算机启动时，也只能有一个分区中的操作系统投入运行。主引导程序所确定的操作系统引导分区，就是我们通常所说的活动分区。如果一个硬盘中没有任何一个分区被标记为活动分区，那么这个系统是无法从这个硬盘启动的。

2. 常见分区格式及特点

（1）FAT32分区

微软公司早期的文件分区模式为FAT32。FAT32采用了32位的文件分配表，管理硬盘的能力得到极大的提高，轻易地突破了旧分区格式对磁盘分区容量的限制，达到了创纪录的2 TB，从而使得我们无论使用多大的硬盘都可以将它们定义为一个分区，极大地方便了广大用户对磁盘的综合管理。更重要的是，在一个分区不超过8 GB的前提下，FAT32分区每个簇的容量都固定为4 KB，这就比旧分区格式要小了许多，从而使得磁盘的利用率得以极大的提高。如同样是2 GB的磁盘分区，采用FAT32之后，其每个簇的大小变为了4×2^{10}，这就使得每个文件平均所浪费的磁盘空间降为2×2^{10}，假设硬盘上保存着20 480个文件，则浪费的磁盘空间为20 480 × 2/1024=40 MB。一个浪费了320 MB，另外一个仅浪费40 MB，FAT32的效率之高由此可见一斑。

（2）NTFS分区

NTFS分区是Windows所采用的一种最新的磁盘分区方式，它虽然也存在着兼容性不好的问题，但它的安全性及稳定性却独树一帜。NTFS分区对用户权限做出了非常严格的限制，每个用户都只能按照系统赋予的权限进行操作，任何试图超越权限的操作都将被系统禁止，同时它还提供了容错功能，可以将用户的操作全部记录下来，从而保护了系统的安全。另外，NTFS还具有文件级修复及热修复、分区格式稳定、不易产生文件碎片、可以支持的文件大小可以达到64 GB、支持长文件名等优点，这些都是其他分区格式望尘莫及的。这些优点进一步增强了系统的安全性。

（3）HPFS分区

HPFS分区是IBM的OS/2操作系统所使用的磁盘分区格式，它在很多方面都与Windows所使用的NTFS格式非常相似，鉴于目前国内很少有人使用OS/2，这里就不做详细介绍了。

（4）Linux分区

Linux分区是Linux操作系统所使用的分区格式，可细分为Linux Native主分区和Linux swap交换文件分区两种。与NTFS分区一样，Linux分区的安全性及稳定性都比较好，但它们之间不兼容，准备安装Linux的用户最好采用Linux格式。

3. 不同操作系统对分区格式的支持情况

不同操作系统对分区格式的支持情况是不同的，有些操作系统只支持某种特定的分区格式，而有些操作系统则同时支持多种不同的分区格式。为方便用户的使用，现将常见操作系统对分区格式的支持情况简要介绍如下：

（1）Windows XP

作为Windows 98和Windows NT共同的“升级版”，Windows XP同时支持FAT32、NTFS等分区格式，广大用户可根据需要加以选择。

（2）Windows 7以及后续的Windows系统

这些操作系统都支持NTFS格式，即主分区必须采用NTFS格式，其他分区可以根据需要采用FAT32格式或者NTFS格式。

（3）OS/2

OS/2用户既可使用OS/2独特的HPFS分区格式，也可使用传统的FAT16分区格式。

（4）Linux

Linux用户一般都使用其专用的Linux分区格式。

4.2.3 分区软件的使用

1. PowerQuest Partition Magic

该分区软件曾简称PQ，被Norton收购后改简称为PM。该硬盘工具是PowerQuest公司编制的一套非常流行的软件，是目前硬盘分区工具中功能最强大的软件，可以运行在DOS和Windows下。除支持FAT16、FAT32格式外，还支持Windows NTFS格式、Linux的ext2格式以及OS/2的HPFS高性能文件系统格式等，支持大硬盘的分区（支持320 GB以上的大硬盘分区）。PM的最大优点是图形化操作和无损分区，能够在不损失硬盘原有数据的前提下，对硬盘进行重新分区、格式化分区、复制分区、移动分区、隐藏/重现分区、从任意分区引导系统、转换分区结构属性等。该分区软件界面如图1-4-5所示，进行分区格式化步骤如下：

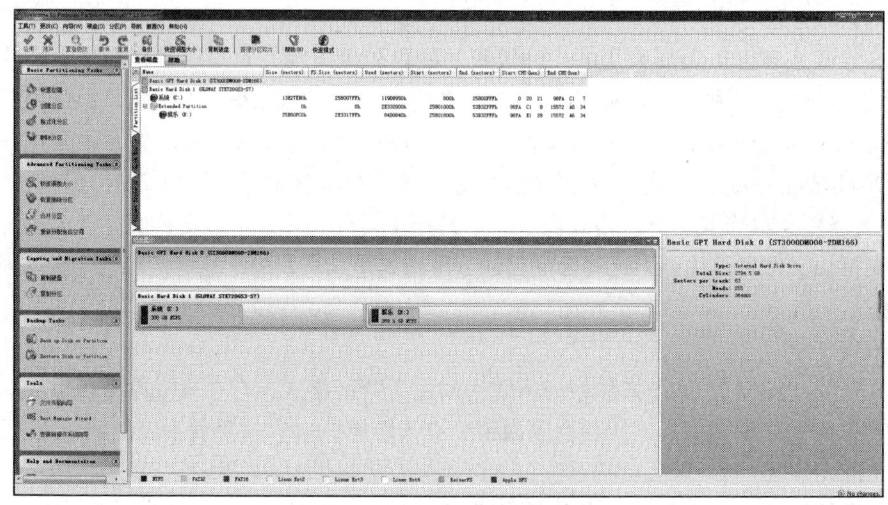

图 1-4-5　PM 硬盘分区软件界面

（1）建立主分区C

运行PM，选择“创建分区”，会弹出创建分区对话框，选择“主分区”，分区类型可以根据需要选择FAT32或NTFS，“分区大小”的框内输入需要创建的分区大小，创建分区的盘符为“C”，设置好后回车，即建立了C区。

（2）建立扩展分区

选择“创建分区”，会弹出创建分区对话框，分区类型选择扩展分区，扩展分区的大小为整个磁盘所剩的大小。

（3）建立逻辑分区D

选择“创建分区”，会弹出创建分区对话框，选择“逻辑分区”，分区类型可以根据需要选择FAT32或NTFS，“分区大小”框内输入需要创建分区的大小，创建分区的盘符为“D”，设置好后回车，即建立了逻辑分区D。若想多创建几个逻辑分区，其方法与创建逻辑分区D相同，只是盘符要随着改变，每个逻辑分区的大小不一定一致，根据实际需要进行分配即可。

（4）激活C分区

要想激活C分区，先要选择C分区，然后单击“分区”选项，在其下拉菜单中选择“标记分区为活动”即可。

（5）格式化C分区

选择C分区，单击“分区”选项，在其下拉菜单中选择“格式化分区”，在弹出的对话框中根据需要选择文件系统，然后单击“格式化”即可。

2. DiskGenius

DiskGenius是一款专业级的数据恢复软件，算法精湛，功能强大，用户群体广泛；支持各种情况下的文件恢复、分区恢复，恢复效果好；具有文件预览、扇区编辑、加密分区恢复、Ext4分区恢复、RAID恢复等高级功能。

3. 分区助手

分区助手是一个简单易用、多功能的免费磁盘分区管理软件，在它的帮助下，用户可以无损数据地执行调整分区大小、移动分区位置、复制分区、复制磁盘、合并分区、切割分区、创建分区等操作。同时它可以在四个主分区的磁盘上直接创建分区。此外，它能运行在所有的操作系统中，包括Windows 7//8/10/11操作系统，包括32位和64位。另外，支持运行在所有能被Windows识别的存储设备上，包括所有的硬件RAID、IDE、SATA、SCSI、SSD和USB等类型。由DiskTool提供的这个软件支持4 TB的大磁盘和大分区，支持GPT磁盘，支持的文件系统包括FAT、FAT32、NTFS、EXT2和EXT3。任何操作都可以即时的在分区助手的主窗口中预览，只有在单击“提交”按钮之后操作才会生效，这使得操作更加灵活和安全，以减少误操作。不管是普通的个人用户还是商业用户，分区助手都能满足他们的需求，为他们提供多功能、稳定可靠且免费的磁盘分区管理服务。

4.2.4　主引导扇区

MBR（main boot record，主引导记录区），位于整个硬盘的0磁道0柱面1扇区。不过，在总共512字节的主引导扇区中，MBR只占用了其中的446个字节（偏移00H ～偏移1BDH），另外的64个字节（偏移1BEH ～偏移1FDH）分配给了DPT（Disk Partition Table，硬盘分区表），最后两个字节“55 AA”是分区结束标志。主引导扇区结构如图1-4-6所示。

Main Boot Record 主引导记录（446字节）
第一分区信息（16字节）
第一分区信息（16字节）
第一分区信息（16字节）
第一分区信息（16字节）
55AA

图 1-4-6　主引导扇区结构

主引导记录中包含了硬盘的一系列参数和一段引导程序。其中，硬盘主引导程序的主要作用是检查分区表是否正确，并且在系统硬件完成自检以后负责引导活动分区中的操作系统，并将控制权交给启动程序。MBR是由分区程序（如Fdisk.com）所产生的，它不依赖任何操作系统，而且硬盘引导程序也是可以改变的，从而实现多系统共存。分区项表的内容及含义如表1-4-7所示。

表 1-4-7　分区项表的内容及含义

偏　移	长　度	所表达的意义
0	字节	分区状态：如00→非活动分区，80→活动分区
1	字节	该分区起始头（HEAD）
2	字	该分区起始扇区和起始柱面
4	字节	该分区类型：如82→Linux Native分区，83→Linux Swap分区
5	字节	该分区终止头（HEAD）
6	字	该分区终止扇区和终止柱面
8	双字	该分区起始绝对分区
C	双字	该分区扇区数

4.2.5　磁盘的优化管理

现代微机中，磁盘的地位尤为重要，管理微机的主要环节之一就是合理、高效、安全地管理硬盘。从上面的介绍可以看出，磁盘的组织结构和操作系统的管理方式是很严格和精密的，也是很脆弱的，任何差错都可能造成数据的丢失。这些差错有些来自操作者的失误，有些来自有缺陷的软件，有些来自病毒的破坏，有些差错造成的损失是不可挽回的，有些却可使用一定的方法进行拯救。

硬盘中存储的数十吉字节的各类软件组织得是否合理、使用是否方便、读写速度是否达到了最佳效果，这些诸多因素都是系统维护必须考虑的问题。因此，硬盘的优化管理就显得十分重要。为达到优化管理的目的，应充分利用操作系统的特点，采取一些必要的措施，使磁盘中各类文件的组织形式、读写速度及利用率达到最佳效果。

1．使用前要进行合理分区

一个好的系统是从分区开始的，也就意味着分区成功与否直接决定了硬盘的性能是否能够完全发挥出来。硬盘分区首先要确定分区格式，目前多为FAT32或NTFS格式，根据需要进行选择；接着要确定各个分区的大小，由于Windows在启动的时候，要从主盘查找调用有关的文件，此时如果分区过大或者是文件过多的话，就会延长启动时间，因此建议大家在确定C盘的时候，尽量将大小控制在合适的范围，够用即可，不宜太大。

2．分区后进行常规整理

所谓常规整理，就是在不使用任何外部工具的情况下手工对硬盘进行整理，从而达到最大化硬盘可用空间或者是加速系统运行的目的。这种整理可以分为删除性优化和调整性优化两方面。删除性优化是将硬盘中不需要的文件，如临时文件、备份文件、帮助文件、注册表文件等删除，以节省硬盘空间。调整性优化是指将那些暂时无用的空间腾出来，如回收站默认的设置是所有驱动器均使用统一的配置，而且容量为其驱动器总容量的10%，也就是说，如果使用一个1 TB的硬盘就有100 GB的空间被回收站占用了。然而这种设置在实际使用中完全没有必要，所以我们可以根据自己的需要对每个驱动器进行独立配置，同时将回收站最大空间设置为分区的1%就足够了。

3．对硬盘进行压缩优化

所谓压缩优化，就是将硬盘中的一些文件进行打包压缩，这样可以减少占用的硬盘空间。但如果使用WinZip之类的压缩工具来处理，就会造成某些程序和工具无法正常使用的现象，因此大家可以选择一些硬盘压缩软件进行压缩优化。

4. 硬盘中软件的完全卸载

虽然我们现在使用的计算机硬盘是越来越大，但各种软件所需的容量也在同步增长，一个软件通常需要上百兆字节的空间，甚至一个游戏需要几十吉字节的空间。这些软件和游戏在安装的时候，又往往会很不自觉地在系统中添加各种.dll文件，而它们在卸载的时候又不能将硬盘中的文件全部清理干净，这样一来，随着Windows使用时间的增加，硬盘空间会被这些垃圾文件所充斥，系统的效率也会大幅度的下降。可以选用一些硬盘清理软件进行完全卸载。

5. 定期进行碎片整理

磁盘碎片应该称为文件碎片，是因为文件被分散保存到整个磁盘的不同地方，而不是连续地保存在磁盘连续的簇中。这种文件碎片不会在系统中引起任何问题，但文件碎片过多会使系统在读文件的时候来回寻找，引起系统性能下降，严重的还要缩短硬盘寿命。在操作系统附件中包含了磁盘碎片整理工具，根据需要定期对硬盘进行碎片整理。不过用操作系统自带的碎片整理工具速度比较慢，我们也可以选择第三方提供的磁盘碎片整理工具。

6. 对硬盘的提速处理

可用专门的硬盘加速软件实现硬盘超频、硬盘优化。

4.3　Windows 内存管理和优化

内存是除CPU之外最重要的配置，CPU的处理能力只有在内存充足的情况下才能充分体现出来。在目前的Windows、Linux和UNIX等操作系统下，内存的管理已变的十分简单，几乎不需要用户的干涉。

4.3.1　Windows 内存管理

1. 虚拟内存

从80386开始，CPU地址线增加到32位，可寻址能力达到4 GB。32位的Windows操作系统最多可以使用4 GB的内存空间，但2000年前系统实际配置的物理内存容量远没有这么大，当Windows同时打开多个文件时，即使再多的物理内存也会很快用完。为了解决内存容量不足的问题，Windows采用了虚拟内存的管理方法。

所谓虚拟内存，就是将硬盘的一部分存储空间拿出来模仿物理内存使用，当然虚拟内存的速度比实际内存要慢得多（这取决于硬盘的读写速度），但对于程序员来说可使用的内存空间大大增加，为编程提供了方便。虚拟内存除了硬盘空间以外还需要操作系统的支持，由操作系统进行管理。

在计算机工作过程中，Windows将内存中暂时不运行的程序和最近很少使用的数据保存到硬盘中的一个虚拟内存文件中，以便腾出更多的物理内存供其他应用程序使用。当系统需要再次运行这些程序或重新使用这些数据时，物理内存再从硬盘中的虚拟内存文件中读回这些数据，这个过程也叫交换文件。

Windows的虚拟内存文件并没有大小限制，当然要受到硬盘分区的剩余空间限制。Windows自动管理虚拟内存文件的大小，当Windows启动一个应用程序时，系统就会创建一个和应用程序大小相同的交换文件，关闭应用程序后，交换文件也就自动被删除。

虚拟内存文件的大小也可以通过手动的方法来设置。具体方法为：在Windows的“系统属性”对话框中，选择“性能”标签，然后单击“虚拟内存”按钮，在弹出的“虚拟内存”设置对话框中就可以进行手动设置。

2. 磁盘高速缓存

随着各种大型软件的推出，对磁盘的依赖性日益突出，主要体现在存取速度和容量上，在容量已基本满足要求的今天，读写速度仍是限制系统整体速度的主要因素。采取高速缓存和虚拟磁盘技术可以在一定程度上提高整体速度。为减少对磁盘的频繁读写，在内存中开辟一块区域，一次尽可能多地将数据从磁盘读至该区，或将该区数据一次写入磁盘，这种方法是在早期的微软操作系统中完成的。Windows可以根据内存容量的大小自动设置磁盘高速缓存，也可以通过手动方法进行设置。具体方法为，在Windows的“系统属性”对话框中，选择“性能”标签，然后单击“文件系统”按钮，在弹出的对话框中选择“硬盘”标签，然后拖动“预读式优化”滑块，就可以进行手动设置。

3. 虚拟磁盘

使用虚拟磁盘是加快系统速度的另一方法。虚拟磁盘就是在内存中开辟一块特殊区域，但管理方式却与磁盘相同，几乎所有的磁盘操作命令都可以在虚拟磁盘中使用。虚拟磁盘的优点是高速度的读写，缺点是在重启动或断电后，盘结构和盘中数据全部丢失。

建立虚拟磁盘的主要目的是为那些频繁读写磁盘的程序和操作提供服务。如Turbo C类、MASM、含有OVL文件的程序等，如果先将其复制到虚拟磁盘再操作，速度会大大加快。虚拟磁盘的另一用途是存放临时文件。像Windows之类的大型软件，在运行时会产生大量的临时文件，并且频繁地对其进行读写，如果将这些临时文件建立在虚拟磁盘中，会明显地提高执行速度。方法是将AUTOEXEC.BAT文件中的SET TEMP设置命令指向虚拟磁盘。当然，前提是系统具有大量的物理内存，除够Windows操作系统使用和用户程序使用外，还有空间建立虚拟磁盘。

4.3.2 内存管理和优化

虽然Windows实现了内存的自动管理，但如果使用不当仍然会使内存很快用完，因而系统的性能会大大降低。为此，Windows提供了一个系统监视器，可以随时监视内存的占用情况。如果系统内存不多，就要注意合理使用内存。

1. 监视内存

系统的内存不管有多大，总是会用完的。虽然有虚拟内存，但由于硬盘的读写速度无法与内存的速度相比，所以在使用内存时，就要时刻监视内存的使用情况。Windows操作系统中提供了一个系统监视器，可以监视内存的使用情况。一般如果只有60%的内存资源可用，这时就要调整内存了，不然会严重影响计算机的运行速度和系统性能。

2. 及时释放内存空间

如果发现系统的内存不多了，就要注意释放内存。所谓释放内存，就是将驻留在内存中的数据从内存中释放出来。释放内存最简单有效的方法，就是重新启动计算机。另外，就是关闭暂时不用的程序。还有要注意，剪贴板中如果存储了图像资料，是要占用大量内存空间的。这时只要剪贴几个字，就可以把内存中剪贴板上原有的图片冲掉，从而将它所占用的大量的内存释放出来。

3. 优化内存中的数据

在Windows中，驻留内存中的数据越多，就越要占用内存资源。所以，桌面上和任务栏中的快捷图标不要设置得太多。如果内存资源较为紧张，可以考虑尽量少用各种后台驻留的程序。平时在操作计算机时，不要打开太多的文件或窗口。长时间地使用计算机后，如果没有重新启动计算机，内存中的数据就有可能因为比较混乱而导致系统性能的下降，此时可以考虑重新启动计算机。

习　题

一、名词解释

簇、逻辑扇区、引导扇区、物理扇区、磁盘碎片、BPB表、柱面、虚拟内存

二、填空题

1. 每个扇区的容量是________字节。
2. 给硬盘分区的原则是先创建________，后创建________。
3. 低级格式化与高级格式化的区别是________。
4. 常见的分区格式有________，它们的主要区别是________。
5. 磁盘的每一个扇区都是由________、________和________三部分组成。

三、简答题

1. 为什么会产生磁盘碎片？应如何消除？
2. 为什么要设置交叉因子？
3. 为什么说硬盘在使用前的第一件事是低级格式化？
4. 硬盘分区后为什么还要进行高级格式化？
5. 为什么对C盘的格式化必须是系统格式化？

第5章 微机系统的配置

软件配置是微机系统中一个重要组成部分，必不可少。本章主要介绍常用操作系统及安装方法、常用维护应用软件及其功能，大家可以根据软件的功能进行有选择的安装及使用。

5.1 Windows 10 的安装

Windows 10是由微软公司开发的新一代跨平台及设备操作系统，由微软公司于2015年发布，是由Windows 8升级而来，采用了全新的风格，又兼顾了老用户的操作使用习惯，旨在让人们的计算机操作更加简单和快捷，为人们提供高效易行的工作环境。

Windows 10一共有7个版本，主要包括Windows 10 Home、Windows 10 Professional、Windows 10 Enterprise、Windows 10 Education、Windows 10 Mobile、Windows 10Mobile Enterprise和Windows 10 IoT Core，分别满足个人用户、企业、教学等的各种需求。

5.1.1 准备工作

安装操作系统本身也是对微机的一次根本性维护，要确保一次安装成功，否则会造成不必要的麻烦与损失。从准备工作开始，安装进程的每一步都必须确保正确无误。

① 首先需要检查计算机硬件配置是否满足安装要求。安装Windows 10操作系统需要的硬件配置具体要求如下：

- CPU：1 GHz或更快的32位（x86）或64位（x64）。
- 内存：1 GB RAM（32位）或2 GB RAM（64位）。
- 硬盘：至少16 GB可用硬盘空间（32位）或20 GB可用硬盘空间（64位）。
- 显卡：支持800×600像素屏幕分辨率或更高，具有WDDM驱动程序的DirectX 9图形处理器。

② 准备Windows 10操作系统。Windows 10操作系统的安装方式通常有两种：升级安装和全新安装。升级安装是在计算机中已安装有操作系统的情况下，将其升级为更高版本的操作系统。全新安装是指在硬盘中没有任何操作系统的情况下安装。全新安装又分为使用光盘安装和使用U盘安装两种。按需求选择安装方式，并准备Windows 10操作系统。获取Windows 10操作系统有两种方式：一种方式是从官方网站上下载，安装程序将检查用户的计算机是运行32位还是64位版本的Windows，并为用户提供正确的下载；另外一种方式可以下载Windows10映像文件，然后制作U盘启动盘或者刻录成光盘来安装系统。

③ 操作系统在安装过程中可以对硬盘进行分区和格式化，但建议在安装操作系统之前运用

硬盘管理软件对硬盘进行分区和格式化。

④ 操作系统安装目标硬盘分区如有重要数据，一定要在开始安装操作系统前备份，以免造成不必要的损失。

⑤ 若用U盘安装，通过设置BIOS使U盘成为第一引导设备，以保证用U盘启动机器。

⑥ 有些微机带有硬盘引导扇区病毒保护功能，需要在BIOS参数设置中将该项功能关闭。

5.1.2　安装过程

操作系统的位数与CPU的位数是同一概念，在64位CPU的计算机中需要安装64位的操作系统才能发挥其最佳性能，在计算机中通过U盘下载并安装64位 Windows 10操作系统，而在32位CPU的计算机中则只能安装32位的操作系统。32位与64位操作系统的安装操作基本一致。

Windows 10操作系统的安装过程参见本书“实验6 全新安装Windows 10操作系统和驱动程序”。

5.2　硬盘幽灵 Ghost

在微机的日常使用过程中，微机的软件系统以及各种数据往往会发生各种各样的损坏冗杂。为了使文件处于安全的环境，有必要通过数据恢复软件来保存重要数据以及在误操作之后最大程度地恢复受损数据。这方面最为常用的软件是Ghost。

1．Ghost软件简介

Ghost（General Hardware Oriented Software Transfer，面向通用型硬件系统传送器）软件是美国赛门铁克公司推出的一款出色的系统备份和还原软件，使用它可以将某个磁盘分区或将整个硬盘上的内容完全镜像复制到另外的磁盘分区或硬盘上，或压缩为一个镜像文件。Ghost功能强大、使用方便，其主界面如图1-5-1所示。

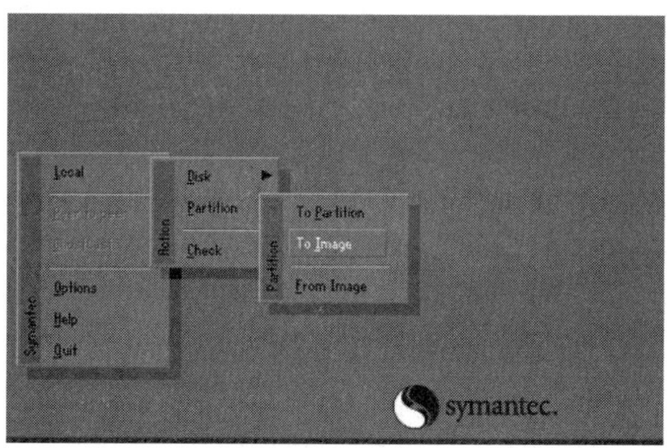

图 1-5-1　Ghost 主界面

在主界面菜单中，包括以下菜单项：

- Local：本地操作，对本地微机上的硬盘进行操作。
- Peer to peer：通过点对点模式对网络上其他微机的硬盘进行操作。
- GhostCast：通过单播/多播或者广播方式对网络上其他微机的硬盘进行操作。
- Options：使用Ghost时的一些选项设置，一般使用默认设置即可。

- Help：一个简洁的帮助。
- Quit：退出Ghost程序。

2. Ghost功能

（1）分区备份

使用Ghost进行系统备份，有整个硬盘（Disk）和分区硬盘（Partition）两种方式，在菜单中选择Local（本地）命令，在右边弹出的菜单中有3个子命令，其中，Disk表示备份整个硬盘（即克隆），Partition表示备份硬盘的单个分区，Check表示检查硬盘或备份的文件，查看是否可能因分区、硬盘被破坏等造成备份或还原失败。分区备份作为个人用户来保存系统数据，特别是在恢复和复制系统分区时具有实用价值。

依次选择"Local"→"Partition"→"To Image"命令，弹出硬盘选择窗口，开始分区备份操作。打开选择本地硬盘窗口，单击要备份的分区所在的硬盘，再单击"OK"按钮，此时弹出存储位置的对话框，单击存储位置下拉按钮，在弹出的下拉列表中选择要镜像文件的分区，在弹出的窗口中选择备份储存的目录路径并输入备份文件名称，注意备份文件的名称带有GHO的扩展名。单击"Save"按钮继续操作，此时会弹出"Compress image file?"提示，并给出3个选择："No"表示不压缩，"Fast"表示压缩比例小而执行备份速度较快，"High"就是压缩比例高但执行备份速度相当慢。最后单击"Yes"按钮即开始进行分区硬盘的备份。Ghost备份的速度相当快，备份的文件以GHO扩展名储存在设定的目录中。

（2）硬盘克隆与备份

硬盘的克隆就是对整个硬盘的备份和还原。选择"Local"→"Disk"→"To Disk"命令，在弹出的窗口中选择源硬盘（第一个硬盘），然后选择要复制到的目标硬盘（第二个硬盘）。注意，可以设置目标硬盘各个分区的大小，Ghost可以自动对目标硬盘按设定的分区数值进行分区和格式化。单击"Yes"按钮开始执行。Ghost能将目标硬盘复制得与源硬盘几乎完全一样，并实现分区、格式化、复制系统和文件一步完成。只是要注意目标硬盘不能太小，必须能将源硬盘的数据内容装下。Ghost还提供了一项硬盘备份功能，就是将整个硬盘的数据备份成一个文件保存在硬盘上（选择"Local"→"Disk"→"To Image"命令），然后就可以随时还原到其他硬盘或源硬盘上，这对安装多个系统很方便。

（3）备份还原

如果硬盘中备份的分区数据损坏，用一般数据修复方法不能修复，以及系统被破坏后不能启动，都可以用备份的数据进行完全复原而无须重新安装程序或系统。当然，也可以将备份还原到另一个硬盘上。

习　题

一、选择题

1. 当微机在使用过程中需要调整分区大小时，应当使用（　　）软件。

   A. Windows优化大师　　B. 超级兔子

   C. Partition Magic　　D. Ghost

2. Ghost这款软件的主要用途是（　　）。

   A. 系统优化　　B. 硬盘分区

   C. 多媒体处理　　D. 文件备份

二、填空题

1. 用户在进行涉及硬盘的基本属性的操作时要________，以免造成不必要的损失。

2. Ghost软件的From Image功能是将________恢复到分区中。当系统备份后，可选择此操作恢复系统。

3. 在Ghost中，选择Local→Partition→________，对分区进行备份。

第6章 微机常见故障诊断及处理

微机的使用首先离不开硬件环境的支持，只有在稳定的硬件环境中才能确保操作系统和各种应用软件的安全运行。同样，稳定的软件环境也是系统正常工作所必需的。当微机在使用中出现异常时，意味着机器产生了故障；它可能是由于电源或接插件接触不良、硬件损坏引起的，也可能是由于软件出现错误而引起的。如何诊断并排除故障，就成为用户和系统维护人员经常需要面对的问题。下面从微机系统一些常见的故障入手，分析故障现象并介绍其解决方法。

6.1 检查微机故障常用的方法

微机故障千差万别，如何才能知道是由硬件还是软件引起的呢？在分析和处理故障时，通常是遵循“先软后硬、先外后内”的原则。所谓“先软后硬”，就是首先从软件角度着手（包括操作不正确和病毒破坏等），尝试用软件的办法来处理，在确实无法解决问题的情况下，再从硬件上找原因；而“先外后内”是指首先排除电源、接头、插座的电器连接以及外围设备的机械和电路等故障，然后再针对机箱内部进行检查。

由于微机系统本身的复杂性以及故障及现象的多样性，在实际操作中需要灵活运用。一般情况下硬件的故障率要大大低于软件的故障率，但对于硬件的故障，大多数用户往往不知道如何下手，而且处理硬件故障带有一定的危险性，所以先从硬件方面入手，围绕着硬件以及与硬件直接相关的系统软件故障来展开。通常判断系统故障可按下列流程进行。

① 微机加电启动时能否出现自检画面。如果未能出现自检画面，则说明可能是显卡、主板、CPU、内存、电源方面的故障，即属于硬件故障。如果微机加电时，不能出现自检画面但可听到扬声器发出的“一长两短”的“嘀”声时，则说明可能是显示器或显卡的故障。

② 自检时是否出现错误信息。如果在自检过程中出现各种错误信息，例如“HDD Controller Failure”，表示是硬盘控制器错误，一般是硬盘电源线与硬盘连接不正确、硬盘数据线与主板连接不正确等原因引起的。此类故障仍然属于硬件故障。

③ 能否正常引导启动操作系统。如果能正常引导操作系统，基本上可以证明是软件方面的故障。即使未能正常引导，一般也是系统文件丢失、病毒破坏等原因造成的，也属于软件故障。

④ 微机在系统启动运行过程中是否出现问题。大部分微机的故障都是在系统运行过程中出现的，例如死机、程序非法操作关闭、系统资源急剧减少、文件丢失等，这类故障一般都属于软件故障。但也不能完全排除硬件方面的故障，例如硬盘介质划伤、内存性能不稳定、某些芯片热稳定性差、某些硬件之间存在兼容性问题等，这类故障都可能造成程序运行错误。

微机出现故障以后，一定要具体问题具体分析。在基本排除了软件方面的原因或者用软件方法不能解决问题的情况下，可以按照下面介绍的一些硬件故障诊断方法进行处理，最终确认硬件故障部位并找出原因。

1. 观察法

用手摸、眼看、鼻嗅、耳听的方法检查。一般发热组件的外壳正常温度不应超过50℃，CPU温度也不应超过70℃，手摸上去有点热。如果手摸上去发烫，可能内部电路有短路现象，因电流过大而发热，此时应将该组件换下来。一般机器内部芯片烧毁时，会散发出一种焦糊味，仔细观察会发现芯片表面颜色有些异样，此时应马上关机检查，千万不能再加电使用。

对电路板要用放大镜仔细观察有无断线和虚焊，是否残留金属线、锡片、螺钉、杂物等，发现后应及时处理，观察组件的表面字迹和颜色，有无焦色、龟裂、组件的字迹颜色变黄等现象，如有则更换此组件。听有无异常的声音，特别是驱动器更应仔细听，如果与正常声音不同，则应立即找出异常声音产生的部位并着手进行检修。

2. 清洁法

可用毛刷轻轻刷去主板上的灰尘，另外，主板上一些插卡、芯片采用插脚形式，常会因为引脚氧化而造成接触不良。可用橡皮擦去表面氧化层，重新连接；也可以用一些专用的主板清洁剂来清洁。清洁时动作一定要慢，不要把器件或设备损坏，也要防止在清洁时产生静电而把器件或设备击穿损坏。

3. 拔插法

拔插法就是将插件板“拔出”或“插入”，采用该方法一般能迅速找到故障发生的部位，从而查到故障的原因。操作步骤为：依次拔出插件板或设备接口线及电源线，每次只能拔出一个插件板或设备，并且必须在关机切断交流电的情况下进行，然后开机检查机器的自检状态。一旦拔出某个插件或设备后，故障消失并且机器逐渐恢复正常，说明故障就在该部件上。拔插法不仅适用于接插件和设备，也可用于带插座的芯片或其他集成电路。

4. 替换法

替换法是用好的插件板或好的设备，替换有故障疑点的插件板或设备，其方法简单容易，方便可靠，对于扩充卡电路板和外设尤其适用，对初学者来说是一种十分有效的方法，可以方便而迅速地找到故障点。但此方法的使用需要大量同类备件的支持。

5. 敲打法

机器运行时好时坏，可能是由于某些元件的管脚虚焊或设备接口接触不良，也可能是由于金属表面氧化使接触电阻增大等原因造成接触不上或信号变弱。对于这种情况可以用敲打法来进行检查，通过敲击插件板或设备，使故障点彻底接触不上或敲击某部位使故障消失，再进行检查就容易发现。此方法常适用于对电源、主板、扩充卡和显示器的维修，但对硬盘严禁使用此方法。

6. 比较法

比较法就是用正确的参量（波形或电压等），与有故障机器的值进行比较，根据比较结果最终确定是哪一个组件的值与之不符，然后更换失效的组件或元器件即可排除故障。在实际操作中应根据电路图逐级测量，逐步检测，分析后确诊故障所在位置。

7. 升温法

微机工作很长时间或环境温度升高以后出现了故障，而关机检查却是正常的，再开机工作一段时间后又出现故障，此时可用升温法来检查机器。所谓升温法，就是人为地把环境温度升高。机器在恶劣环境下工作，会加速元器件的老化，使那些质量较差的元器件过早失效，以便找出故障。同样可以采用局部升温的办法，针对有疑点的组件或元器件重点观察，尽快找出故障点。

8. 程序测试法

使用诊断程序、专用维修诊断卡来辅助硬件维修可达到事半功倍之效，如使用随机附带的诊断软件或各大厂商推出的专业检测软件都可达到很好的效果，如Winbench、Norton和Sysinfo等。

9. 综合法

微机的故障有时比较复杂，单纯采取某一种方法不一定能找到原因，如果遇到这样的疑难故障，就有必要采用“综合法”，即综合运用多种多样的方法来分析、查找故障，从而获得解决问题的方案。基于以上方法可推演出下列几种常用的方法：

（1）最小系统法

出现故障时无法正常开机，此时将机器的所有外设及内部扩充卡全部拔下来，仅保留主机电源、主板、CPU、内存、PC扬声器和键盘，加电仔细观察键盘上的三个LED灯状态，听扬声器发出的声音。正常时会得到如下信息：

① 加电时可以看到键盘上的三个LED灯会同时亮一下。

② 接着会听到扬声器发出一长两短的“嘀”报警声。

③ 会看到Num Lock LED指示灯变亮（一般系统默认）。

若能得到以上信息，表示微机电源、主板、CPU、内存、PC扬声器和键盘都是完好的，若得不到此信息，表示上述部件中有故障，需要进一步更换检查。

（2）最优化系统法

出现故障时基本能开机，此时将微机的所有外设及内部扩充卡全部拔下来，仅保留主机电源、主板、CPU、内存、显卡、显示器、PC扬声器和键盘，然后加电并仔细观察键盘上的三个LED状态，听扬声器发出的声音和看显示器上显示的检测信息。正常时会得到如下信息：

① 加电时可看到键盘上的三个LED灯会同时亮一下。

② 接着会听到扬声器发出一短的“嘀”报警声。

③ 会看到Num lock LED指示灯变亮（一般系统默认）。

④ 同时可看到显示器显示出显卡的BOOT ROM信息。

⑤ 接着换屏显示主板BIOS BOOT ROM启动信息，如CPU类型、内存容量等。

⑥ 接着换屏显示设备类表并同时引导进入操作系统启动界面。

若得不到以上信息，则表示此方法保留下的设备和部件中存在故障，最好再用最小系统法来检查，以确定最小化保留下的设备完好，再用后面的方法发现故障设备。

（3）逐渐扩容法

当确认电源、主板、CPU、内存、显卡、显示器、PC扬声器和键盘都正常时，逐渐增加扩充卡和设备，每增加一个卡或设备后都要加电进行检查，直至故障出现，所增加的卡或设备即为故障位置，更换即可排除故障。

10. ROM程序加电自检法

微机启动时会执行POST程序进行硬件检测。依次对CPU及其基本数据通路、内存储器RAM和I/O接口各功能模块进行检查。如果这些检查测试正常通过，则显示正常信息和发出正常的声响，然后装入操作系统。如果不能通过自检，一般会显示出错标志和发出声响等进行提示，以指出故障部件。根据它给出的提示信息可以大致判断出故障范围。POST的故障信息与PC高级诊断程序的规定是完全兼容的。

运行POST的基本条件是：CPU及其基本的外围电路、ROM电路和至少16 KB的RAM能够正常工作，否则POST程序无法运行。

（1）自检程序（POST）在诊断测试中的应用

微机系统加电开机，当POST诊断正确后，再进行系统配置、输入/输出设备初始化，然后引导操作系统，从而完成启动过程。自检程序随着CPU的升级和发展，其功能模块有所扩充，但为了方便使用和维护，其基本功能和故障代码仍然保持着兼容性。

在测试时一般将硬件分为中心系统硬件和非中心系统硬件及配置硬件，相应地功能也按此进行划分。若测试到的中心系统硬件故障属严重的系统板故障，则系统无法进行错误信息的显示；其他测试到的硬件故障属于非致命故障，系统能在显示器上显示出错代码的信息。为了方便故障诊断，BIOS程序还能根据相应故障部位给出扬声器声音信号。

（2）测试和初始化程序

BIOS按下面的顺序测试和初始化中心系统硬件部件：CPU→ROM BIOS→CMOS RAM→DMA控制器→键盘控制器→基本的64 KB系统RAM→可编程中断控制器→可编程中断定时器→高速缓存（Cache）控制器。

当系统中心硬件测试和初始化完成后，BIOS验证存储在CMOS RAM中的系统配置数据是否同实际配置的硬件一致。然后，BIOS测试并初始化64 KB以上的内存、键盘及硬盘驱动器、显示控制器和其他非系统板硬件。当测试到硬件故障时，BIOS给出相应的出错编码和出错信息。

测试和初始化非中心系统硬件和其他配置硬件的顺序为：CMOS设置参数→显示控制器→64 KB以上的RAM内存→键盘→串行接口电路→硬盘控制器→其他硬件。

从以上顺序中可以了解开机启动期间系统可能出现硬件故障的部位，无任何显示信息一般为中心系统硬件故障，其他则可根据显示信息、相应编码来判断硬件故障部位。

（3）POST错误声音提示

加电自检时，若检测出故障，系统通常会用不同的响声和屏幕提示说明故障存在和故障的类型。自检时发现故障一般以初始化显示器为界限，在此之前出现的故障为致命性故障，之后出现的故障（有屏幕显示）为非致命性故障。出现致命性故障时，系统不能继续启动，微机通过扬声器用“嘟嘟”的报警声来通知用户，用户可以通过这些长短各异的、有规则的声响来判断故障所在，以便及时排除，各类提示的意义如表1-6-1所示。

目前的微机在BIOS中增加了大量的诊断程序，并随时给用户以提示信息，但它需要在POST基本正常的情况下工作。BIOS可以给出相当丰富的出错提示信息，为准确判断故障的范围起到了一定的指导作用，不过这些信息都是用英文显示的，一般只有非致命性故障才会在屏幕上显示提示信息。

如果系统在加电执行POST程序期间发现非致命性故障，则屏幕会显示如下错误信息：

- ERROR Message Line1（错误信息行1）。
- ERROR Message Line2（错误信息行2）。

- Press<F1>to Resume（按【F1】键继续）。

（4）POST错误提示信息分析

这种格式指出了错误信息，并提示按【F1】键继续引导。

如果在BIOS SETUP程序的高级CMOS设置选项中，将“Wait for<F1>if Any Error”选择项设置为“Disable”，则不会出现第三行按【F1】键的提示信息。

出现致命性故障时一般不能显示提示信息，而是用扬声器发出响声来报警。表1-6-1是系统正常和出现故障时的常见提示信息。总之，通过采用上述各种手段进行判断、检查和处理，基本上可以解决微机常见的硬件故障。

表 1-6-1　BIOS 提示信息

BIOS生产厂商	扬声器提示音	正常与故障错误信息
Award	1短	系统正常启动
	2短	非致命错误
	1长2短	显卡错误
	1长3短	键盘控制器错误
AMI	1短	内存刷新失败
	2短	内存校验错误
	3短	基本内存错误
	4短	系统时钟错误
	5短	CPU错误
	6短	键盘控制器错误
	7短	CPU异常中断
	8短	显示内存错误
	9短	RAM BIOS校验错误
	1长3短	内存错误
	1长8短	显示测试错误

6.2　硬件常见故障分析与排除

从硬件故障的部位来看，可分为器件故障、机械故障、介质故障和人为故障四大类。

1. 器件故障

器件故障主要是元器件、接插件和印制电路板引起的故障。器件故障分为电源故障、总线故障、关键性故障和非关键性故障。电源故障是由于电源任何一路无输出或“电源好”信号失效而产生的；总线故障是由于处理器模块损坏及系统总线故障、扩充总线驱动器及扩充总线故障、总线响应逻辑电路及总线等待逻辑电路故障产生的；关键性故障是由于CPU芯片或ROM BIOS芯片、DRAM芯片等出错而产生的；非关键性故障是由键盘控制芯片出错、软盘子系统出错、系统DMA通道控制故障等产生的。

2. 机械故障

机械故障主要是外围设备出错，如磁盘驱动器磁头定位偏移、键盘按键失效、打印机电机卡死或齿轮啮合不好等。

3. 介质故障

介质故障主要是硬盘引导信息丢失、磁盘损伤数据破坏、磁盘被病毒侵袭而造成的故障。

4. 人为故障

人为故障主要是机器不符合运行环境条件要求，或操作不当引起的故障。

6.2.1 电源常见故障

1. 电源接触不良产生的故障

电源接触不良产生的故障即由于电源接头移动或运输颠簸造成松动或接触不好，微机实际上没有加电，开机后机器没有任何反应，此时将电源接头取下来重新插到位即可排除故障。

2. 主板短路造成的故障

如果主板上存在短路故障，则微机加电启动时电源可检测到逻辑短路，同时电源产生保护动作并停止供电，此时应立刻关机检查并排除故障，以免造成更大的损失。

3. 电源输出功率不足产生的故障

微机原本工作正常，当增加扩充卡或扩充设备时产生故障；把扩充卡或扩充设备取下来以后故障消失，再把扩充卡或扩充设备换到其他机器上使用也都正常，说明电源功率不足，只有更换大功率电源才能解决问题。

4. USB接口短路导致的故障

正常工作的计算机，当增加移动设备连接到USB接口上，显示器立即黑屏，同时CPU风扇和其他计算机内部的风扇同时像开机时那样突然高速运转起来，偶尔会有淡淡的焦煳味道，主机不能正常开机，或有些计算机重启后，USB端口不能识别USB设备，产生这样的故障往往是有些主板用料简陋，没有保护电路造成主板的损坏，还有就是主板USB接口的保险丝损坏，仅仅会出现USB端口失效，而主板其他功能正常。说明是主板设计和制造的问题，只要更换主板或保险丝就能解决问题。

5. USB供电不足无法正常识别移动硬盘或多个移动设备增减时移动设备丢失的故障

微机原本工作正常，当增加扩充USB设备时产生故障。这个问题比较常见，移动硬盘表现出来的现象是移动硬盘连接到USB端口上后，会显示有移动设备连接的信息，并同时会听到移动硬盘发出“咔咔”的声响；而其他USB设备表现出的现象是当原有的USB设备在使用时，额外增加其他的移动设备时，可能造成原来的USB设备出现故障，或后增加的USB不能正确识别使用。其主要原因是主板的USB接口供电不足造成的，遇到这类问题可以通过使用带辅助供电的USB线来解决，也可以使用带供电的USB HUB来解决。

6.2.2 CPU和内存常见故障

1. CPU和内存散热不良

CPU和内存条一般都会贴上一些厂商的标签，有些产品经过多个商家后会在上面贴上多个标签，就好像给器件穿上了一件“外衣”，不利于散热，可能会产生过热的故障。

2. 出现提示“Memory parity error detected”后死机

此故障常与微机内存条的质量有关，在系统中如果使用低于标准的器件时就可能出现此故障，有可能是内存条本身品质差造成的，还有可能是使用了不同类型的内存条造成的，更换一条高品质的内存条或更换为相同类型的内存条，即可排除此故障。

3. 微机频繁死机

微机使用了一段时间后经常死机，打开机箱检查发现，CPU散热器温度较高，并且发现风扇转速较低，未达到正常的转速，将此散热风扇更换后故障消失。

6.2.3 主板常见故障

按不同的分类方法，可以将主板故障分为多种类型。

1. 根据故障对微机系统的影响划分

根据故障对微机系统的影响划分，可分为非关键性故障和关键性故障。非关键性故障也发生在系统上电自检期间，一般给出错误信息，可根据错误信息并结合所学过的知识确定故障位置，此类故障一般较容易判断和处理；关键性故障也是发生在系统上电自检期间，一般会导致微机死机，不能显示自检信息，此时判断故障较为困难，可结合前面介绍的方法来确定此故障位置。

2. 根据故障的影响范围划分

根据故障的影响范围划分，可分为部分故障和整体故障。部分故障指系统某一个或几个功能运行不正常，如主板上I/O控制芯片损坏，仅造成I/O部分工作不正常，不影响其他功能；整体故障往往会影响整个系统的正常运行，使其丧失全部功能，例如主板芯片组损坏将使整个系统瘫痪。

3. 根据故障现象是否固定划分

根据故障现象是否固定划分，可分为稳定性故障和不稳定性故障。稳定性故障往往是由于元器件或集成电路功能失效引起的，其故障现象稳定重复出现；而不稳定性故障往往是由于接触不良、元器件性能降低，使系统时而正常，时而不正常。如由于I/O插槽变形，造成显卡与插槽接触不良。

6.2.4 硬盘常见故障

1. 在BIOS中检测不到硬盘

可能的原因有：硬盘接口与硬盘间的电缆线未连接好；硬盘电缆线接头接触不良或者出现断裂；硬盘未接上电源或者电源转接头没有插牢。如果检测时硬盘灯亮了几下，但BIOS仍然报告没有发现硬盘，则可能是：硬盘电路板上某个部件损坏；主板硬盘接口及硬盘控制器出现故障。此时应首先确认各种连线是否有问题，接下来应用替换法确定问题所在。

2. BIOS自检时报告“HDD Controller Failure”

如果BIOS在自检时等待很长时间后出现上述错误提示，可能是因为硬盘数据线接触不良或者接反了。如果在自检时硬盘出现“喀、喀、喀”之类的周期性噪声，则表明硬盘的机械控制部分或传动臂有问题，或者盘片有严重划伤。

3. BIOS时而能检测到硬盘，时而又检测不到

先检查硬盘的电源连接线及数据电缆线是否存在着接触不良的问题，通常此故障会在移动设备后或使用时间长的计算机上出现。另外，供电电压不稳定或者与标准电压值偏差太大，也有可能会引起这种现象。

4. 硬盘出现坏道

首先尽可能备份硬盘中的数据，然后再对硬盘进行低级格式化处理，如果坏道仍然无法完全修复，那只能使用如磁盘等工具软件将这些坏道标识出来，系统以后不再使用这些区域；如果坏道比较集中，也可以在分区过程中安排跳过这一段区域，这些操作可以用磁盘工具来完成。如果坏道较多那还是及时更换为好。

5. 病毒导致硬盘损坏

① 可以选用杀毒软件中的硬盘修复功能来恢复硬盘的引导记录，此时最好用杀毒软件中的相关功能保存分区表的数据，以便在下一步操作出错时可以挽救。用杀毒软件中的功能修复被

病毒破坏的硬盘很有效。

② 也可以用NDD把非主分区中的逻辑盘全部恢复，操作步骤为：用“NDD[盘符]/Rebuild”选定一个盘如D等，然后DNN会自动搜索非主分区，直接选“Yes”即可恢复全部非主分区，大部分数据就能恢复。如果是FAT32就要用32位NDD对硬盘进行处理（注：第一个逻辑盘即C盘，通常是不可恢复的）；按照说明可找回除C盘以外的其他逻辑盘。

③ 也可以下载Fixmbr软件运行，可恢复C盘60%～95%的资料（视破坏程度而定），也可手工恢复，但比较麻烦。用Norton的DiskEdit也可将分区表问题解决。

6.2.5　显卡常见故障

1. 开机无显示

注意有无小喇叭的报警声，如果是有报警声的，显卡故障的可能性会大一些，而且可以从报警声的长短和次数来判断具体的故障。

注意面板的显示灯状态，如果无报警声又检查过内存，可能会是显卡接触不良的问题，往往伴随硬盘灯长亮；还可以看显示器的状态灯，如果黑屏伴随显示器上各状态调节的指示灯在同时不停地闪烁，可能会是连接显卡到显示器的电缆插头松了，或是显卡没有插紧。

出现此类故障一般是因为显卡与主板接触不良造成的，将显卡金手指和主板插槽清洁即可。如果是显卡出现物理或电器损坏，只能更换新产品或者请专业人员维修。对于那些集成了显卡的主板，必须将主板上的显卡选项关闭以后才能使用外接显卡。

2. 显示颜色不正常

这种故障一般是因为显卡与显示器信号线接触不良或显示器故障引起的。

3. 出现异常的竖线或不规则的小图案

这种故障一般是由于显卡的显存出现问题或显卡与主板接触不良造成。

4. 显存引起的集成显卡故障

一块集成了显卡、声卡的主板，在安装好CPU、内存等其他配件后，加电屏幕黑屏无反应，无意间改换了内存条的位置后，屏幕出现开机界面。经检查发现芯片组集成了显卡，若为分享主存类型的主板，要求内存条插在第一个内存插槽中。

5. 电源功率或设置产生的故障

主板提供的高级电源管理功能很多，有节能、睡眠、On Now等，但有些显卡和主板的某些电源功能有冲突，会导致进入Windows花屏的现象。因此在显示不正常时，注意CMOS中电源管理的设置，如果改动了出厂设置，最好把它调整为出厂默认设置；如果就是出厂的默认设置，可以通过把某些项目禁止来排除冲突。

6.2.6　声卡常见故障

1. 声卡无声

装上声卡无声，查看Windows设备管理器中声卡正常，桌面音量控制正常，播放声音文件操作也正常。将声卡驱动程序删除，重新安装驱动程序还是无声，机器运行数分钟很容易死机，但将声卡取下后再开机就不再死机，则说明声卡损坏，更换声卡故障就可以排除。

2. 声卡的IRQ与其他设备的IRQ发生冲突

声卡一般要占用一个IRQ值，这样就有可能和其他的扩充设备发生IRQ值冲突，此时最好用MSD或其他工具软件检查系统IRQ占用情况，然后把发生冲突的设备设定为空闲即可解决冲突故障。

3. 声卡驱动程序安装不正确

声卡驱动程序安装不正确会造成声卡无声。主板集成AC'97声卡，安装了驱动程序，但声卡不发声，运行DirectX诊断工具里的声音诊断功能，在测试时显示“此声卡不支持硬件缓冲”功能的信息，可能是软件缓冲区太小，打开“控制面板”中的“多媒体属性”，进入“设备”选项卡，将“媒体控制设备”项展开，然后打开“波形音响设备”对话框中的“设置”选项，设置软件缓冲数据内存容量为9或更大，应用后故障解除。

6.2.7 显示器常见故障

1. 开机图像模糊

开机图像模糊，需要等十几分钟后才逐渐清晰，这是由于机器受潮漏电导致聚焦电压跌落。如果用加热烘干方法或调聚焦电压的方法来处理这种故障，虽能应付当时，但是不能从根本上解决问题，只有更换显像管管座才能彻底解决问题。

2. 缺色或图像上下滚动

由于使用者操作不当或紧箍件松动，使得显示接口松动，可造成显示器显示缺色或图像上下滚动，检查后将松动的接口插紧，故障即可排除。

3. 显示器不亮或显示器信号指示灯不变绿

当显示器电源接触不良时显示器不会亮，显示器电路损坏时显示器也不亮；若显示器电源接触不良时，显示器的LED也不会正常变绿。

4. 图像在屏幕上偏移

这种情况往往出现在玩游戏时。这是由于游戏所使用的显示分辨率和刷新率与当前状态下显卡的显示模式不同造成的。可以通过调节显卡或显示器来解决问题，现在大多数显示器是数控调节的，可自动记录当前分辨率与刷新率下的屏幕位置，从而可以解决屏幕偏移的故障。

6.2.8 键盘、鼠标常见故障

1. 键盘击键和鼠标移动不灵活

在使用一段时间后发现键盘击键不良和鼠标移动不灵活，这往往是由于使用时间久了污垢太多所造成的，一般情况下用脱脂棉蘸无水酒精清洗后即可排除故障。

2. 微机无法识别鼠标

当移动鼠标时发现没有鼠标，此时要检查鼠标接口，看是否接触良好，然后检查CMOS设置是否正确，若以上都正确则有可能是鼠标连线断了，更换鼠标即可。

3. 微机无法识别无线鼠标

当增加无线移动鼠标后发现没有鼠标可用时，此时要检查鼠标无线发射接口模组，看是否接触良好，然后检查无线鼠标与接口模组是否做过对码操作，然后再到设备管理器中检查无线模组是否驱动正确。若以上都正确则有可能是无线鼠标损坏，更换即可。

6.2.9 综合类常见故障

1. 微机无法正常启动

（1）黑屏现象

开机后突然出现“黑屏”的时候，请注意听一下PC喇叭是否有报警声音。如果有报警声音，根据声音的长短便可以初步判定出现问题的硬件部位。例如，开机时PC喇叭报警声为一长二短，那么就可以判断出问题发生在显卡上。

如果开机时PC喇叭报警声不是一长二短，而是一阵急促的短鸣，也是黑屏，那么根据现象可以大致判断是内存有问题。解决办法就是把它们拔出来然后再重新插入，注意插的时候一定要一插到底，并将内存槽两侧的卡子卡牢。

还有一些黑屏现象不会报警，此时只能用“排除法”来具体问题具体分析。先检查电源接线板是否有问题，将微机的有关配套部件拆下，换上另外一些能够使用的设备来检查一下电源接线板是否正常。如果电源接线板没有故障，则按正常的程序检查微机电源与主板之间的连接是否正常，即主板供电是否正常。如果没有接错，就应该检查电源是否烧了，如果电源烧了，电源风扇也会停转。一些早期的机箱电源常常会出现供电不足的情况，如果怀疑是这种问题，把所有的硬盘、光驱的电源线都拔出，然后重新启动微机，耗电大幅降低后，看问题是否得到解决。如果问题仍然不能解决，就要检查主板BIOS是否被病毒破坏、主板上是否有焊接不良或短路的地方。

（2）蓝屏现象

与黑屏不同，蓝屏现象大多数是进入了Windows系统之后出现的故障，此故障现象往往会在屏幕上出现很多有关此次蓝屏故障原因的相关信息。如果是经常在操作过程中出现蓝屏的错误提示，这种故障基本上是由于内存或下列原因引起的：

① 硬盘坏道引发蓝屏故障：如果在访问硬盘的过程中，突然访问到磁盘的坏道区域时，就可能导致计算机系统发生蓝屏故障；为此当碰到系统蓝屏故障时，应该先依次选择“开始”→“程序”→“附件”→“系统工具”→“磁盘扫描”命令，打开“磁盘扫描”对话框，然后选择当前访问磁盘所对应的分区符号，并对它执行磁盘扫描操作。倘若发现目标硬盘的确有坏道存在，可以尝试在对磁盘分区时将坏道隐藏起来或分出去，然后将计算机的操作系统重新安装一遍，这样就能有效解决系统蓝屏故障了。当然，如果发现坏道出现在以前的C盘分区中的话，那么在重装操作系统时应该尝试将系统安装在其他分区中，例如可以考虑安装在D分区或E分区中。

② 线缆老化引发蓝屏故障：对于移动硬盘来说，如果其使用的USB连接线缆使用时间比较长，很容易发生老化现象，而老化了的数据线缆很难保证硬盘能够稳定地传输数据。因此在发生系统蓝屏故障时，应该先确认一下当前移动硬盘的连接线缆是否已经老化，如果已经处于老化状态的话，必须及时更换一条连接线缆。当然，在辨别连接线缆是否老化时，可以仔细观察连接线缆的表面是否有太多的裂痕，要是发现裂痕较多，那几乎就能证明移动硬盘的连接线缆已经处于老化状态了。另外，连接移动硬盘的USB连接线缆长度最好不要超过1 m，不然的话硬盘传输数据将变得很不稳定，十分容易导致系统发生蓝屏故障，这样一来就要求尽量不要使用USB延长线来连接移动硬盘。

③ 供电不足引发蓝屏故障：如果移动硬盘的容量较大，而没有使用独立的电源进行供电，那么访问这样的移动硬盘时就比较容易出现蓝屏故障。当出现由于供电不足的原因而引发的蓝屏故障时，可以尝试使用外接电源增加移动硬盘的供电。另外，如果在使用移动硬盘的时候计算机还同时使用其他几个USB设备，那么移动硬盘很有可能无法从计算机系统中得到足够的电源动力，这样也能造成读写移动硬盘时发生系统蓝屏故障；遇到这种现象时，可以想办法将那些平时用得比较少或者暂时用不着的USB设备从计算机上拔下来，确保只留下移动硬盘一个设备，以便保证主板能为其单独进行供电。

④ 驱动不兼容引发蓝屏故障：在确保电源供电充足的情况下，如果将移动硬盘一插入到计算机的USB接口中时系统就发生蓝屏故障，那多数情况是USB接口的驱动程序与计算机主板驱动程序不相兼容造成的，因为Windows系统内置的USB接口驱动程序相对来说比较旧，这就有可能与某些新主板的驱动程序不完全兼容。为此，当发生由驱动不兼容而引发的蓝屏故障时，可以尝试先将Windows系统更新到最新版本，然后再更新主板的驱动程序，最后再安装移动硬盘自带的USB端口程序，这样就能消除由驱动不兼容而引发的蓝屏故障了。

⑤ 插拔不当引发蓝屏故障：许多人在使用USB接口的移动硬盘时，总错误认为移动硬盘是一种热拔插设备，支持任意方式、任意时间的拔除，殊不知在移动硬盘正在读写数据的那一瞬间拔除USB移动硬盘，就可能造成系统发生蓝屏故障，严重的话可能会损坏移动硬盘。在拔出移动硬盘之前，一定要先让移动硬盘停止读写操作，等到屏幕出现安全拔出的提示时，才能对移动硬盘执行拔出操作。在停止硬盘读写操作时，可以先双击系统任务栏处的“安全删除硬件”图标，然后从弹出的快捷菜单中选择“安全删除……”命令，等到屏幕出现可以安全地拔出设备的提示时，再小心地将移动硬盘从计算机的USB端口中拔出来。

此外，如果在比较短的时间内对移动硬盘进行频繁插拔，也容易造成系统蓝屏故障，这是因为当插入移动硬盘后，Windows系统并不会立即识别出移动硬盘，而需要一定的时间来进行响应，如果在系统还没有来得及响应之前又将移动硬盘拔出来，系统就容易出现识别混乱，最终可能引发蓝屏故障。因此一旦插入移动硬盘后，至少要有一分钟以上的时间间隔才能将移动硬盘从计算机的对应端口中拔出来。

2. 硬件冲突方面的故障

安装了Windows的用户经常会碰到各种各样的硬件冲突问题，这些是在Windows操作系统中最常见也最突出的问题。

如果遇到这种情况，用户进入控制面板中的“系统”，从中可以发现硬件列表中有黄色叹号或者问号，出现这种情况，会提示用户该硬件不能使用，而这类问题最基本的解决方法就是安装该类硬件比较新的驱动程序。如果用这种方式重新安装系统后问题仍然存在，那么把该类硬件在可选列表中自行删除，然后重新启动机器，进入系统后会自动进行搜索，然后要求用户标明驱动程序的安装路径，输入新驱动程序的路径后系统便进行以后的工作，这样操作可以解决大部分的硬件问题。全部操作完毕后如果问题依然没有解决，这时可以进入系统，具体查看一下该硬件属性中的设备，在系统中会标出硬件问题是在哪个中断口与哪一个硬件发生冲突。此时建议用户关闭微机，拆除该硬件，然后进行手动跳线。声卡、Modem、网卡、SCSI卡都可以靠此类方法解决一些问题。如果此时显卡和PCI声卡还不能以手动方式解决问题，安装主板驱动程序。

3. 硬件无法正常工作

硬件要正常工作需要驱动程序的支持，这种由于驱动程序的原因而导致硬件无法正常工作的问题，几乎所有的硬件产品都有涉及，也是值得关注的。

除了硬件驱动方面的原因，地址的更换也是导致硬件无法正常工作的一大主要原因。举个例子，一台微机已经安装了一块SCSI卡，各种硬件也始终能够正常工作。但后来由于种种原因，用户需要把SCSI卡拆除，这时一些硬件由于变换了插槽，系统启动后会报错。这种情况是因为拆除了SCSI卡和硬件更换了插槽，系统分配的中断口已经变动，而系统列表中仍然还存在着SCSI卡，它占用了其他硬件正确的中断口，只要在系统列表中把该SCSI卡删除就能解决问题。同样，硬件变动了插槽或者已经拆除，就需要在系统列表中重新设置硬件资源或者删除已经拆除的硬件资源。

4. 程序运行时出现的故障

程序在运行中报错是出现最多的问题。本书仅介绍由于硬件问题而引发的程序运行故障。此类问题经常会发生在一些3D加速卡、PCI声卡上，而这类问题最多、最明显的表现方式就是在游戏运行过程中频繁死机。造成这一问题的原因，主要是由于游戏源程序在设计时忽视了与最新图形芯片的配合，因此游戏本身在硬件的兼容性和支持度上不够理想，也影响了产品性能的发挥。再如PCI声卡在某些应用程序、游戏运行中都可能会突然“爆音”或“悄无声息”，这种问题有时可以通过安装新的驱动程序来解决，有时也可以通过随产品附送的设备加以解决。

5. 操作过程中未知操作引起的“硬件故障”

Windows的计算机在开机时蓝屏，并且显示的错误码是“STOP: c0000218 Unknown Hard Error c0000218 Unknown Hard Error”然后系统从1～100重复检测。安全模式也是同样的问题。此故障一出现往往被用户认为是硬件的故障。根据微软的解释，发生c0000218 unknown hard error 蓝屏故障的主要原因是由于非法关机导致注册表写入错误。具体是注册表的Software文件（C:\Windows\System32\Config\下）已经损坏，在备份的时候，显示“循环冗余”检查错误。遇到此故障可以首先使用UltraISO+WinPeBoot.iso制作U盘启动盘。然后进入BIOS中设定USB-HDD优先启动。接着使用上面的U盘启动，进入系统后在U盘中找到FINALDATA，并且启动运行该软件。运行该软件后打开文件，选择在目录中找到C:\Windows\System32\Config下的Software、Software.log和system.log文件，分别选中这三个文件右击，在快捷菜单中选择“恢复”命令，并另存到其他一个位置；这个时候将恢复后的Software和Software.log这两个文件复制到\Windows\System32\Config目录中；最后退出U盘启动的PE，重新开机启动就可以解决此故障。

还有一种与上面类似的启动后出现蓝屏故障，且系统报Stop:c0000218 Unknown Hard Error Begining dump of physical memory，然后系统从1～100重复检测。安全模式也是同样的问题。用Windows安装光盘无法进入修复Windows的选项，于是使用Windows PE盘，在Windows PE下使用命令提示符C:\windows\chkdsk.exe/r，系统进行自动检查和修复，时间可能比较长，检测完了以后会修复一些错误，然后重新启动故障消失。本故障是系统的注册表文件损坏，或者是系统碎片太多造成的，在使用chkdsk.exe/r命令时将此故障修复。

除此之外，有的微机在进入Windows/××××后会突然报出“注册表出错，请重新启动计算机……”等提示语句。根据提示推测，问题的主要原因很可能是出自主板上的Cache，解决的办法就是进入BIOS设置，然后将主板上的Cache关闭；如果主板上没有Cache，则检查内存和CPU的外部Cache（即把BIOS设置项目中的外部Cache关闭）；否则就检查相应的系统安装盘是否为正版的，并且要检查对应的系统驱动程序的正确性。

总之，在进行硬件故障处理时，一定要根据观察到的现象，先想好怎样做，从何处入手，然后再实际动手；也可以说是先分析判断，再进行维修；其次，对于所观察到的现象，尽可能地先查阅相关的资料，看有无相应的技术要求、使用特点等，然后根据自己的经验和查阅到的资料相结合，再着手进行处理；最后，在分析判断的过程中，要根据自身已有的知识、经验来进行判断，对于自己不太了解或根本不了解的故障，一定要先向有经验的人或技术支持工程师咨询，寻求帮助。

6.3 系统软件常见故障分析与排除

6.3.1 系统ROM BIOS常见故障

1. 病毒引起的故障

当微机感染了CIH病毒时，在每年的4月26日或每月的26日，此病毒发作破坏BIOS程序，造成微机不能启动，也可能破坏硬盘的数据，给用户带来严重的后果。若出现此故障可用KV、KILL、金山毒霸或瑞星等杀毒软件来修复，往往可找回大部分数据。

2. 人为产生的故障

ROM芯片的抗静电能力较弱，大约只有几十伏，若操作者不慎带入静电，有可能将ROM芯片烧毁，使微机无法正常启动。重新更换ROM BIOS芯片即可排除此故障。

3. 升级时误操作导致的故障

主板ROM BIOS在设计中可能会存在一些小问题，一般情况下，主板生产商会采取一些补救措施，即升级ROM BIOS。但在升级时必须使用原厂商的BIOS程序，如果不注意使用了一些代用的程序，或在升级中突然中断操作，BIOS程序未完成更新，就会造成微机无法正常启动，此时需更换一块新的ROM BIOS芯片，故障即可排除。

4. 器件本身及操作不当产生的故障

用户在操作中正常开关机时，可能会由于器件本身性能差造成数据丢失，或者在使用中突然掉电造成数据丢失。若丢失的只是设置参数，则重新设置即可；若丢失的是ROM BIOS程序，则需更换新的ROM BIOS芯片。

6.3.2 CMOS设置常见故障

1. 硬件设置不正确

微机在扩充设备时，一般要相应地更改CMOS中的设置，若使用的设备与设置不符就会造成硬件不能正常使用。要仔细察看硬件的标示并按标示去设置该设备，如有的硬盘在某些主板上不能自动识别，就需要根据硬盘上标示的参数进行手工设定。

2. 安装了硬件而未设置

微机在安装了新的设备后忘记了更改设置，此时就有可能出现硬件虽然安装了但不能使用。例如安装光驱后，如果不在标准设置中设置光驱或整合设置中设置光驱，设备将会无法使用，重新进行设置后，故障即可排除。

3. 未安装硬件而进行了设置

在拆卸了某些设备后，却忘记了更改设置时，就有可能出现硬件虽然拆了但设置还在，例如光驱取下后，在标准设置或整合设置中光驱设置都在，微机在启动检测时会出现错误故障信息，或启动到某个位置停止等待处理，重新在标准设置中把光驱设置为禁止，即可排除故障。

4. 供电不足所产生的故障

开机提示CMOS出错，每一次开机系统在检测完内存后，就会出现“CMOS checksum error-defaults loaded”。然后按【F1】键可以继续或是按【Delete】键进行设置。这种现象一般是因为主板CMOS电池电量不足所引起的，需要更换新电池。

5. 电源管理设置所引起的故障

微机安装操作系统后，不能正常实现软关机，需要用电源开关强行关机。此时检查CMOS

SETUP中电源管理的ACPI项目，禁止或允许状态重新设置，也可恢复CMOS出厂设定值，一般软关机故障即可排除。

6.3.3　系统文件的备份与恢复

1. ghost 命令

诺顿硬盘克隆工具Ghost可以将整个硬盘的备份。

2. 系统还原卡

联想独创的“宙斯盾”（Recovery Easy）可以为用户提供硬盘数据备份与恢复、CMOS设置备份与恢复以及多重引导等功能。“宙斯盾”采用了Build-in BIOS技术，其各项功能，包括分区备份/恢复的程序都内置在BIOS中。“宙斯盾”就是在当前分区中另外划分一块相同大小的空间，将分区中的数据完整地备份下来，称作镜像分区，这块镜像分区作为硬盘的保留空间是不会被其他程序访问到的，从而提供恢复的条件。

3. 利用主板内置工具进行硬盘备份

一些主板的BIOS中内置了一个“数据保险柜”程序，使用该程序可对硬件上的数据进行备份。由于是在CMOS中操作，程序的运行不受操作系统的影响，且其备份的文件在操作系统中是隐藏起来的，这使得备份安全性有了极大的提高。

开机进入BIOS设置，在“Advanced BIOS Features”中有一项“HDD Instant Recovery”，主板默认为关闭，打开之后就可以使用这项非常强大的硬盘工具了。

打开之后，重新启动机器，自检完成后，就显示了一个新的界面，这就是“HDD Instant Recovery”的安全界面，因为系统还没有启动，所以安装程序是在BIOS中的硬盘工具，可以把【Alt】和【F1】~【F6】等功能键搭配使用，六种组合分别代表不同的功能。

（1）Backup System（备份系统）

这个功能可以把C盘的资料备份起来，当硬盘的系统文件被破坏时，就可以使用这个备份来恢复。按【F1】键后，屏幕就会提示把C盘的数据备份在某个硬盘分区内。这些备份文件可存放在任何一个硬盘分区里，然后隐藏起来，在Windows操作系统下看不到这些文件，也不能把文件删除，所以这些备份文件是非常安全的，病毒当然也无法感染。此外，把数据备份在C盘后，如果又把C盘格式化，也可以通过它的恢复功能马上恢复。如果用FDISK重新分区后，也可以恢复它的数据。不过，这里要注意的是，它只能对第一个分区进行备份，备份数据可以放在其余任何一个分区，但要求目的分区的剩余空间能装得下需要备份的数据。

（2）Disk Information（硬盘信息）

此项可以看到计算机上安装的所有硬盘的分区情况，包括磁盘的每一个分区的大小、已经使用的空间和使用的文件系统都可以显示出来，如果安装了多个硬盘，同样也可以把每个硬盘的详细信息显示出来。

（3）Restore System（恢复系统）

这个功能可以迅速把被破坏的系统恢复过来，就算硬盘被格式化或重新分区也可以恢复，而且恢复的速度比较快。

（4）Defragmenter（整理磁盘碎片）

和操作系统自带的磁盘文件碎片整理工具一样，这个功能也可以对硬盘进行整理，速度也比较快。

（5）Hard Disk Copy（硬盘备份）

与诺顿的硬盘克隆工具Ghost功能一样，使用组合键也可以实现硬盘的相互备份。它可以同时备份三个硬盘，但是它需要同样大小、同样规格的硬盘。

（6）Uninstall（卸载）

如果不想使用这项功能，也可以将它卸载，卸载完了之后，在BIOS内关闭这项功能，再开机时也就不会出现问题。

6.3.4 磁盘数据的恢复

1. 病毒侵害后的恢复

基于目前很多病毒具有破坏硬盘分区表的能力，因此，一定要养成备份硬盘主引导信息、分区表、重要数据和建立还原点的良好习惯，一旦出现故障，恢复起来要容易得多，还要装一套带有实时监控和查杀功能的杀毒软件和防火墙，另外准备一套带有恢复硬盘引导信息分区表信息功能的杀毒软件，如KV、瑞星、360等，并注意及时升级杀毒软件的病毒库。

2. 其他原因造成磁盘数据的恢复

通常情况下用户在使用计算机时可能会造成计算机磁盘中的数据丢失，这时可以使用一些恢复工具将丢失或损坏的数据进行恢复和修复，比如FINALDATA、EASYRECOVERY等工具。

6.3.5 Windows系统常见故障

1. Windows常见的启动故障和关机故障

Windows系统死机的原因较为复杂，因为Windows在系统引导时要经过硬、软件检测过程。在该过程中，检测出任何问题都可能引起系统工作不正常。

（1）系统一启动就死机

这种故障大多数是因为硬件安装或设置有问题，可按下列步骤排除：

① 禁止32位磁盘存取。如果硬盘不支持32位存取方式，那么系统会在启动过程中挂起，可以采取以下措施：在系统引导过程中，当出现Chkdsk.exe/r时，按【F8】键，进入“Safemode”（安全模式）启动系统，单击“开始”→“运行”，在“打开”框中输入“Msconfig”，然后单击“确定”按钮，再单击“高级”，选中“强制兼容方式磁盘访问”复选框，单击两次“确定”按钮，系统提示重新启动计算机，单击“是”按钮，重新启动系统。如果微机正常启动，则说明硬盘不能支持32位存取方式。

系统无法进入安全模式，可按【F8】键，通过“Command prompt only”项进入DOS状态，出现DOS提示符后，输入“WIN/D:F”来启动Windows。如果成功，说明系统拒绝采用32位磁盘存取模式来运行Windows。

② 基于BIOS的磁盘操作。若以上办法不成功，Windows需要使用基于BIOS的磁盘操作系统，运行“Msconfig”的步骤同上，只需单击“高级”，选中“禁用虚拟HD IRQ”复选框。如启动成功，说明系统要求基于BIOS的磁盘操作。

若系统无法进入安全模式，则可按【F8】键，通过“Command prompt only”项进入DOS状态，出现DOS提示符时，输入“Win/D:V”。若启动成功，那么可在System.ini文件中的[386Enh]项目后面加入下列设置：VirtualHDirq＝0。

③ 禁止Windows使用ROM断点。一个ROM断点是BIOS中的一个地址，它含有Windows从安全模式转换成实模式时所使用的指令。一般情况下，Windows在指定地址寻找那些断点指

令。但是，如果使用了第三方内存管理程序时，须禁止使用ROM断点。禁用系统ROM断点的步骤与上面相同，只需单击“高级”，选中“禁用系统ROM断点”复选框。如启动成功，说明系统不能使用ROM断点。

若系统无法进入安全模式，则可通过“Command prompt only”项进入DOS状态，出现DOS提示符时，输入“WIN/D:S”，如启动成功，那么可在System.ini文件中的[386Enh]项目后面加入下列设置：System ROM Break Point＝0。

④ 禁止Windows使用视频卡内存。系统无法使用视频卡内存可能引起启动失败，可将其设置为禁止使用。禁止使用视频卡内存的步骤与上述方法一样，仅仅在“高级”选项中，选中“EMM不包含A000～FFFF”复选框即可。

若系统无法进入安全模式，也可用与上面相同的方法进入DOS状态，出现DOS提示符时，输入“Win/D:X”，如果启动成功，那么可在System.ini文件中的[386Enh]项目后面加入下列设置：EMM EXclude＝A000～FFFF。

（2）Windows 7和Windows 10双系统安装和启动菜单调整

安装Windows 7和Windows 10双系统时最好采用从低版本到高版本的顺序进行安装，一般是Windows 7下安装Windows 10，现在假设硬盘是正常的驱动器安装和使用顺序，对可能遇到的双启动问题给出如下常用的解决方法，当然这些解决方法并非是唯一的。

① 先安装好Windows 7到C盘，C盘的分区采用FAT32或NTFS均可，一般建议是采用NTFS，因为之后安装Windows 10是在D盘，必须为NTFS，Windows 7具体安装步骤本书不再讲解。

② 开始安装Windows 10，先启动进入Windows 7后，使用Windows 10安装光盘或者使用虚拟光驱加载Windows 10光盘镜像，单击Setup.exe，选择“现在安装”，接受Windows 10安装许可协议，选择安装类型为自定义安装Windows 10。做双系统要全新安装，为了一次安装后自己进行更新，所以选择“不获取最新安装更新”；选择安装驱动器，注意这里请把D盘提前格式化（如果D盘原来是FAT32分区且有资料一定要先备份，防止丢失数据，安装Windows 10必须格式化成NTFS分区），在这个位置仍然可以手动去格式化D盘（方法：按下键盘上的Windows徽标弹出“开始”菜单，打开计算机驱动器控制界面，右击要格式化的磁盘，在快捷菜单中选择“格式化”命令即可），开始安装Windows10，中间会有若干次重新启动，在最后一次重启时候，需要进行以下设置内容：语言设置请选择中文，计算机名设置为计算机名称（拼音或英文均可），密码设置管理员密码，输入密钥（取消设置图中的自动激活项，先不输入密钥，进入系统后再输入），设置Windows（使用推荐设置），设置日期时间，进行网络设置（一般选择工作网络），最后完成设置。

这些设置步骤都很简单，同安装单独的Windows 10步骤类似。Windows 10安装完成后会自动修改系统启动菜单为Windows启动管理器控制并加入启动转向菜单，对于早期的Windows操作系统都是显示为“早期版本的Windows”。至此，双系统安装完成。

注意在Windows 10下调整默认启动项及启动等待时间。在控制面板中选择“系统和安全”→“系统”，在其下选择“高级系统设置”→“启动和故障恢复”→“设置”，在“默认操作系统”选项中选择需要的系统，并调整“显示操作系统列表的时间”框中的数值为合适的时间，最后单击“确定”按钮确认更改完成。

（3）Windows系统启动时出现NTLDR is missing的错误

Ntldr文件丢失：这个文件位于C盘根目录，只需要从Windows安装光盘里面提取这个文件，然后放到C盘根目录上即可。

2. Windows常见的关闭故障

（1）Windows不能正常关机

Windows不能正常关机的原因主要有：操作系统及主板对ACPI或APM支持不够完善；主板之外的各种硬件对ACPI或APM支持不够完善；硬件驱动程序的BUG；主板的BIOS需要改进；关机前有一些常驻内存的程序不能退出并与系统的关机进程有冲突；病毒；磁盘子系统的故障，如磁盘驱动程序与系统兼容性不够好等。

首先进入主板的CMOS设置界面，在Power management里将PM control by APM关闭，启动进入系统后，再关机。再启动Windows，进入控制面板下的“电源管理”，单击“休眠”选项，此时“启用休眠”处于未选中状态，选中“启用休眠”，仍未能见效。重新进入控制面板里的“电源管理”，单击“高级电源管理”子页，系统显示：本机支持高级电源管理（APM），使用APM可降低系统的电源损耗。而此时“启用高级电源管理支持”处于选中态，取消选择“启用高级电源管理支持”。

如果微机连网或者连着USB设备，那么BIOS的设置不对很可能会导致不能正常关机。一般而言，旧主板容易出现这种故障，在BIOS里面禁掉网络唤醒和USB唤醒选项即可。

（2）高级电源管理休眠与等待引起的故障

“开始”菜单中，“关闭Windows”选项中的等待或是休眠不见了，是什么原因呢？有可能是BIOS的电源管理功能被关闭了，打开Power Management即可。以Award的BIOS为例，开机后按【Delete】键进入COMS Setup：进入“Power management Setup-Powermanagement”，设为“Enable”“Min Saving”“Max Saving”“User Define”都可以，但不能为“Disable”。

也可能是临时空间不够了。休眠功能需要和物理内存相等的磁盘空间，并且是设置在安装Windows的分区上的，如果该分区空间不够，休眠功能会被自动关闭，当然就在菜单中消失了。如果用低版本的Windows，禁用虚拟内存也会引起“待机”选项消失。

一般说来，自动关机、等待、休眠等功能的异常，都是由于电源相关的选项设置不当或不兼容引起的，在BIOS中调节一下Power Management或下载主板的补丁即可解决。

（3）声音文件被破坏引起的故障

打开“控制面板”中的“声音”，在事件表里单击“退出Windows”项，在“名称”栏选择“无”，单击“确定”按钮保存设置，然后关闭系统看是否能正常退出，如果能正常退出，则应更换声音文件。

（4）logos.sys文件引起的故障

logos.sys是图像文件，作用是显示提示“现在可以安全地关闭计算机了”。如果该文件损坏，则关机时将不出现提示信息。解决方法是将logos.sys文件删除，然后从别的相同的Windows系统中复制该文件到Windows子目录下。

（5）利用Bootlog.txt文件确定故障

利用Bootlog.txt文件有助于确认无法正常关闭的故障原因。使用文本编辑器，如“记事本”打开文件，检查Bootlog.txt文件中的“Terminate=”条目。这些条目位于文件的结尾，可为问题的解决提供一定的线索。

如果Bootlog文件的最后一行为下列某项目，则应检查所列出的可能原因：

- Terminate=Query Drivers，内存管理程序有问题。
- Terminate=Unload Network，与Config.sys中的实模式网络驱动程序冲突。

- Terminate=Reset Display，可能需要更新视频驱动程序。
- Terminate=RIT，声卡或鼠标驱动程序存在与计时器有关的问题。
- Terminate=Win32，与32位程序有关的问题阻塞了线程。

3. 其他常见问题及处理

（1）在使用计算机时Edge出错

Windows的系统文件保护功能涵盖了Edge最主要的一些文件，因此需要修复Edge的时候不会很多。但是，如果Edge表现不正常，而且Windows的系统文件保护功能也无能为力，这时就需要重新安装Edge。建议从微软官方网站下载最新的Edge安装包进行修复或安装。

（2）磁盘空间清理

Windows系统使用一段时间以后，发现硬盘空间少了很多。其实这不是故障，系统还原功能是Windows系统的一个重要特色，它可以在Windows运行出现问题后将系统还原到以前正常的状态。不过因为Windows要记录操作以便以后还原，随着使用时间的增加，用来保存数据的硬盘空间会越来越多。如果想取消这项功能，可以右击“此电脑”图标，在快捷菜单中选择“属性”命令之后会弹出系统属性对话框，这时在“系统还原”选项卡下选中“在所有驱动器上关闭系统还原”复选框，这样就屏蔽了系统还原功能，也释放了大量宝贵的硬盘空间。

另外，微机在使用过程中，会产生大量的临时文件，可以使用一个程序段来清理这些临时文件。

清理程序如下（QINGLICHENGXU.BAT）：

```
@echo off
echo 正在清除系统垃圾文件，请稍候......
del /f /s /q %systemdrive%\*.tmp del /f /s /q %systemdrive%\*._mp del /f /s /q %systemdrive%\*.log del /f /s /q %systemdrive%\*.gid del /f /s /q %systemdrive%\*.chk del /f /s /q %systemdrive%\*.old
del /f /s /q %systemdrive%\recycled\*.* del /f /s /q %windir%\*.bak
del /f /s /q %windir%\prefetch\*.*
rd /s /q %windir%\temp & md %windir%\temp del /f /q %userprofile%\cookies\*.*
del /f /q %userprofile%\recent\*.*
del /f /s /q “%userprofile%\Local Settings\Temporary Internet Files\*.*” del /f /s /q “%userprofile%\Local Settings\Temp\*.*”
del /f /s /q “%userprofile%\recent\*.*”
echo 清除系统LJ完成!
echo. & pause
```

（3）Windows中无法删除文件

出现这类问题一般有以下几种情况：

- 位于NTFS文件系统上，而使用了ACL（access control list），没有权限访问要删除的文件。
- 文件正在被另外的程序使用。
- 文件系统损坏导致无法访问要删除的文件。
- 文件的路径太长导致无法访问。
- 文件名使用了非法的字符或Windows保留关键字。

解决这些问题的可能方法如下：

- 可以使用管理员账户通过重新设定ACL的方法获得访问权限。
- 找到使用被删除文件的程序并将其关闭。
- 检查文件系统，排除错误。
- 路径过长，超过了大多数Windows所能接受的255个字节（NTFS文件系统没有这个问题）。因为Windows认为这个命名是不合法的或这个命名与硬件设备有关。

（4）浏览器主页被不良网站篡改了，主页选项是灰色的，无法更改，注册表无法打开

这是使用浏览器上网比较常见的问题，首先应该养成良好的上网习惯，这样才能比较好地防止这种问题的发生。要解决这个问题的方法很多，登录专门修复主页的网站进行浏览器修复就是比较简便的方法。

6.3.6 Windows系统特殊维护

1. 删除系统中不必要的备份文件

（1）删除系统文件备份

在系统文件中的“system32\dllcache”目录里，有大量的文件，它们是Windows系统文件的备份。当Windows的系统文件被替换、删除或修改时，Windows可以自动从中提取出相应的系统文件还原，从而保证系统的稳定性。该文件夹不能直接删除，而是在命令提示符后输入Sfc.exe/purgecache命令清除。

（2）删除驱动备份

删除Windows 10系统目录中“C:\Windows\System32\drivers”目录下的多余的驱动备份文件，该文件保存着硬件驱动程序的备份，一般情况下不使用。

（3）删除无用的输入法

在“Windows\ime\”文件夹保存有输入法相关的文件，其中的繁体中文、日文、韩文输入法对大部分人都没有用，可将“chtime”“imjp8_1”“imkr6_1”三个目录删除，它们分别是繁体中文、日文、韩文输入法，这样可以节约部分硬盘空间。

（4）删除帮助文件

在使用Windows的初期，系统帮助是非常有用的，但随着对系统越来越熟悉，帮助文件也就越来越多余，此时可以考虑将其删除。Windows的帮助文件均储存在系统安装目录下的Help文件夹下，可将其下的文件及目录全部删掉。

2. 减少系统占用的硬盘空间

（1）关闭系统还原

系统还原可以将计算机返回到一个较早的时间（称为“还原点”）而不会丢失最近的工作，但使用的时间一长，它会占用大量的硬盘空间。

打开“系统属性”对话框，选择对话框中的“系统还原”选项卡，选择“在所有驱动器上关闭系统还原”复选框以关闭系统还原。如果不关闭系统还原功能，可仅为系统所在的磁盘或分区设置还原。先选择系统所在的分区，单击“配置”按钮，在弹出的对话框中取消“关闭这个驱动器的系统还原”选项，并可设置用于系统还原的磁盘空间大小。

（2）关闭休眠支持

休眠功能会占用不少的硬盘空间，如果使用得少不妨将其关闭，关闭的方法是：打开“控制面板”，双击“电源选项”，在弹出的“电源选项属性”对话框中选择“休眠”选项卡，取消

选中“启用休眠”复选框。

（3）减小或禁止虚拟内存

在系统的物理内存比较大时，可以考虑减少虚拟内存的数值甚至取消虚拟内存，在拥有8 GB物理内存时可将虚拟内存设为物理内存的一半，即4 GB。

3. 清除临时文件

（1）清除系统临时文件

系统的临时文件一般存放在两个位置中：一个Windows安装目录下的Temp文件夹；另一个是X:\Documents and Settings\"用户名"\Local Settings\Temp文件夹（X:是系统所在的分区）。这两个位置的文件均可以直接删除。

（2）清除Internet临时文件

打开IE浏览器，从“工具”菜单中选择“Internet选项”命令，在弹出的对话框中选择“常规”选项卡，在“Internet临时文件”栏中单击“删除文件”按钮，并在弹出“删除文件”对话框中选中“删除所有脱机内容”复选框，单击“确定”按钮。

4. 高版本Windows如何修复系统默认文件关联

当无意中破坏了系统默认的文件关联，再打开文件的时候就会出现答非所问的情况。在Windows 7中修复文件关联较为麻烦，必须按照如下方法才能够修改成功文件关联：

在“开始”菜单的搜索框中输入“cmd”，在弹出的窗口中按如下格式输入：

```
assoc.XXX=XXXfile
```

XXX代表文件类型，比如修复TXT和DOC的文件关联，命令就是assoc .TXT=TXTfile和assoc.DOC=DOCfile。使用assoc命令可以显示或修改文件扩展名关联。如果在没有参数的情况下使用，则assoc命令可以显示所有当前文件扩展名关联的列表，也可以使文件关联恢复正常。

5. 将Windows 10系统改回Windows 7的操作方法

目前联想等一些一线大厂出厂预装Windows 10的台式机和一体机使用都是UEFI+GPT硬盘的组合，并且开启了安全启动，但是目前除Windows 10以外的其他Windows系统均不支持这种模式，如果需要改装其他系统，如Windows 7，必须工作在传统的BIOS+MBR硬盘模式下。如果不做任何设置的情况下，当用户开机按【F12】键出现启动引导菜单时会发现检测不到U盘或光盘等引导设备，无法正常安装系统。也有部分用户直接使用Ghost或第三方工具分区安装系统后出现不能正常引导或无法安装的情况。

现在有两种方式改回Windows 7操作的安装手段：一是用UEFI启动方式安装，二是用传统BIOS-Legacy模式安装。UEFI启动和传统BIOS-Legacy模式的切换通过开机按【F12】键即可更改。（警告：重新安装系统会使资料丢失！重新安装系统前请确定重要资料都已经备份完毕！若要还原，需要Windows 8的也应备份。）也可以开机按【F2】键进入BIOS，找到BOOT下面的boot list opinion，改为Legacy模式，然后保存，再开机按【F12】键就是传统的启动项目了。

用UEFI启动安装Windows 7有几点要注意：首先，只能安装64位的（UEFI启动只支持64位的）；其次是只能用带UEFI启动的光盘或者U盘等启动和安装（启动后直接删除所有分区，再分区就可以安装了）；然后只能采用GPT分区表（UEFI启动只支持GPT分区表，不支持MBR分区表）；最后就是有部分机型要关闭BIOS里的CONTROL SECURE BOOT选项才能安装Windows 7。常用操作系统支持的GPT硬盘见表1-6-2。

表 1-6-2 常用操作系统支持的 GPT 硬盘

操作系统	数据盘		系统盘	
Windows 7 32 bit	√	支持 GPT	×	不支持 GPT
Windows 7 64 bit	√	支持 GPT	√	UEFI BIOS GPT
Linux	√	支持 GPT	√	UEFI BIOS GPT
Mac OS X 10.6+	√	支持 GPT	√	UEFI BIOS GPT

用传统BIOS-Legacy模式安装时，应先将GPT分区表转化为MBR分区表。这时可以用DISKGENIUS来实现。先进入Windows PE，用DISKGENIUS等分区工具就可以实现。注意，若已经是MRB分区表，仍然出现重启后就停止在Windows图标处不动的情况，就先用DISKGENIUS将磁盘中的所有分区删除，然后将硬盘表转化为GPT分区，保存后关闭DISKGENIUS。再运行DISKGENIUS将GPT分区表转化为MBR分区表。接下来就可以用Ghost版的U盘或光盘等方式安装Windows 7了。

6.3.7 Windows 10系统常见维护

1. 使用Windows 10操作系统时“计算机”图标没有了

桌面上没有“计算机”图标的时，操作起来还是有一些不方便的，其实找回它还是十分容易的，在桌面空白区右击，选择“个性化操作”，再修改桌面图标，勾选“计算机”项目，然后单击“确定”按钮，就会在桌面上出现“计算机”图标。

2. Windows 10 怎么进入安全模式操作

在使用计算机的过程中遇到问题时，要想在开机时快速调出Windows 10的安全模式等菜单，需要按下键盘上的【F8】键。Windows 10提供了更多启动选项，包括普通安全模式、网络安全模式、命令提示符安全模式、启用启动日志、启用低分辨率、调试模式、系统失败时禁止自动重启、禁止强制驱动签名、禁用先期启动安全软件驱动等，这时可以按照自己的需要选择启动选项。

3. 蓝屏死机

蓝屏死机可能是由于硬件驱动问题、系统文件损坏等原因引起的，解决方法为可以尝试修复系统文件、更新硬件驱动等。

4. 系统更新失败

在更新系统补丁时可能会出现失败的情况，此时可以尝试手动下载补丁、清除更新缓存等。

5. 病毒攻击

Windows 10系统同样需要安装杀毒软件来保护系统安全，如果感染病毒会导致系统崩溃、文件丢失等问题。

6. 软件兼容性问题

由于Windows 10系统更新频繁，一些旧软件可能无法兼容，需要使用替代软件或升级版本。

7. Wi-Fi连接问题

Windows 10系统的Wi-Fi连接可能会出现连接不上、断开等问题，可以尝试更新Wi-Fi驱动、更改网络设置等。

8. 系统卡顿

系统卡顿可能是由于系统运行过程中占用过多资源、系统垃圾过多等原因导致，可以通过清理系统垃圾、升级硬件等方式来解决。

9. 资源管理器无响应

资源管理器无响应可能是由于一些进程或软件占用资源过多导致，可以通过结束进程、重启计算机等方式来解决。

6.4　Windows 系统注册表和编辑器

在介绍注册表的使用和利用注册表编辑器进行系统维护之前，有必要先了解一下注册表和注册表编辑器的基本知识。

1. Windows注册表

早期在Windows 3.x中，注册表文件名为Reg.dat，文件中设定了部分文件类型与应用程序的关联。那时候大部分的系统设置还是存放在win.ini和system.ini等初始化ini文件中。但是随着系统不断的更迭、壮大，ini文件的维护困难和内容的破坏导致各种问题出现。将配置信息放在ini文件中不再合适。到了Windows 95之后，设计师们采用引入注册表的方式来存放之前ini文件中的设置和配置信息。

Windows注册表是以巨大的树状分层结构存放系统软硬件、计算机用户等配置信息的Windows核心数据库。在注册表中统一集中地管理着这台计算机的软硬件配置、用户信息及相关设置信息。Windows的正常稳定运行和注册表有着直接且重要的关系。比如：我们要打开jpg格式图片，如果没有在注册表中设置与该格式相关联的软件，那将无法打开该jpg图片。而当设置了该格式文件的打开方式对应的软件，那下次双击的时候，系统检查到注册表的配置信息，会直接调用对应的软件打开该格式图片。

各种应用软件的安装都要修改注册表，有问题的软件在安装中有可能破坏注册表，各种意外的事故也会破坏注册表。因此，经常为注册表做备份是良好的工作习惯。

备份可以采用常规的文件复制手段（注意文件的属性），也可以利用注册表编辑器：运行“\WINDOWS\REGEDIT.EXE”，显示图1-6-1所示的窗口，选择“文件”→“导出”命令，指定备份文件的路径和文件名（默认扩展名为REG），选择“导出范围”为“全部”，然后导出，得到备份文件。

需要从备份文件恢复注册表时，在DOS提示符状态下（注册表出错很可能导致Windows系统无法启动）执行命令“\WINDOWS\REGEDIT/C<备份文件路径><备份文件名>”即可恢复注册表。

可以直接修改注册表来改变Windows的一些性能。组成备份表的文件不是文本文件，不能用任何字处理软件修改，只能用Windows中的注册表编辑器修改。

注册表编辑器的窗口中有菜单栏和左右两个框，左框列出注册表中的树形结构，其中的每一项都称为关键字，双击不在最底层的关键字，可以展开或隐藏下一层关键字，单击某一关键字，可使其成为当前关键字中的Fonts；右框列出当前关键字下属的所有属性及属性值，只要充分了解某一个属性的含义和作用，就能在窗口中进行增、删、改等操作。在树形结构的第一层有五个关键字，称为根键，如图1-6-2所示。

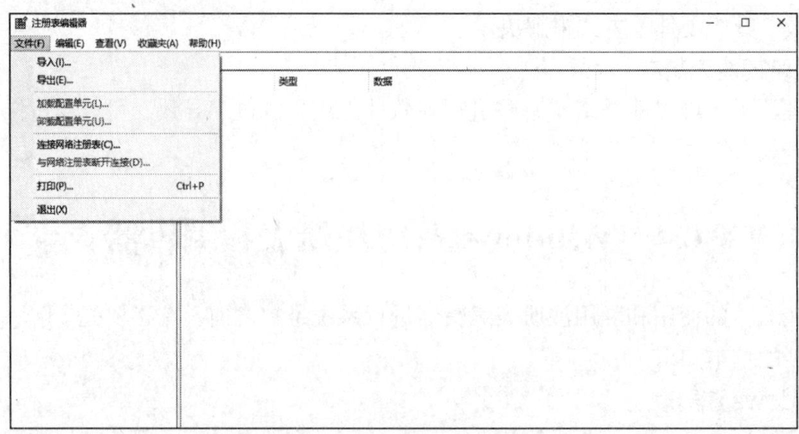

图 1-6-1　注册表编辑器窗口

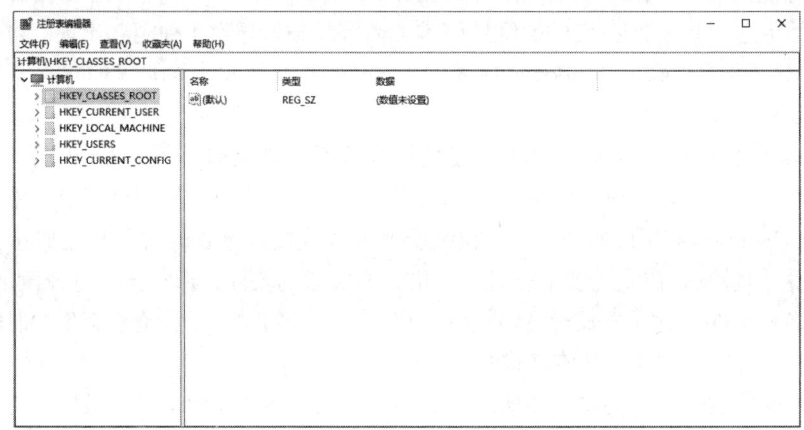

图 1-6-2　注册表编辑器的根键

2. 注册表结构分析

Windows的注册表是一个二进制的数据库，在这个数据库里保存着系统正常运行和大型软件运行所需的绝大部分信息。Windows每次启动时都会根据上次关机时的一系列信息文件重新创建注册表并载入内存。

注册表的结构由根键（hive key）、键（key，也称项）、子键（sub key，也称子项）、值（value，也称数值、键值）组成，整个注册表由HKEY_CLASSES_ROOT、HKEY_ CURRENT_USER、HKEY_LOCAL_MACHINE、HKEY_USERS、HKEY_CURRENT_CONFIG五部分构成，以下详细介绍注册表的结构。

（1）HKEY_CLASSES_ROOT

该根键下保存了操作系统所有的关联数据、类型标识以及鼠标右击的常规和扩展功能数据等。实质上，HKEY_CLASSES_ROOT根键是HKEY_LOCAL_MACHINE\Software\Classes子键的分支内容，打开HKEY_CLASSES_ROOT和HKEY_LOCAL_MACHINE\Software\Classes，会看到它们具有相同的内容。

更改了HKEY_CLASSES_ROOT或者HKEY_LOCAL_MACHINE\Software\Classes中的任何一部分内容，系统都会自动对整个注册表相应的部分进行改动。

（2）HKEY_CURRENT_USER

该根键就是当前登录用户的信息。因此HKEY_CURRENT_USER根键的内容和HKEY_USERS根键下按SID列出的内容是相同的，它们之间任何一项的改动都会影响另一项。

（3）HKEY_LOCAL_MACHINE

该根键下包含了系统和绝大多数应用软件的配置信息，这些设置与当前登录的具体用户无关。HKEY_LOCAL_MACHINE根键下共有五个子键。

在这五个子键中，HARDWARE下保存了微机的所有硬件的信息，SOFTWARE下保存了几乎所有的软件配置信息，SYSTEM下保存了当前的系统信息。这三项内容都是可以由用户进行修改和设定的，但是对于SAM和SECURITY，由于它们保存的是Windows的系统安全信息，主要由Active Directory用户管理器进行管理，因此用户不能随便对它们进行修改或者设置，相应地在注册表编辑器中，这两项内容是灰色的。

（4）HKEY_USERS

该根键可以将用户信息保存到注册表中，以便默认的用户和系统当前的登录用户使用这些用户信息数据。用户信息保存在%SystemRoot%\Profiles\DefaultUer\NTUSER.DAT文件和针对用户的专用配置文件%SystemRoot%\Profiles\用户名\NTUSER.DAT中。在HKEY_USERS根键下，各个用户是用其安全标识（SID）列出的，并不显示用户名信息。

（5）HKEY_CURRENT_CONFIG

该根键下保存系统的当前配置。在Windows启动时，如果设置了多个配置文件，那么启动时“最后一次正确系统配置”菜单就会被激活供用户选择。HKEY_CURRENT_CONFIG根键下保存的就是启动时所需的硬件配置信息。

配置文件通常放在注册表的HKEY_LOCAL_MACHINE\SYSTEM\ControlSet001、HKEY_LOCAL_MACHINE\SYSTEM\ControlSet002等子键下。在启动Windows时系统会选择一种配置文件并自动装载到HKEY_LOCAL_MACHINE\SYSTEM\ControlSet001\Hardware Profiles\Current子键和HKEY_CURRENT_CONFIG根键中，之后如果对任何一处进行修改，另一处均会自动修改。由于系统配置文件的重要性，使得设计者将它当作一个根键，这样便于系统维护，以及程序员编写的程序实现对注册表的访问。

3. 注册表编辑器的应用操作

前面已经介绍了很多注册表的基本知识，下面我们来介绍注册表编辑器，在以后的维护和设置中大家都需要应用到注册表编辑器。虽然目前有很多第三方注册表工具软件，不过最常用的还是Windows自带注册表编辑器Regedit。Regedit是用来更改系统注册表设置的高级工具，但是对于没有使用经验的用户，建议在操作前做好备份，万一失误，可以利用备份文件恢复注册表。

（1）打开注册表编辑器

要启动Regedit注册表编辑器，先选择“开始”→“运行”命令，在弹出的对话框中输入“regedit”，然后单击“确定”按钮。

（2）在注册表中查找

用户在注册表中可通过字符串、值或注册表子键来查找目标，操作步骤如下：选择“编辑”菜单中的“查找”命令；出现图1-6-3所示的“查找”对话框。在“查找目标”文本输入框中输入要查找的字符串、值或注册表子键的名称；根据自己的情况选择“项”、“值”、“数据”和“全字匹配”复选框，用以匹配要搜索的类型，然后单击“查找下一个”按钮，很快就能看到光标定位于查到的第一个匹配处；按【F3】键可继续查找下一个匹配的内容。

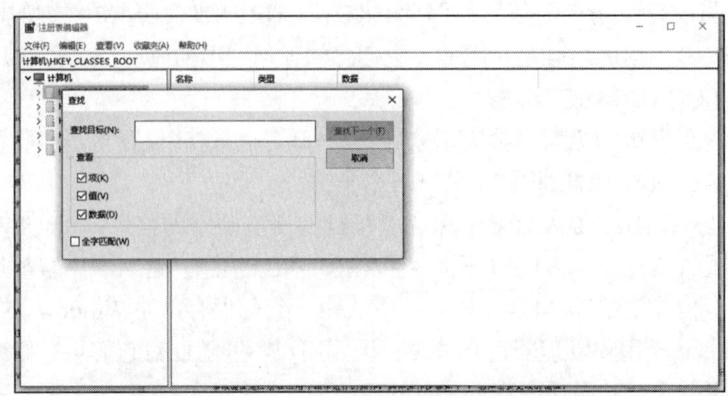

图 1-6-3　Regedit 注册表编辑器的查找功能

（3）在注册表中更改键值

修改键值是注册表应用中经常进行的操作，具体操作步骤如下：选择想要更改的键值；在“编辑”菜单中选择“修改”命令；在弹出的对话框中，在“数值数据”文本输入框中输入该键值的新数据，然后单击“确定”按钮。

（4）在注册表中添加值

要添加注册表项中的值，可按以下的操作步骤进行：单击想要添加新值的注册表项和值项，如HKEY_LOCAL_MACHINE\SYSTEM\Select；选择“编辑”→“新建”命令，或者在值项区直接右击，在弹出的快捷菜单中选择“新建”命令，单击要添加值的类型：“字符值”、“二进制值”或“双字节值”；在“数值名称”中，输入要创建的值项名称。

（5）在注册表中删除项或值

要删除注册表项中的项或值，可按以下操作步骤进行：单击要删除的注册表项或值项，然后选择“编辑”→“删除”命令；也可右击要删除的注册表项或值项，在弹出的快捷菜单中选择“删除”命令；最后在弹出的对话框中单击“确定”按钮。请注意：不能更改根键的名称或删除根键。

（6）导出注册表到文本文件中

用户可以将注册表全部或者部分导出到文本文件中。该注册表文件以.reg为扩展名保存，使用任何文本编辑器都可以处理导出的注册表文件。具体操作步骤如下：选择“文件”→“导出”命令，在弹出的对话框中（见图1-6-4）的“文件名”框中输入注册表文件的名称；在“导出范围”里可以选择“全部”或“选定的分支”；单击“保存”按钮完成操作。

（7）导入注册表

在需要恢复注册表时，可以将前面导出的注册表文本文件导入到注册表中，操作步骤如下：选择“文件”→“导入”命令，在打开的对话框中（见图1-6-5），查找需要导入的文件，选中该文件，单击“打开”按钮，完成导入操作。

（8）通过网络修改注册表

局域网的管理员可以通过网络修改注册表，但是在访问远程计算机的注册表时，只出现两个预定义的项——HKEY_USERS和HKEY_LOCAL_MACHINE。具体操作步骤如下：必须同时在本地计算机和远程计算机上作为管理员Administrator组成员登录，才能更改远程计算机上的注册表；选择“文件”→“连续网络注册表”命令，在弹出的对话框中的“计算机名”文本框中输入要连接的计算机名，接下来的操作就如在自己的微机上一样；修改完远程注册表之后，记得在设置“断开网络注册表”；最后，单击“确定”按钮完成操作。

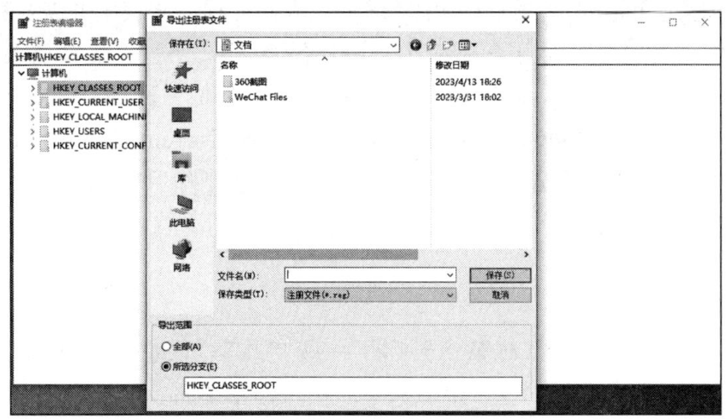

图 1-6-4　导出注册表文件

图 1-6-5　导入注册表文件

4. 用Windows注册表为操作系统设计安全防范机制

操作系统的注册表是系统设置的一个重要项目，所有的程序启动方式和服务启动类型都可通过注册表中的键值来控制。然而，正因为注册表的强大功能使得它成为一个危险的文件。病毒和木马常常寄生在此，威胁着操作系统的安全。如何才能有效地防范病毒和木马的侵袭，保证系统的正常运行呢？我们从系统的服务、默认设置、权限分配等几个方面介绍如何通过注册表设置一个安全的系统。注意：在进行修改之前，一定要备份注册表。

（1）拒绝“信息”骚扰

安全隐患：在Windows系统中，默认Messenger服务处于启动状态，不良用户可通过“net send”指令向目标计算机发送信息。目标计算机会不时地收到他人发来的骚扰信息，严重影响正常使用。

处理方法：首先打开注册表编辑器。对于系统服务而言，可以通过注册表中“HKEY_LOCAL_MACHINE\SYSTEM\Current Control Set\Services”项下的各个选项来进行管理，其中的每个子键就是系统中对应的“服务”，如“Messenger”服务对应的子键是“Messenger”。只要找到Messenger项下的START键值，将该值修改为4即可。这样该服务就会被禁用，用户就再也不会受到“信息”骚扰了。

（2）关闭“远程注册表服务”

安全隐患：如果黑客连接到了我们的计算机，而且计算机启用了远程注册表服务（Remote Registry），那么黑客就可远程设置注册表中的服务，因此远程注册表服务需要特别保护。

处理方法：可将远程注册表服务的启动方式设置为禁用。不过，黑客在入侵计算机后，仍然可以通过简单的操作将该服务从“禁用”转换为“自动启动”。因此有必要将该服务删除。

找到注册表中“HKEY_LOCAL_MACHINE\SYSTEM\Current Control Set\Services”下的Remote Registry项，右击该项选择“删除”命令，将该项删除后就无法启动该服务了。在删除之前，一定要将该项信息导出并保存。想使用该服务时，只要将已保存的注册表文件导入即可。

（3）删除“默认共享”

安全隐患：在Windows中系统默认开启了一些“共享”，它们是IPC$、c$、d$、e$和admin$。很多黑客和病毒都是通过这个默认共享入侵操作系统的。

处理方法：要防范IPC$攻击，应该将注册表中“HKEY_LOCAL_MACHINE\SYSTEM\Current Control Set\ControlLSA”的Restrict Anonymous项设置为“1”，这样就可以禁止IPC$的连接。对于c$、d$和admin$等类型的默认共享则需要在注册表中找到“HKEY_LOCAL_MACHINE\SYSTEM\CurrentControlSet\Services\Lanman Server Parameters”项。

（4）严禁系统隐私泄露

安全隐患：在Windows系统运行出错的时候，系统内部有一个DR.WATSON程序会自动将系统调用的隐私信息保存下来。隐私信息将保存在user.dmp和drwtsn32.log文件中。攻击者可以通过破解这个程序而了解系统的隐私信息。因此要阻止该程序将信息泄露出去。

处理方法：找到“HKEY_LOACL_MACHINE\SOFTWARE\Microsoft\Windows NT\Current Version\AeDebug”，将AUTO键值设置为0，DR.WATSON就不会记录系统运行时的出错信息了。同时，打开文件头“Documents and Settings→ALL Users→Documents→drwatson”，找到user.dmp和drwtsn32.log文件并删除。删除这两个文件的目的是将DR.WATSON以前保存的隐私信息删除。

注意：如果已经禁止了DR.WATSON程序的运行，则不会找到“drwatson”文件夹以及user.dmp和drwtsn32.log这两个文件。

（5）防止ActiveX控件私自调用脚本程序

通过ActiveX控件私自调用脚本程序，可以达到破坏本地系统的目的。为了保证系统安全，应该阻止ActiveX控件私自运行程序。

处理方法：ActiveX控件是通过调用Windows scripting host组件的方式运行程序的，所以我们可以先删除“system32”目录下的wshom.ocx文件，这样ActiveX控件就不能调用Windows scripting host了。然后，在注册表中找到“HKEY_LOCAL_MACHINE\SOFTWARE\Classes\CLSID{F935DC22-1CF0-11D0-ADB9-00C04FD58A0B}”，将该项删除。

（6）防止页面文件泄密

安全隐患：Windows的页面交换文件也和上面提到的DR.WATSON程序一样经常成为黑客攻击的对象，因为页面文件有可能泄露一些原本在内存中后来却转到硬盘中的信息。毕竟黑客不太容易查看内存中的信息，而硬盘中的信息则极易被获取。

处理方法：找到“HKEY_LOCAL_ MACHINE\SYSTEM\CurrentControlSet\Control\Session Manager\Memory Management”，将其下的ClearPage FileAtShutdown项目的值设置为1。这样，

每当重新启动后，系统都会将页面文件删除，从而有效防止信息外泄。

（7）密码填写不能自动化

安全隐患：使用Windows系统时，常会遇到密码信息被系统自动记录的情况，以后重新访问时系统会自动填写密码。这样很容易造成自己的隐私信息外泄。

处理方法：在“HKEY_LOCAL_MACHINE\SOFTWARE\Microsoft\Windows\Current Version\policies”分支中找到network子项（如果没有可自行添加），在该子项下建立一个新的双字节值，名称为disable password caching，并将该值设置为1。重新启动计算机后，操作系统就不会自动记录密码了。

（8）禁止病毒启动服务

安全隐患：现在的病毒很聪明，不像以前只会通过注册表的RUN值或MSCONFIG中的项目进行加载。一些高级病毒会通过系统服务进行加载。我们能不能使病毒或木马没有启动服务的相应权限呢？

处理方法：运行“Regedt”指令启用带权限分配功能的注册表编辑器。在注册表中找到“HKEY_LOCAL_ MACHINE\SYSTEM\CurrentControlSet\Services”分支，接着选择菜单栏中的“安全”→“权限”，在弹出的Services权限设置窗口中单击“添加”按钮，将Everyone账号导入进来，然后选中“Everyone”账号，将该账号的“读取”权限设置为“允许”，将它的“完全控制”权限取消。现在任何木马或病毒都无法自行启动系统服务了。当然，该方法只对没有获得管理员权限的病毒和木马有效。

（9）不准病毒自行启动

安全隐患：很多病毒都是通过注册表中的RUN值进行加载而实现随操作系统的启动而启动的，可以按照“禁止病毒启动服务”中介绍的方法将病毒和木马对该键值的修改权限去掉。

处理方法：运行“regedt”指令启动注册表编辑器。找到注册表中的“HKEY_CURRENT_MACHINE\SOFTWARE\Microsoft\Windows\CurrentVersion\Run”分支，将Everyone对该分支的“读取”权限设置为“允许”，取消对“完全控制”权限的选择。这样病毒和木马就无法通过该键值启动自身了。

5. Windows中的自启动程序问题的处理

Windows在启动的时候，自动加载了很多程序，这些程序的自启动给我们带来了很多方便，这是不争的事实，但是否每个自启动的程序对我们都有用呢？也许病毒或木马也在自启动行列。因此，了解自启动文件的藏身之处是非常有必要的。

（1）“启动”文件夹

这是最常见的自启动程序文件夹。它位于系统分区的“Documents and Settings”→“User”→“开始”菜单→“程序”目录下。这时的User指的是登录的用户名。

（2）“All Users”中的自启动程序文件夹

另一个常见的自启动程序文件夹。它位于系统分区的“Documents and Settings”→“All User”→“开始”菜单→“程序”目录下。前面提到的“启动”文件夹运行的是登录用户的自启动程序，而“All Users”中启动的程序在所有用户下都有效。

（3）“Load”键值

位于[HKEY_CURRENT_USER\Software\Microsoft\Windows NT\CurrentVersion\Windows\load]主键下。

（4）“Userinit”键值

位于[HKEY_LOCAL_MACHINE\Software\Microsoft\Windows NT\CurrentVersion\Winlogon\Userinit]主键下。一般情况下，其默认值为“userinit.exe”，由于该子键的值中可使用逗号分隔开多个程序，因此，在键值的数值中可加入其他程序。

（5）“Explorer\Run”键值

与“load”和“Userinit”不同的是，“Explorer\Run”同时位于[HKEY_CURRENT_USER]和[HKEY_LOCAL_MACHINE]两个根键中。位置分别为[HKEY_CURRENT_USER\Software\Microsoft\Windows\CurrentVersion\Policies\Explorer\Run]和[HKEY_LOCAL_MACHINE\Software\Microsoft\Windows\CurrentVersion\Policies\Explorer\Run]下。

（6）“RunServicesOnce”子键

它是在用户登录前及其他注册表自启动程序加载前面加载。这个键同时位于[HKEY_CURRENT_USER\Software\Microsoft\Windows\Current Version\RunServicesOnce]和[HKEY_LOCAL_MACHINE\Software\Microsoft\Windows\Current Version\RunServicesOnce]下。

（7）“RunServices”子键

它也是在用户登录前及其他注册表自启动程序加载前面加载。这个键同时位于[HKEY_CURRENT_USER\Software\Microsoft\Windows\CurrentVersion\RunServices]和[HKEY_LOCAL_MACHINE\Software\Microsoft\Windows\CurrentVersion\RunServices]下。

（8）“RunOnce\Setup”子键

这个键同时位于[HKEY_CURRENT_USER\Software\Microsoft\Windows\CurrentVersion\RunOnce\Setup]和[HKEY_LOCAL_MACHINE\Software\Microsoft\Windows\CurrentVersion\RunOnce\Setup]下。

（9）“RunOnce”子键

许多自启动程序要通过“RunOnce”子键来完成第一次加载。这个键同时位于[HKEY_CURRENT_USER\Software\Microsoft\Windows\CurrentVersion\RunOnce]和[HKEY_ LOCAL_MACHINE\Software\Microsoft\Windows\CurrentVersion\RunOnce]下。位于[HKEY_ CURRENT_USER]根键下的RunOnce子键在用户登录前及其他注册表的Run键值加载程序前加载相关程序，而位于[HKEY_LOCAL_MACHINE]主键下的Runonce子键则是在操作系统处理完其他注册表Run子键及自启动文件夹内的程序后再加载的。

（10）“Run”子键

这个键同时位于[HKEY_CURRENT_USER\Software\Microsoft\Windows\CurrentVersion\Run]和[HKEY_ LOCAL_MACHINE\Software\Microsoft\Windows\CurrentVersion\Run]下。其中位于[HKEY_CURRENT_USER]根键下的Run键值，紧接着[HKEY_LOCAL_MACHINE]主键下的Run键值启动，但两个键值都是在“启动”文件夹之前加载。

（11）Windows中加载

它的级别较高，最先加载，位于[HKEY_LOCAL_MACHINE\System\CurrentControlSet\Services]下，所有的服务加载程序都在这里。

（12）Windows Shell

位于[HKEY_LOCAL_MACHINE\Software\Microsoft\Windows NT\CurrentVersion\Winlogon\]下面的Shell字符串类型键值中，其默认值为Explorer.exe，当然也有可能木马程序会在此加入自身并以木马参数的形式调用资源管理器，以达到欺骗用户的目的。

（13）BootExecute

位于注册表中[HKEY_LOCAL_MACHINE\System\ControlSet001\Control\Session Manager\]下面，有一个名为BootExecute的多字符串值键，它的默认值是“autocheck autochk *”，用于系统启动时的某些自动检查。这个启动项目里的程序是在系统图形界面完成前就被执行的，所以具有很高的优先级。

（14）策略组加载程序

打开Gpedit.msc，展开“用户配置”→“管理模板”→“系统”→“登录”，如图1-6-6所示，就可以看到“在用户登录时运行这些程序”的项目，可以在里面添加。在注册表[HKEY_CURRENT_USER\Software\Microsoft\Windows\CurrentVersion\GroupPolicyObjects本地User\Software\Microsoft\Windows\CurrentVersion\Policies\Explorer\Run]也可以看到相对应的键值。

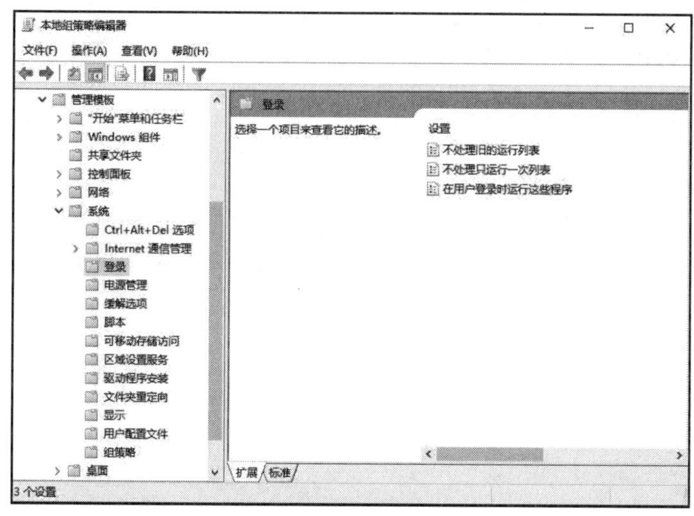

图 1-6-6　组策略界面

6. Windows系统注册表的锁定和解锁方法

我们在计算机的操作过程中，经常要上网，但现在的网络并不是十分安全，某些恶意网站往往通过修改注册表来破坏我们的系统，甚至禁用注册表。因此要学会保护自己的注册表，防止恶意网站修改注册表。可以用下面的方法进行防范。

首先修改组策略配置，以防止恶意网站修改系统注册表破坏系统，步骤如下：选择“开始”→“运行”命令，打开“运行”对话框，输入gpedit.msc，单击“确定”按钮或按【Enter】键，打开本地组策略编辑器；接着在本地组策略编辑器窗口的本地计算机策略下找到用户配置，并单击用户配置前面的小三角展开；然后在用户配置的展开项中找到“管理模板”，在“管理模板”下找到“系统”并单击；接着在系统右边的窗口的选项列表中找到“阻止访问注册表编辑工具”并双击，阻止访问注册表编辑工具；然后在弹出的阻止访问注册表编辑工具窗口中，将系统默认设置更改为“已启用”，然后单击“确定”按钮，注册表被锁定。按照上述过程操作完后，再运行注册表就会发现系统弹出“注册表编辑已被管理员禁用”。

如果要使用注册表时，可以在阻止访问注册表编辑工具窗口中，把已启用更改为“已禁用”，然后单击“确定”按钮，就可以解除锁定注册表编辑器。此时再运行注册表，就可以打开注册表使用了。所以，在不使用注册表时，最好是锁定注册表，以防止恶意网站修改系统注册表而破坏系统。

习　题

1. 简述检查微机故障常用的方法。
2. 主板常见的故障有哪些？
3. 微机死机可能是由哪些故障引起的？
4. 常见的硬盘故障有哪些？
5. 系统注册表出问题怎么办？
6. CMOS设置常见故障如何排除？
7. 系统文件的备份与恢复有哪些方法？
8. Windows系统引导故障的常用排除方法有哪些？
9. 系统注册表的维护有哪些方法？
10. 遇到计算机在使用时出现蓝屏的故障时应如何排除？

第7章 计算机病毒的预防和清除

计算机病毒是每一个微机用户不得不面对的棘手问题。与其他故障相比，病毒所造成的心理恐慌和实际危害要大得多。因此，计算机病毒的预防和清除是微机维护工作中非常重要的组成部分。

7.1 计算机病毒概述

1988年，计算机病毒（computer virus）首次被人发现。至今虽然只有30多年的历史，但其数量和种类已多得无法统计。尽管人们采取了各种各样的措施，但更隐蔽、更巧妙、危害更大的计算机病毒仍在不断出现，令人防不胜防。

1. 计算机病毒的定义

1994年2月，我国正式颁布实施了《中华人民共和国计算机信息系统安全保护条例》（以下简称《条例》），在《条例》第二十八条中明确指出："计算机病毒，是指编制或者在计算机程序中插入的破坏计算机功能或者毁坏数据，影响计算机使用，并能自我复制的一组计算机指令或者程序代码。"

2. 计算机病毒的特征

计算机病毒具有正常程序的一切特性，除此之外，病毒与生物学病毒有类似的特点。

（1）传染性

病毒可通过各种可能的渠道，如U盘、网络去传染其他的计算机。当一台机器上发现了病毒时，往往曾在这台计算机上用过的磁盘已感染上了病毒，而与这台机器相联网的其他计算机也许也被该病毒感染上了。是否具有传染性是判别一个程序是否为计算机病毒的最重要条件。

（2）隐蔽性

病毒一般是具有很高编程技巧、短小精悍的程序，通常附着在正常程序中或磁盘上。如果不经过代码分析，病毒程序与正常程序是不容易区别开来的。一般在没有防护措施的情况下，计算机病毒程序取得系统控制权后，可以在很短的时间里传染大量程序。而且受到传染后，计算机系统通常仍能正常运行，用户不会感到任何异常。试想，如果病毒在传染到计算机上之后，机器马上无法正常运行，那么它本身便无法继续传染了。正是由于隐蔽性，计算机病毒得以在用户没有察觉的情况下扩散到其他计算机中。

（3）潜伏性

大部分病毒感染机器之后一般不会马上发作，有可能长期隐藏在系统中，只有在满足其特定条件时才表现出破坏性。这样的状态可能保持几天、几个月，甚至几年。使计算机病毒发作的触发条件主要有：利用系统时钟提供的时间作为触发器，如“黑色星期五”病毒等；利用病毒自带的计数器作为触发器，即病毒利用计数器记录某种事件发生的次数，一旦计数器达到设定值，就执行破坏操作；利用计算机内执行的某些特定操作作为触发器，特定操作可以是用户按下某些特定键的组合。

（4）破坏性

任何病毒只要侵入系统，都会对系统及应用程序产生程度不同的影响。一旦病毒发作，其破坏程度也随不同的病毒而表现得多种多样。以下是可能出现的破坏行为：

- 对磁盘进行未加警告的格式化。
- 破坏、覆盖、改写磁盘的引导扇区、目录区、文件分配表。
- 破坏、覆盖、改写硬盘主引导扇区和分区表。
- 改写、破坏、删除、覆盖、添加文件。
- 将磁盘上好的扇区（簇）标上“坏”标记，减少磁盘空间。
- 病毒程序在内存中不断复制，使系统瘫痪。
- 病毒程序不断复制自己以至于文件越来越长，直至占满整个磁盘空间。
- 改写COMS数据，使系统配置参数混乱，系统瘫痪。
- 破坏闪存中的BIOS系统。
- 封锁外围设备，如打印机、通信工具等。

（5）不可预见性

从对病毒的检测方面来看，病毒还有不可预见性。不同种类的病毒，它们的代码千差万别，但有些操作是共有的（如驻内存、改中断）。有些人利用病毒的这种共性，制作了声称可查出所有病毒的程序。这种程序的确可查出一些新病毒，但由于目前的软件种类极其丰富，且某些正常程序也使用了类似病毒的操作甚至借鉴了某些病毒的技术，所以使用这种方法对病毒进行检测势必会造成较多的误报情况。而且病毒的制作技术也在不断的提高，病毒对反病毒软件来讲永远是超前的。

7.2 病毒的预防

将病毒拒之门外是减少损失的最彻底、最有效的方法。为了做到这一点，只有弄清楚病毒流行的原因、传播途径及主要来源，才能采取有效的措施，不给病毒留下可乘之机。

1. 病毒的主要来源

（1）恶作剧

有些病毒是从事计算机工作的人员和业余爱好者的恶作剧，为寻开心和炫耀自己的水平而编制的。例如像小球病毒一类的良性病毒，而这些良性病毒又极易被不怀好意的人改造为恶性病毒。

（2）软件保护

有些病毒是个别软件出品公司为保护自己的软件产品，对非法复制而采取的报复性惩罚措施。只要这些软件进行非法复制和非法解密，负责报复惩罚的程序部分就会起作用，并随同软件到处流行。

（3）蓄意破坏

有些病毒是为了攻击和摧毁计算机信息系统而蓄意制造的，这种病毒针对性强，破坏性大。

（4）其他原因

有些病毒是为研究而设计的程序，由于某种原因失去控制，造成意想不到的结果。

2. 病毒流行的原因

（1）微机的广泛应用

目前，微机已渗透到包括家庭在内的各个领域，为病毒广泛流行提供了环境。一旦某种病毒流行以后是很难在世界范围内采取统一行动进行彻底的清除，一些病毒会隐藏在某些系统中几年都不被发现。

（2）Windows等系统的脆弱性

DOS系统构成简单，属于开放型的系统，根本就没有考虑到自身的安全问题。一些本来不允许改动的系统程序仍然可以被修改，并且有些文件必须存在，这为病毒提供了固定攻击目标，病毒的广泛流行就是从它开始的。由DOS发展而来的Windows系统继承了它的弱点，除本身具有很多漏洞外，技术过于透明，在方便系统开发的同时也为病毒的产生提供了更加有利的环境。

（3）磁盘的脆弱性

磁盘的引导扇区、FAT表、目录区包含了磁盘及系统的重要信息，是磁盘能够正常使用的关键部分，除采用隐含方法外，没有其他防护机制，十分脆弱，容易被替换、修改和破坏，是病毒攻击的目标。

（4）网络的脆弱性

现行网络系统在最初设计时，根本就没有想到它能发展到今天的地步，因此在安全方面考虑得不是很充分，网络的各组成部分、接口和界面、各层次之间的相互转换都存在不少漏洞和薄弱环节，使得病毒能够抓住漏洞在网络内部流传。

3. 病毒的传播途径

病毒作为程序，传播途径也就是正常程序的传播途径，只不过传播过程是在不知不觉中悄悄进行的。

（1）通过移动存储设备

病毒随USB存储器、移动硬盘等存储介质中的各种软件资源交流、共享而传播。可以说它们走到哪里，病毒就会出现在哪里。

（2）通过硬盘

硬盘如同一个货物集散地，每一个带有病毒的存储介质都要向它实施传染，而被感染后的硬盘又作为一个新的感染源，每一个经过此系统的介质都难以幸免。

（3）通过网络

网络是病毒传播的主要渠道，特别是电子邮件和网页的某些链接。网络渠道传播速度快，病毒能在很短的时间内传遍网络的每一台计算机。

4. 判断感染病毒的方法

（1）病毒发作前

病毒发作前可能表现为：机器无故死机；机器无法启动；Windows无法正常启动；机器运行速度明显变慢；正常运行的软件报告内存容量不足；打印和通信发生异常；曾经正常运行的应用程序发生死机或者非法错误；系统文件的时间、日期、长度发生变化；Word文件另存时只能以模板方式保存；磁盘空间迅速减少；网络数据卷无法调用；基本内存发生变化。

（2）病毒发作中

病毒的发作，有的只按时间来确定，有的按重复感染的次数来确定，但更多数是随机发生。发作时可能表现为：提示一段话；发出动听的音乐；产生特定的图像；硬盘灯不断闪烁；进行游戏算法；Windows桌面图标发生变化；等等。

（3）病毒发作后

恶性病毒发作后可能会导致下列情况之一：硬盘无法启动；数据丢失；系统文件丢失；文件目录发生混乱；部分文档丢失；部分文档自动加密码；丢失有关的数据；修改某些文件；机器重新启动时格式化硬盘上的所有数据；使部分可升级主板的BIOS程序混乱。

5. 预防措施

（1）抑制病毒的产生

应该从法律角度使人们认识到，制造计算机病毒如同破坏他人财产、有意制造事故一样。一个小小的病毒有可能影响一个国家的经济发展、国家安危，所以必须建立、健全法律制度，使得对计算机病毒制造者的处理有法可依。

（2）切断病毒的传播途径

采取一切措施堵塞计算机病毒的传播途径，可以有效地减少被感染的机会。

- 及时更新、升级杀毒软件，定期检测、清除病毒。
- 谨慎地使用公用软件和共享软件，在每次使用前要先清查病毒。
- 禁止使用未经检测的外来移动存储介质，严禁使用外来存储介质启动机器。
- 及时运行最新公布的补丁程序，关闭或取消不必要的网络通信协议。
- 在网络中建好口令，并经常改动，不运行和浏览来路不明、未经检测的程序和信件。
- 对承担重要任务的计算机系统建立严格的登记制度。
- 禁止使用服务器等承担重要任务的计算机上网浏览。
- 使用正版软件，不要随便下载不熟悉的软件。

（3）为减少损失应采取的必要措施

- 备份硬盘主引导扇区，以便修复硬盘时使用。
- 备份系统盘和各种应用软件。
- 每次操作完毕后，备份重要数据文件。

总之，尽可能做到硬盘内的所有内容都有备份，除需要经常写入的数据盘外，其他都要进行写保护。上述措施只是从预防角度来限制病毒的传染和扩散，不能从根本上解决病毒问题。要想根治，必须从系统安全的角度来考虑，采用物理安全、访问控制、审计和加密等技术综合治理，这也是计算机专家们的奋斗目标。

7.3 杀毒软件技术

杀毒软件主要采取病毒扫描程序、内存扫描程序、完整性检查器、行为监视程序这四种防治技术。

1. 病毒扫描程序

病毒扫描程序是在文件和引导记录中搜索病毒代码的程序。要想让病毒扫描程序检测出新病毒，反病毒软件开发者就要编写扫描程序来检测每一种新病毒。病毒扫描程序只能检测出已经知道的病毒，而对防治新病毒和未知的病毒感染几乎没有什么帮助。多数杀毒软件在它们的反病毒产品套件中提供某种类型的病毒扫描程序。

2. 内存扫描程序

内存扫描程序采用与上面提到的病毒扫描程序同样的工作原理。它只是扫描内存以搜索内存驻留文件和引导记录病毒。内存扫描程序必须频繁地更新，用户可以经常下载得到更新的病毒数据库文件，而用不着更新实际可执行的杀毒软件。

3. 完整性检查器

完整性检查器的工作原理是基于以下的假定：在正常的计算机操作期间，大多数程序文件和引导记录不会改变。因此，在计算机未被感染时，取得每个可执行文件和引导记录的信息指纹，并将这一信息存放在硬盘的数据库中，这些信息可以用于验证原来记录的完整性。验证时，如果发现文件中的指纹与数据库的指纹不同，则说明文件已被改变，而且极有可能是病毒感染。

4. 行为监视程序

行为监视程序是内存驻留程序，它作为系统服务提供者安装在内存中，这些程序静静地在后台工作，监视着病毒或其他恶意的损害活动。如果行为监视程序检测到这类活动，就会通知用户，并且让用户决定这种行为是否继续。

行为监视技术经过进一步完善就演变成为智能式探测器，它通过设计病毒行为判定知识库，应用人工智能技术，有效区分正常程序与病毒程序的行为。其局限性在于：单一的知识库无法覆盖所有的病毒行为，例如对那些没有驻留内存的新病毒就会漏报。有些防病毒卡就是采用这种方法设计病毒特征库（静态）、病毒行为知识库（动态）、受保护程序存取行为知识库（动态）等多个知识库及相应的可变推理机，通过调整推理机能够判断新出现的病毒，误报和漏报较少。这也是未来防病毒技术发展的方向。

习　题

一、选择题

1. 下列关于计算机病毒的特点中，不正确的是（　　）。

　A. 安全性　　B. 激发性　　C. 寄生性　　D. 传染性

2. 下列关于计算机病毒的叙述中，错误的是（　　）。

　A. 计算机病毒具有潜伏性
　B. 已被感染过的计算机对病毒具有免疫性
　C. 计算机病毒具有传染性
　D. 计算机病毒是一个特殊的程序

3. 下列关于计算机病毒的叙述中，不正确的是（　　）。

　A. 计算机病毒实质是一种特殊的程序
　B. 反病毒软件不能清除所有病毒
　C. 加装防病毒卡的计算机也可能感染病毒
　D. 病毒不会通过计算机网络传播

4. 一张未感染病毒的U盘加上写保护后，在一台已感染病毒的计算机上使用，该U盘（　　）感染病毒。

　A. 不会　　B. 一定会　　C. 可能会　　D. 前三项都不对

5. 下列对计算机病毒产生原因的描述中，正确的是（　　）。
   A. 病毒是人为制造的　　　　B. 病毒是操作方法不当造成的
   C. 病毒是操作人员不讲卫生造成的　　　　D. 病毒是频繁关机造成的
6. 计算机可能传播病毒的原因是（　　）。
   A. 利用计算机统计数据　　　　B. 使用来历不明的U盘
   C. U盘表面不清洁　　　　D. 机房电源不稳定
7. 关于计算机病毒的传播途径，下面说法错误的是（　　）。
   A. 通过U盘传播　B. 通过网上传播　C. 通过光盘传播　D. 通过电源传播
8. 下列选项中，能正确防止计算机病毒传染的方法是（　　）。
   A. 不使用来路不明的U盘　　　　B. 不让生病的人操作
   C. 提高计算机电源稳定性　　　　D. 提高上网速度
9. 对存有重要数据的U盘，恰当防止计算机病毒感染的方法是（　　）。
   A. 不要与有病毒的U盘放在一起　　　　B. 通过使用写保护防止病毒侵入
   C. 保持U盘清洁　　　　D. 定期对磁盘格式化
10. 下列有关计算机病毒防治的说法中，错误的是（　　）。
   A. 定期查、杀毒　　　　B. 及时更新和升级杀毒软件
   C. 不使用盗版软件　　　　D. 偶尔使用来路不明的U盘

二、简述题

1. 简述病毒的定义、特点。
2. 简述病毒的危害。
3. 简述病毒的传播方式。
4. 网络病毒是如何传播的？
5. 病毒利用了操作系统的哪些特点？
6. 简述病毒的主要来源及流行的根本原因。
7. 简述为减少病毒造成的损失应采取的措施。

第8章 微机常用外围设备

在微机硬件系统中，外围设备是必不可少的重要组成部分。随着微机技术的发展与普及，外围设备的种类越来越多，功能越来越强，所占的比重也越来越大。从某种意义上来说，外围设备已成为影响微机普及应用的主要因素。“外围设备”这个术语，通常有两种理解：广义的理解倾向于逻辑分解，即除了CPU、内存和I/O接口外的硬件设备都是外围设备，如硬盘等；狭义的理解倾向于物理外观，即指装入机箱内的部件以外的硬件设备，如键盘、鼠标、显示器等。微机常用外围设备按其功能可分为输入设备、输出设备、外存储设备、网络通信设备和UPS电源五大类。在本章所提的外围设备是指第二章所提及的硬件配置以外的设备。

8.1 输入设备

数据输入设备用来完成程序和数据的输入以及负责信号的采集接收和转换。数据输入设备是实现人机交互的主要手段，常用的有扫描仪、数字摄像头、光学标记（字符）阅读机、条码阅读器、语音输入装置等。

8.1.1 扫描仪

扫描仪是一种光、机、电一体化的高科技产品，是微机外围输入设备之一，它是利用光电技术和数字处理技术，以扫描方式将图形或图像信息转换为数字信号输入到计算机。自20世纪80年代诞生到现在，经历了从黑白扫描、彩色三次扫描到现在的彩色一次扫描三个阶段。如今，扫描仪已被广泛应用于图像处理等专业领域，随着多媒体计算机的普及，扫描仪也开始进入了家庭。扫描仪如图1-8-1所示。

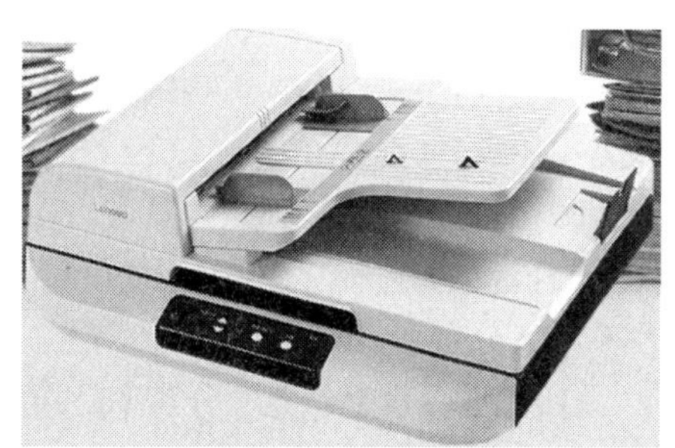

图1-8-1 扫描仪

1. 扫描仪的分类

常用的扫描仪有平板式扫描仪、手持式扫描仪、滚筒式扫描仪和三维扫描仪。

平板式扫描仪是目前办公用扫描仪的主流产品，普遍采用CCD技术，该技术已经非常成熟，扫描的效果很好，但价格也相对要高一点。平板式扫描仪是通过将需要扫描的介质放在玻璃板上，然后盖上盖子，对介质进行扫描，在整个扫描过程中介质并不会发生移动。所以每次扫描只能扫描一个介质，扫描下一个介质时就必须重复打开盖子，放上扫描介质，盖上盖子并启动，所以平板式扫描仪比较适用于量少的扫描任务，当需要扫描的介质数量过多的时候，就会过于烦琐，效率很低。而且，平板式扫描仪单次扫描的介质的尺寸必须小于扫描仪玻璃板可以覆盖的范围，超出的部分则无法进行扫描。另外，因为平板式扫描仪采用盖上盖子的覆盖式扫描方式，所以平板式扫描仪上盖的颜色即为扫描介质的统一背景，用于扫描仪软件识别介质尺寸、从整个扫描图像范围裁剪出目标介质。

早期的手持式扫描仪扫描幅面窄，效果差，因而出现一段时间后便在市面上消失了，直到后来新式的手持式扫描仪出现，因为其易于操作且小巧轻便的设计才重新回到了市场。

滚筒式扫描仪采用的是将图像传感器固定，移动扫描介质来进行扫描的方式。因为其扫描方式的不同，可以实现一次性对多个介质的扫描，自动扫描并保存图像，所以更适用于扫描介质较多的扫描任务，并且滚筒式扫描仪可以实现对长达数米的长介质的扫描，相比平板式扫描仪同时限制了扫描介质的长与宽，滚筒式扫描仪仅限制了扫描介质的宽度。由于扫描部件较为裸露，所以在防尘设计上有所欠缺，也因此导致扫描介质时，介质图像所在的背景图像不像平板式扫描仪扫描的背景图像那样统一，而是每一次扫描图像的背景色都可能有细微的不一样，导致对介质图像的裁剪有一定的困难。

除了上述扫描以外，近几年还出现了三维扫描仪等。三维扫描仪可对物体进行高速高密度的测量，可以完整地还原被扫描物体的三维结构，帮助用户更方便地将现实世界物品转换成为可用于3D打印的数据，还出现了手持式三维扫描仪。

2. 扫描仪的性能指标

扫描仪有以下几个重要的性能参数：

（1）扫描仪的颜色

现在的扫描仪一般都是彩色的，黑白扫描仪已经不多见了。我们知道，自然界的各种颜色都可以用红、绿、蓝三色光来混合得到，彩色扫描仪使用的也是这种原理。扫描仪通常是以下面两种方式来获取颜色数据的。

- 三次扫描：这种方式是将扫描头对准所扫描的目标进行三次扫描，一次红光，一次绿光，一次蓝光。然后，用软件对三次所得的图像进行合并，以生成彩色图像。早期的平板式扫描仪常采用这种方式。
- 一次扫描：在一次扫描中交替使用光滤波器。扫描时扫描仪迅速地在三种颜色设置之间进行切换，这样就可在一次扫描中将三种颜色都包括进来。手持式扫描仪和现在的平板式扫描仪常采用这种方式。

（2）扫描仪的分辨率

扫描仪的分辨率体现了扫描仪对图像细节的表现能力。扫描仪的分辨率主要包括光学分辨率和最大分辨率。

① 光学分辨率：光学分辨率是指扫描仪感光元件的分辨率，是决定扫描图像清晰度和锐利度的关键因素，光学分辨率又分水平分辨率和垂直分辨率两种。

- 水平分辨率取决于CCD元件本身，一般是每英寸长度上的CCD光电三极管的数量。CCD光电三极管的数量越多，分辨率就越高。
- 垂直分辨率又称机械分辨率，它表示扫描仪中带动灯管的悬臂步进电机每英寸所走过的步数。一般扫描仪的垂直分辨率比水平分辨率高一倍。

② 最大分辨率：最大分辨率又称内插分辨率，它实际上是通过软件在真实的像素点之间插入经过计算得出的额外像素，从而获得插值分辨率。内插算法虽然增加了像素数，但不能增添真正的图像细节，因此，我们要更多地看其光学分辨率。

（3）扫描仪灰度级

灰度级表示灰度图像的灰度层次范围，级数越多扫描图像的灰度范围越大，层次越丰富。目前，常见扫描仪的灰度级一般为256级（8位）、1024级（10位）和4096级（12位）。

3. 扫描仪的保养和选购

（1）扫描仪的保养

① 一旦扫描仪通电后，千万不要热插拔SCSI、EPP接口的电缆，这样会损坏扫描仪或计算机，当然USB接口除外，因为它本身就支持热插拔。

② 扫描仪在工作时请不要中途切断电源，一般要等到扫描仪的镜组完全归位后再切断电源，这对扫描仪电路芯片的正常工作是非常有意义的。

③ 由于一些CCD的扫描仪可以扫小型立体物品，所以在扫描时应当注意：放置锋利物品时不要随便移动以免划伤玻璃；放下上盖时不要用力过猛，以免打碎玻璃。

④ 一些扫描仪在设计上并没有完全切断电源的开关，当用户不用时，扫描仪的灯管依然是亮着的，由于扫描仪灯管也是消耗品（可以类比于荧光灯，但是持续使用时间要长很多），所以建议用户在不用时注意完全切断电源。

⑤ 扫描仪应该摆放在远离窗户的地方，应为窗户附近的灰尘比较多，而且会受到阳光的直射，会缩短塑料部件的使用寿命。

⑥ 由于扫描仪在工作中会产生静电，从而吸附大量灰尘进入机体影响镜组的工作，因此，不要用容易掉碎屑的织物来覆盖（绒制品、棉织品等），可以用丝绸或蜡染布等覆盖，房间适当的湿度可以避免灰尘对扫描仪的影响。

（2）扫描仪的选购

① 扫描精度（分辨率，dpi）。dpi值越高，扫描出来的图像也越接近扫描原件。扫描精度（特别是光学分辨率）不仅是扫描仪对原始扫描件再现能力的具体体现，而且也决定着扫描仪的价格和档次。

② 色彩位数。色彩位数能够反映出扫描出来图像的色彩逼真度，位数越高，扫描还原出来的色彩越好。色彩位数反映了扫描仪在识别色彩位数方面的能力，尽管大多数显卡只支持24位色彩，但由于CCD与人眼感光曲线的不同，为了保证色彩还原的准确，就需要进行修正，这就要求扫描仪的色彩位数至少要达到24位才能获得比较好的色彩还原效果。因此现在尽量应该选购24位色彩位数的扫描仪。

③ 感光元件。扫描仪使用的感光部件都是CCD（电荷耦合器件）或者CIS（接触式感光元件）。在选购扫描仪考虑感光元件的时候，就要看用户对扫描仪的具体用途。如果确定极少会扫描实物，而且工作空间比较小，预算又很紧，或者经常需要移动办公，对于扫描效果不是很在乎，那么可以购买CIS的扫描仪，否则建议购买采用CCD的扫描仪。

④ 灰度级。扫描仪的灰度级水平，反映了它所能提供扫描时由暗到亮层次范围的能力，更具体地说就是扫描仪从纯黑到纯白之间平滑过渡的能力。灰度级位数越大，相对来说扫描所得结果的层次越丰富，效果就越好。

⑤ 接口方式。接口方式的不同，决定了扫描仪的扫描速度和扫描质量。采用SCSI和USB接口的产品扫描速度比较快，扫描质量比较好，适用于经常进行扫描工作以及扫描质量要求比较高的单位和个人使用，早期刚推出时价格相对要贵些，但是随着技术的工业化，现在价格大幅降低。早期采用EPP接口的产品的扫描速度相对要慢些，扫描质量也不及前两者，但其价格相对较低，基本能满足家庭以及普通办公的需要，现在基本已经淘汰。目前主流的接口为USB

接口，USB接口扫描具有速度快、使用方便、支持热插等优点。

⑥ 扫描幅面。扫描仪的扫描幅面通常分为三档：A4幅、A3幅及（工程类）、A1/A0幅。

扫描仪种类繁多，每种扫描仪几乎都有各自的特殊用途，用户在购买时除了考虑上述因素以外，要明确自己的用途以及根据自己的经济预算选择合适的扫描仪。

8.1.2 数字摄像头

数字摄像头是随着互联网的发展而诞生的一种新型网络视频通信产品，数字摄像头又被称为网络摄像机。它集灵活性、实用性和可扩展性于一身。数字摄像头作为一种视频输入设备，广泛应用于视频会议、实时监控等方面。一般用户也可通过摄像头进行视频聊天、家庭和学校等环境的监控。数字摄像头如图1-8-2所示。

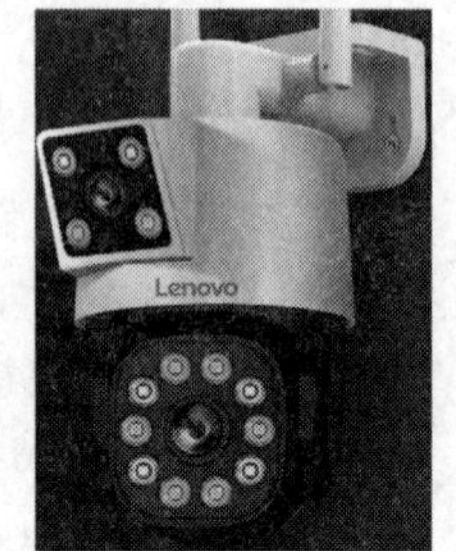

图 1-8-2 摄像头

镜头是组成数字摄像头的重要部分，而摄像器件又是镜头的心脏。根据感光元件不同，摄像器件可分为CCD和CMOS两大类。

数字摄像头的视频捕获能力是用户最关心的性能指标之一。目前，数字摄像头的视频捕获都是通过软件来实现的，因而对计算机的配置要求非常高。

数字摄像头的连接方式通常有以下几种：AV端口方式、接口卡方式、并口方式和USB接口方式。

选购数字摄像头时，需要考虑以下重要的性能指标：

- 感光元件：一般情况下，CCD成像水平和质量比CMOS要高，但价格也较高。
- 像素：主流的摄像头产品多在500万像素左右。
- 对焦方式：主要有手动、固定和自动方式。
- 最大帧数：帧数是指在单位时间1 s内传输图片的张数，值越大，显示的动作越流畅。

8.1.3 光学标记（字符）阅读机和条码阅读器

光学标记（字符）阅读机（见图1-8-3）是一种用光电转换原理读取纸上标记的输入设备，首先将信息卡上信息点的光信号转换为电信号，再经过模/数（A/D）转换，把电信号（模拟信号）变为数字信号，再利用数字滤波、格式预制、对比筛选等一系列技术，完成由涂点到符号的转化过程，同时完成了计算机对数据的录入的需求。常用的有计算机自动评卷记分的输入设备。

图 1-8-3 光学标记阅读机

光学标记（字符）阅读机广泛应用于银行、邮政、物流、医疗、政府等领域。目前，光学标记（字符）阅读机主要使用的技术包括光学字符识别（OCR）、手写字符识别（ICR）和光学标记识别（OMR）等。OCR技术可以识别印刷字符，ICR技术可以识别手写字符，OMR技术可以识别特定的光学标记（如勾选框、填涂区等）。这些技术的应用可以大大提高数据识别的准确性和速度。

条码阅读器是一种通过光电技术读取条码上的信息的设备。它可以读取一维和二维条码，并将其转化为数字或文本格式，用于自动化数据输入、处理和管理等方面。它广泛应用于商品零售、物流、生产制造等领域。目前，条码阅读器主要使用的技术包括激光扫描技术、CCD扫描技术和CMOS图像传感器技术等。激光扫描技术可以快速扫描条码，但不适用于较小的条码；CCD扫描技术可以较好地读取较小的条码，但扫描速度较慢；CMOS图像传感器技术结合了激光扫描和CCD扫描的优点，既能快速扫描大码，也能较好地读取小码。条码阅读器如图1-8-4所示。

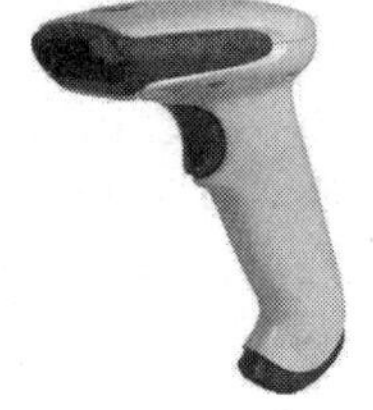

图 1-8-4　条码阅读器

总的来说，光学标记（字符）阅读机和条码阅读器都是通过光学技术读取信息的设备，但应用场景和技术方面有所不同。在实际应用中，根据具体需求选择合适的设备和技术是非常重要的。

8.1.4　语音输入装置

语音输入装置是一种可以将语音信号转换成计算机可识别的数据信号的设备。它通常由麦克风、语音识别引擎和输入接口等组成。用户可以通过说话的方式输入文本信息、控制计算机等。

语音输入装置的主要特点包括以下几个方面：

- 语音识别引擎：语音输入装置的核心部件，用于将语音信号转换成计算机可识别的文本或命令。语音识别引擎的准确性和稳定性是影响语音输入装置性能的关键因素。
- 麦克风：用于捕捉用户的语音信号，并将其转换成电信号。麦克风的品质和灵敏度对语音输入的准确性和稳定性有较大影响。
- 输入接口：用于将语音输入装置和计算机进行连接。常见的输入接口有USB接口、蓝牙接口等。
- 识别速度：指语音输入装置识别语音信号并将其转换成计算机可识别的文本或命令的速度。识别速度越快，用户输入文本或命令的效率越高。
- 兼容性：指语音输入装置与不同的操作系统和软件应用的兼容性。兼容性越好，语音输入装置的适用范围越广。
- 识别准确率：指语音输入装置将语音信号转换成计算机可识别的文本或命令的准确率。识别准确率越高，用户输入文本或命令的准确性和稳定性越好。

总之，语音输入装置具有操作简便、输入效率高等优点，但也存在一定的识别误差和适用范围的限制。用户需要根据实际需要选择适合的语音输入装置，并做好相应的使用和维护工作。

8.2　输出设备

数据输出设备的作用是将处理得到的信息转换成符合输出要求的格式，然后输出到指定的设备中。常用的数据输出设备有打印机、绘图仪、多功能一体机等。

8.2.1　打印机

打印机是一种机电一体化的高技术产品，是将计算机的运行结果或中间结果打印到外部介质上的常用输出设备，通常根据其技术分为针式打印机、喷墨打印机和激光打印机，以及目前新兴的3D打印机。

1. 针式打印机

针式打印机在打印机历史上曾经占有重要地位，从7针发展到24针、再发展到28针等，可以说它在几十年中发挥了巨大的作用。针式打印机之所以经久不衰，这与它相对低廉的价格、极低的打印成本和较好的易用性是分不开的。当然，它很低的分辨率、很大的工作噪声、较差的打印质量，也是它无法适应高质量、高速度打印需要的根本所在。所以现在只有在银行、超市、学校等打印票单或蜡纸的地方还可以看到它的踪迹。针式打印机如图1-8-5所示。

2. 喷墨打印机

喷墨打印机它具有体积小、印字速度快、噪声低、打印质量高等优点，此外具有更为灵活的纸张处理能力，既可以打印信封、信纸等普通介质，还可以打印各种胶片、照片纸、卷纸等特殊介质。由于其价格适中，基本符合了家庭和小型办公室对打印的需求，因此很快成为了主流产品。在国内打印机市场上，佳能和惠普系列喷墨打印机占据着主导地位。喷墨打印机如图1-8-6所示。

喷墨打印机虽然有着上述诸多优点，但在打印速度方面与激光打印机相比要慢一些，在彩色输出质量上也逊色很多。从发展角度来看，在彩色应用领域，喷墨打印机主要定位于家庭和小型办公用户为主的低价位群体。

图 1-8-5　针式打印机

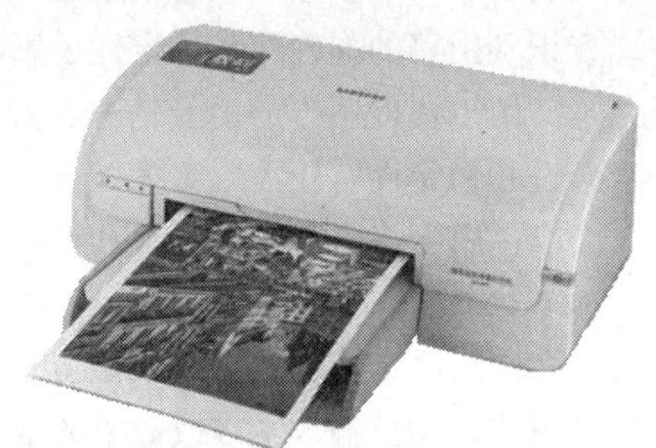

图 1-8-6　喷墨打印机

3. 激光打印机

激光打印机是激光扫描技术与电子照相技术相结合的高技术产品，如图1-8-7所示。与针式打印机和喷墨打印机相比，激光打印机有非常明显的优点：一是分辨率高，激光打印机的打印分辨率一般为1 200 dpi、2 400 dpi、2 800 dpi或更高，已达到了照相机的水平；二是速度快，激光打印机的打印速度一般为24 ppm，有的甚至可以超过28 ppm或更高；三是色彩真实，其色彩还原度比喷墨打印机高出许多；四是噪声低，激光打印机非常适合在安静的办公场所使用；五是数据处理能力强，激光打印机的控制器性能高、内存大，可以进行较复杂的文字、图形和图像处理工作。

激光打印机虽然性能优良，但因为早期价格昂贵，所以用户相对较少，对于普通家庭来说可望而不可及。可是近几年来，激光打印机呈现出加速发展的趋势，在性能不断提高的同时价格也大幅度下降，基本达到了普通用户可以接受的程度。从总的发展趋势看，激光打印机有望取代喷墨打印机而占据市场主导地位。目前，激光打印机的主要品牌有：惠普、爱普生、佳能、联想和方正等。

4. 3D打印机

（1）3D打印机的技术原理

3D打印（3D printing），是制造业领域正在迅速发展的一项新兴技术，被称为“具有工业革命意义的制造技术”。运用该技术进行生产的主要流程是：应用计算机软件设计出立体的加工样式，然后通过特定的成型设备（俗称“3D打印机”，见图1-8-8），用液态、粉末、丝状的固体材料逐层“打印”出产品。

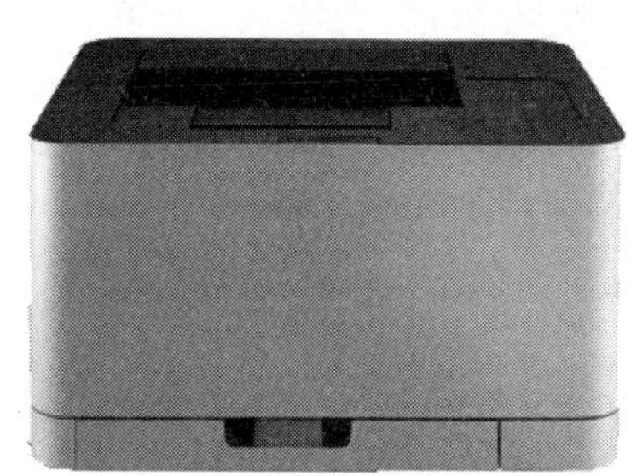
图 1-8-7　激光打印机

图 1-8-8　3D 打印机

3D打印是“增材制造”（additive manufacturing）的主要实现形式。“增材制造”的理念区别于传统的“去除型”制造。传统数控制造一般是在原材料基础上，使用切割、磨削、腐蚀、熔融等办法，去除多余部分，得到零部件，再以拼装、焊接等方法组合成最终产品。而“增材制造”与之截然不同，无须原胚和模具，就能直接根据计算机图形数据，通过叠加材料的方法生成任何形状的物体，简化产品的制造程序，缩短产品的研制周期，提高效率并降低成本。

（2）主流的3D打印技术

- SLS激光粉末烧结成型。
- 3DP三维打印。
- SLA激光光固化。
- FDM熔融沉积造型。

5. 打印机的保养和选购

（1）打印机的保养

以激光打印机保养为例。

① 房间温度应控制在22℃左右，相对湿度20%～80%；并避免阳光直射和化学物品的侵蚀。

② 激光打印机按计算机发出的命令，通过光电作用，将带电墨粉吸附在感光鼓上，再从感光鼓印到打印纸上，加热墨粉，使墨粉溶入纸纤维中，完成打印功能。因此感光鼓在整个激光打印过程中起着重要作用，所以感光鼓的保养更为重要。感光鼓在工作时应保持相对湿度在20% ～80%，温度在10～32.5℃，避免阳光直射，尽量做到恒温恒湿。

③ 激光打印机内的光学暗盒是打印机的关键部件，光学部件有脏污，就无法使从计算机传输过来的数字信息由光电准确转变为静电潜像，文字、图像的数字信息就不能正确转印在载体上。暗盒内的光学部件、位置是用十分精密和专用设备调试定位的，无专用设备不能调动。对激光束检测镜、光纤头、聚焦透镜、六棱镜等的洁净维护应十分谨慎、小心。清洁以上部件、部位，只能用竹镊子或软木片、小棍，避免清洁过程中金属损伤或划伤光学部件。光学部件中，对六棱镜最好“干洗”，其他部件可“干洗”或“水洗”。“水”可用无水乙醇，清洗时用木质或竹质工具配合，用麂皮或药用脱脂棉达到清洁效果，不过最好“干洗”，因为“水洗脱脂棉”易掉纤维，影响光学效果。

④ 激光打印机工作过程是用光电原理将墨粉溶化入纸纤维中，因而激光打印机用纸必须干燥不能有静电，否则易卡纸或打印后的文件发黑。打印纸应保存在温度在17～23℃，相对湿度

在40% ～50%的环境中，这样可以得到最佳打印效果。

⑤ 打印过程中若发现卡纸故障，可将打印机盖打开，将卡在打印机内的纸抽出来，再关上打印机盖，故障即可排除。若频繁出现故障就要用干布清洁打印机的电晕丝和送纸轨道。

⑥ 激光打印机在打印过程中会产生臭氧，每打印五万张就必须更换臭氧过滤器，虽然此时臭氧过滤器看上去很干净，但已不能过滤臭氧了。当激光打印机放在拥挤的环境中、房间的通风不佳、打印机排气口正对操作人员的脸部、臭氧过滤器使用过久等，都会使打印机在打印过程中所产生的臭氧对人体产生危害，此时必需改善打印机的工作环境，并及时更换臭氧过滤器。

⑦ 平时要经常用干布将激光打印机中的纸屑和灰尘抹去，并打扫电晕丝等，只有这样才能保证激光打印机的正常使用，并延长其寿命。

（2）打印机的选购

① 打印质量。人们都希望打印机输出的文字和图形清晰、美观，打印机的输出效果排序是：激光打印机>喷墨打印机>针式打印机。一般来说，分辨率越高，输出效果越好，但是打印机的价格会随分辨率的升高而升高。

② 打印速度。打印机的输出速度关系到工作效率，因此这也是一个重要的选择参数。这个指标数值越大越好，越大表示打印机的工作效率越高。通常情况下，彩色打印的速度要比黑白打印速度慢一些。

③ 综合比较。先选定某一类打印机，然后再对同一类不同型号打印机的功能价格进行比较，如打印幅面、彩色能力，以及有特殊要求需额外选购的配件等，其相应的价格也应考虑。除此之外，打印机的耗材以及维护费用也要考虑。

8.2.2 绘图仪

绘图仪是一种比较常用的图形输出设备，它可以在纸或其他材料上画出图形。绘图仪上一般装有一支或几支不同颜色的绘图笔，这些绘图笔可以在相对于纸的水平和垂直方向上移动，而且根据需要抬起或者降低，从而在纸上画出图形，如图1-8-9所示。

图 1-8-9 绘图仪

在实际应用中，凡是用到图形、图表的地方都在使用绘图仪。在机电工业中，可用于绘制逻辑图、电路图、布线图、机械工程图、集成电路掩模图；在航空工业中，可用于绘制导弹轨迹图、飞机、宇宙飞船、卫星等特殊形状零件的加工图；在建筑工业中，可用于绘制建筑平面及主体图等。目前一些国际标准规定，不是用计算机绘制的图纸不予认可，可见计算机绘图的重要性。

1. 绘图仪的分类

根据不同的工作原理和应用领域，绘图仪可以分为以下几类：

- 喷墨绘图仪：使用喷墨技术进行图像输出，适用于制作高质量的彩色输出。
- 激光绘图仪：使用激光束扫描技术进行图像输出，适用于制作高速和高精度的黑白输出。
- 热敏绘图仪：使用热敏技术进行图像输出，适用于制作黑白的高清晰度输出。
- 点阵绘图仪：使用针头或打印头进行点阵输出，适用于制作高速和低成本的黑白输出。

2. 绘图仪的主要性能指标

● 分辨率：指绘图仪输出图像的清晰度和精细度，通常以dpi（每英寸点数）或ppi（每像素点数）计算。分辨率越高，输出图像越清晰和精细。

● 速度：指绘图仪输出图像的速度，通常以每分钟打印页数（ppm）或每小时打印面积（sq.ft.）计算。输出速度越快，生产效率越高。

● 色彩还原度：指绘图仪输出图像的色彩还原效果，通常以色彩范围和色彩深度来衡量。色彩范围越广，色彩深度越高，色彩还原度越好。

● 噪声：指绘图仪在工作时产生的噪音，通常以分贝（dB）为单位。噪声越小，工作环境越安静。

● 精度：指绘图仪输出图像的准确性和一致性，通常以误差范围来衡量。精度越高，输出图像越准确和一致。

3. 绘图仪的保养和选购

（1）绘图仪的保养

为了延长绘图仪的使用寿命和保证输出质量，需要定期进行维护和保养，具体方法包括：

● 定期清洁：清除绘图仪内部和外部的灰尘和杂物，保持清洁和干燥。

● 更换耗材：定期更换绘图仪的耗材，如墨盒、墨粉、打印头等。

● 调整校准：定期进行调整和校准，保证输出图像的准确性和一致性。

（2）绘图仪的选购

在购买绘图仪时，需要根据实际需求选择适合的型号和规格，考虑以下几个因素：

● 输出质量：根据需要选择适合的分辨率和色彩还原度。

● 输出速度：根据需要选择适合的输出速度。

● 成本和维护费用：根据预算选择适合的价格和维护费用。

● 品牌和信誉：选择有良好品牌和信誉的厂家和产品。

● 售后服务：选择有完善售后服务和技术支持的厂家和产品。

8.2.3 多功能一体机

目前，人们在工作、生活和学习中，对于打印、复印和扫描的使用需求越来越多，单独购买不仅需要花费大量的金钱，而且占用空间较大，因此集成多功能的一体机出现了。一般情况下，将包含两个功能以上的硬件设备称为多功能一体机（见图 1-8-10）。

图 1-8-10　多功能一体机

1. 多功能一体机的类型

通常情况下，打印功能是多功能一体机的基础功能，因此多功能一体机主要分为：喷墨多功能一体机和激光多功能一体机。

● 喷墨多功能一体机。喷墨多功能一体机所使用的耗材是墨盒，墨盒中装着不同颜色的墨水。它的主要特点是体积小、打印的声音较低，操作上比较简单方便。

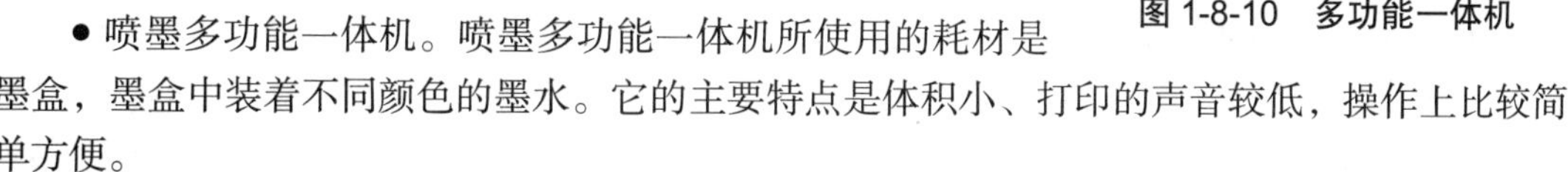

● 激光多功能一体机。激光多功能一体机可分为黑白激光多功能一体机和彩色激光多功能一体机。它们主要是利用激光束进行打印。黑白激光多功能一体机只能打印黑白的文本或者图

像，但其比较实用。而彩色激光多功能一体机虽然成本较高，但是能够输出彩色的文本和图像，输出效果较好。

2. 多功能一体机的选购

多功能一体机的选购主要考虑以下几个性能指标：

- 所包含的功能。根据需求，明确购买多功能一体机的目的，即明确需要多功能一体机具备哪些功能。例如，办公时常用来打印文本，还需要复印一些文件，所以购买黑白多功能一体机就可满足需求。
- 综合考虑性能。每一款多功能一体机产品都有其注重的性能和定位，所以在购买时，需要综合考虑使用的目的。
- 耗材类型。一般耗材类型主要有：硒鼓和墨粉盒分离、硒鼓和墨粉盒一体等。
- 幅面。幅面是指纸张的大小，主要有A3和A4两种。对于家庭和学校的用户来说，使用A4幅面的多功能一体机就可以满足用户的基本需求。

8.3 外围存储设备

微机的外存储器，按其存储介质可分为磁存储器、光存储器和磁光存储器等几种。下面只简单介绍微机标准配置以外的几种外存储器。

8.3.1 磁存储器

磁存储器的主要特点是：存储容量大、成本低、非破坏性读出，而且是非易失性的存储器，允许脱机存档，也称为“永久性”存储器，可以重复使用。其缺点是：存取速度慢，机械结构复杂，对工作环境要求高。磁存储器是历史最久、应用最广的外存储器。

1. 磁带存储器

磁带存储器是一种磁表面存储器，它的读/写原理与磁盘相同，但读写方式与磁盘不同，为顺序读写方式。磁带存储器记录信息的容量大、价格便宜、便于携带、格式统一、互换性好。在早期的PC外存中，曾经使用过磁带存储器和软盘驱动器，但现在已经很难见到它了。

2. 移动硬盘

移动硬盘不但容量很大，而且性能与低档硬盘相差不多。目前市场上流行的活动硬盘采用的都是固定硬盘的最新技术，主要由驱动器和盘片两部分组成，每一个盘片相当于一个硬盘，可以连续更换盘片，以达到无限存储的目的。它们的设计原理是将固定硬盘的磁头在经过了防尘、抗震等技术处理后，集成在更为轻巧、便携并且能够自由移动的驱动器中，把固定硬盘的盘芯通过精密技术加工后统一集成在盘片上。把盘片放入驱动器，便可成为一个具有高可靠性的硬盘。

移动硬盘的主要性能参数和普通硬盘的相差不大。移动硬盘容量大，目前TB级移动硬盘成为主流。移动硬盘体积小，其尺寸分为1.8英寸、2.5英寸和3.5英寸等。目前主流的移动硬盘品牌主要有联想、惠普、爱国者和东芝等。

3. 移动硬盘的保养和选购

（1）移动硬盘的保养

① 正在对硬盘读写时不能关闭电源。硬盘在进行读写时处于高速运转状态中，硬盘转速为7 200 r/min，在硬盘如此高速旋转时忽然关闭电源将导致磁头与盘片猛烈摩擦从而损坏硬盘，所以在关机时一定要注意面板上的硬盘指示灯，确保硬盘完成读写之后才关机。

② 注意防尘。保持使用环境的清洁卫生。如果环境中灰尘过多会，灰尘会被吸附到印制电路板的表面，使某些对灰尘敏感的传感器不能正常工作。主轴电机的内部硬盘在较潮湿的环境中工作，绝缘电阻下降，轻则引起工作不稳定，重则使某些电子器件损坏。用户不能自行拆开硬盘盖，否则空气中的灰尘便进入盘内磁头，读/写操作时将划伤盘片或磁头。

③ 防止硬盘受震动。硬盘是十分精密的设备，工作时磁头在盘片表面的浮动高度只有几微米，不工作时磁头与盘片是接触的。硬盘在进行读写时一旦发生较大的震动就可能造成磁头与数据区相撞击，盘片数据区损坏或划盘，导致丢失硬盘内的数据。因此在主轴电机尚未停机之前严禁搬运硬盘。

④ 控制温度。硬盘的主轴电机、步进电机及其驱动电路工作时都要发热，在使用中要严格控制环境温度，最好在20～25℃。

⑤ 防磁场。不要靠近强磁场，如音箱、电机等，以免硬盘里所记录的数据因磁化而受到破坏。

⑥ 硬盘的整理。硬盘的整理包括两方面：一是根目录的整理，二是硬盘碎片的整理。其他文件，如Windows等操作系统、文字处理系统及其他应用软件都应该分别建立一个子目录。存放一个清晰整洁的目录结构，会为工作带来方便，同时也避免了软件的重复放置及垃圾文件过多浪费硬盘空间，还影响运行速度。

⑦ 防治计算机病毒。用版本较新的杀毒软件对硬盘进行定期的病毒检测，发现病毒立即清除。尽量避免对硬盘进行格式化，因为硬盘格式化会丢失全部数据，并缩短硬盘的使用寿命。

（2）移动硬盘的选购

① 容量。容量是选购移动硬盘时首先考虑的问题。容量的大小直接关乎使用者的存储需求，可以根据自己的实际需求和产品的性价比来决定。

② 速率。选购时应该特别注意移动硬盘的数据传输速率。传输速率可以说是移动硬盘领域的高端技术之一。传输速率的快慢主要是要看该产品的接口方式。现在市场上有IEEE 1394、USB 3.0、USB 3.1、USB 3.2、Type-C几种。国内外的几大知名厂家基本上都采用了USB 3.0的接口，传输速率一般为1 000 MB/s。

③ 抗震。抗震性能的好坏可以说是衡量一款移动硬盘质量的关键所在。为了提高产品的抗震性能，品牌产品大多都采用了目前比较流行的自动滚轴平衡系统以及加装防护网等措施，这样就起到了对硬盘的保护作用。

④ 安全。作为存储设备，所存储数据的安全性可以说是重中之重。目前很多所谓的加密移动硬盘，其实采用的是软件加密技术，存在数据加密与传输并非同步进行、操作界面非常复杂、占用大量系统资源等问题，且存在易被暴力破解等致命弱点。目前市场中有很多产品采用硬件加密技术，通过电子密钥，无须用户记住冗长的密码，无须复杂的管理界面，能够有效防止非法用户访问数据，切实保障数据的安全，并可实现一对一、一对多的方案式加密。

⑤ 引导启动功能。系统死机或是崩溃是工作中最怕遇见的问题，因此在选择移动硬盘时，是否具备引导启动功能就必须在我们的考虑范围之内。如果计算机主板同时也支持USB-HDD启动，那么当计算机没有硬盘或是硬盘引导遭到破坏的情况下，完全可以用移动硬盘来进行启动引导，然后进行系统修复、数据复制、杀毒等工作。这样就能够给我们的工作带来更好的保障。

⑥ 体积。在选购移动硬盘时，现在的1.8英寸和2.5英寸产品成为市场上的主流产品。

⑦ 外观。外观也是必须考虑的一个因素。由于移动硬盘在携带过程中不可避免地要发生碰

撞，因此，建议尽量选购金属外壳的产品。而且金属外科的质感和光泽都是其他材料所无法比拟的。

⑧ 售后服务。目前市场上品牌保修期多为三年、五年，质保、售后服务及技术支持十分重要。

8.3.2　U盘

U盘如图1-8-11所示。是一种常用的移动存储设备，主要用于存储较大的文件以及在微机之间方便地进行数据交换。U盘与硬盘的最大不同是，它不需要物理驱动器，即插即用，且便于携带，占用空间小。U盘集磁盘存储技术、闪存技术及通用串行总线技术于一体。目前流行的U盘容量一般为64 GB、128 GB或者256 GB。U盘的接口类型主要包括USB 2.0/3.0/3.1、Type C和Lightning等。主流的U盘品牌主要有联想、金士顿、方正等。

图 1-8-11　U 盘

从目前消费类移动存储设备的应用情况来看，使用闪存技术的存储设备在价格、可靠性、容量等方面都具有明显的优势，并具有免费技术支持，基本上能满足用户的要求。优盘的保养和选购基本与硬盘的保养和选购相同，在此不再赘述。

8.4　网络通信设备

网络通信设备的作用是实现用户间各种数据信息方便、快速及低成本地传输，以达到信息资源共享的目的。常用的网络通信设备有网络适配器（网卡）、交换机、路由器等。

8.4.1　网络适配器

网络适配器也称网卡或网络接口卡（network interface card，NIC）。它和显卡、声卡一样也是一种外插卡，把它插在微机主板的总线扩展槽中，通过接口与网络线缆相连。在局域网中，微机只有通过网卡才能与网络进行通信。现在大多数生产主板的厂家已经把网卡的功能集成到了主板上。所以，带集成网卡功能的主板也就不再需要配备网卡了。

按照不同的分类方法，网络适配器主要有以下几种：

① 按传输速率，网卡主要有10 Mbit/s网卡、10/100 Mbit/s自适应网卡及吉比特（1 000 Mbit/s）网卡等。目前经常用到的是10 Mbit/s网卡和10/100 Mbit/s自适应网卡，它们价格便宜，比较适用于个人用户和普通服务器，10/100 Mbit/s自适应网卡在各方面都要优于10 Mbit/s网卡。吉比特（1 000 Mbit/s）网卡主要用于高速的服务器。

② 按其连接线接口类型，有RJ-45接口网卡、BNC细缆接口网卡、AUI接口网卡、F/O接口网卡。针对不同的传输介质，网卡提供了相应的接口。适用于非屏蔽双绞线的网卡提供了RJ-45接口；适用于细同轴电缆的网卡提供了BNC接口；适用于粗同轴电缆的网卡提供了AUI接口；适用于光纤的网卡提供了F/O接口。

③ 按其总线的类型可分为PCI网卡、ISA网卡、USB接口网卡、PCMCIA接口网卡等。USB接口网卡主要用于满足没有内置网卡的笔记本电脑用户，它通过主板上的USB接口引出。

④ 按其网卡访问网络的方式，将网卡分为有线网卡和无线网卡。有线网卡是指必须将网络连接线连到网卡中，才能访问网络的网卡；而无线网卡是指在无线局域网的无线网络信号覆盖下，通过无线连接网络上网使用的无线终端设备。

网络适配器的工作原理是整理计算机中要发往网络的数据，并将数据分解为适当大小的数据包之后向网络发送出去。每块网卡都有一个唯一的网络节点地址，也就是MAC地址。

8.4.2　交换机

1. 交换机概述

交换机（switch）就是交换式集线器，它通过对信息进行重新生成，并经过内部处理后转发至指定端口，具备自动寻址能力和交换作用。交换机根据所传递信息包的目的地址，将每一信息包独立地从源端口送至目的端口，避免了与其他端口发生碰撞与冲突。交换机就是一种在通信系统中完成信息交换功能的设备，如图1-8-12所示。

图 1-8-12　交换机

交换机在工作时，检查每一个收到的数据包，并且对该数据包进行相应的处理。在交换机中保存着每一个网段上所有节点的物理地址表（MAC地址），它只允许必要的网络流量通过交换机。例如，当交换机接收到一个数据包之后，它需要根据自身保存的网络地址表来检验数据包内所包含的发送方地址和接收方地址。如果接收方地址位于发送方地址网段，那么该数据包就不会通过交换机传送到其他网段，从而减少冲突域；如果接收方地址与发送方地址是属于两个不同的网段，那么交换机就会根据地址表找到对应的端口，将该数据包从该端口转发到目标网段；如果不知道目的地址则采用广播方式向所有相连的端口转发，直到接收到目标机的回答信号，然后自动把目标机的MAC地址记录到自己的物理地址表中。这样，就可以通过交换机的过滤和转发功能来避免网络广播风暴，减少误包和错包的出现。

在网络中，交换机具有以下两方面的重要作用：

① 交换机可以将原有的网络划分成多个子网络，能够扩展网络有效传输距离，并支持更多的网络结点。

② 使用交换机来划分网络可以有效隔离网络流量，减少网络中的冲突，缓解网络拥挤状况。但是在使用交换机进行数据包处理时，不可避免地会带来处理时间的延迟，所以，在不必要的情况下盲目使用交换机，实际上可能会降低整个网络的性能。

一般来说，交换机的每个端口都用来连接一个独立的网段，但是有时为了提供更快的接入速度，可以把一些重要的网络计算机直接连接到交换机的端口上，这样网络的关键服务器和重要用户就拥有更快的接入速度，支持更大的信息流量。

交换机与集线器相比最大的优势是速度快，此外，交换机还可以提供网管、虚拟子网、服务质量保证等功能，在宽带网络大量普及的今天，拥有更大的带宽也就拥有了更加完善的网络服务，使用户即使在网络拥挤的高峰期也能顺畅使用属于自己的快车道。

目前，交换机还具备了一些新的功能，如对VLAN（虚拟局域网）的支持、对链路汇聚的支持，有的甚至还具有防火墙的功能。低端的交换机一般为即连即用，高档的交换机有内置的CPU，可以进行配置，以满足复杂的要求。

2. 交换机的分类

交换机按其网络覆盖范围可分为两种：广域网交换机和局域网交换机。广域网交换机主要应用于电信、Internet接入等领域的广域网中，提供通信用的基础平台。而局域网交换机则应用于局域网络，用于连接终端设备，如服务器、工作站、集线器、路由器、网络打印机等，提供高速独立通信通道。局域网交换机主要分为三类：

① 根据交换机使用的网络传输介质及传输速率分类，主要包括以太网交换机、快速以太网交换机、吉比特以太网交换机、10吉比特以太网交换机、ATM交换机和FDDI交换机。

② 根据交换机应用的网络层次进行分类，主要分为企业级交换机、校园网交换机、部门级交换机、工作组交换机和桌面型交换机。

③ 根据OSI参考模型的分层结构分类，主要分为二层交换机、三层交换机和四层交换机。

3. 交换机的工作原理

交换机的工作原理是存储转发，它将某个端口发送的信息先储存下来，然后根据其发送帧中的目标MAC地址查找机内的地址表，找到后发送到指定的目的地。

帧交换是目前应用非常广的局域网交换技术，它通过对传统传输介质进行微分段，提供并行传送的机制，以减小冲突域，获得高的带宽。一般来讲，每个公司的产品实现技术均会有差异，但对网络帧的处理方式一般有直通交换、存储转发等。

8.4.3 路由器

路由器如图1-8-13所示，是目前应用最广泛的网络互连设备，用于局域网与局域网、局域网与广域网及广域网与广域网之间的互连。路由器的任务主要分为转发和路由选择。转发就是路由器根据转发表将用户的IP数据包从合适的端口转发出去。路由选择则是按照路由选择算法，根据从各相邻路由器得到的关于网络拓扑的变化情况，动态地改变所选择的路由。现在使用最多的是宽带路由器，伴随着宽带的普及而生。

图1-8-13 路由器

路由器工作在OSI网络模型中的第三层（即网络层），它的主要目的是在网络之间提供路由选择，进行分组转发。路由器可以是专用路由器，也可以由安装两块网卡运行路由软件的微机来担任。

路由器与交换机不同，路由器是使用专门的软件协议从逻辑上对整个网络进行划分。例如，一台支持IP协议的路由器可以把网络划分成多个子网段，只有指向特殊IP地址的网络流量才允许通过路由器。路由器对每一个接收到的数据包，都会重新计算其校验值，最后写入新路由表中，因此在网络中使用路由器来转发和过滤数据的速度往往要比只查看数据包物理地址的交换机慢一些。但是对于那些结构较复杂的网络，采用路由器来连接网络可以提高网络的整体效率。

路由器的作用可以总结为以下几点：

- 将大型网络拆分为较小的网络，以提高网络的带宽。
- 在网络之间充当网络安全层，具备数据包过滤功能的路由器还可以作为硬件防火墙使用，为局域网提供安全隔离。

- 由于广播消息不会通过路由器，因此路由器可以抑制网络广播风暴。
- 实现不同的网络协议的连接。
- 选择最优的路径。路由器可以在发送端和接收端找到多条路径，并按照某种策略从中选择最优的路径。

路由器的工作原理是：在网络中收到任何一个数据包（包括广播包在内），都将该数据包第二层（数据链路层）的信息去掉（称为“拆包”），并查看第三层信息（IP地址），然后再根据自己存储的路由表来确定数据包的路由，再检查安全访问表，如果能够通过，则进行第二层信息的封装（又称为“打包”），最后才将该数据包转发，如果在路由表中查找不到对应网络的MAC地址，则路由器将向源地址的站点返回一个信息，然后将这个数据包丢弃。

8.4.4　常用的几种网络接入方式

1. DDN接入方式

DDN（digital data network，数字数据网）是随着数据通信业务的发展而迅速发展起来的一种新型网络。DDN的主干网传输媒介有光纤、数字微波、卫星信道等；到用户端大多使用普通电缆和双绞线接入。DDN利用数字网络传输数据信号，与传统的模拟通信方式相比有本质的区别。DDN传输的数据具有质量高、速度快、网络延时小等一系列优点，特别适合于计算机主机之间、局域网之间、计算机主机与远程终端之间的大容量、多媒体、中高速通信，DDN可以说是我国的中高速信息国道。

DDN作为一种特殊的接入方式有着它自身的优势和特点，具有为用户提供点对点的数字专用线路、适用于频繁的大数据量通信等特点。

2. ISDN接入方式

ISDN（integrated service digital network，综合业务数字网）也就是通常所说的“一线通”，图1-8-14所示为ISDN设备。

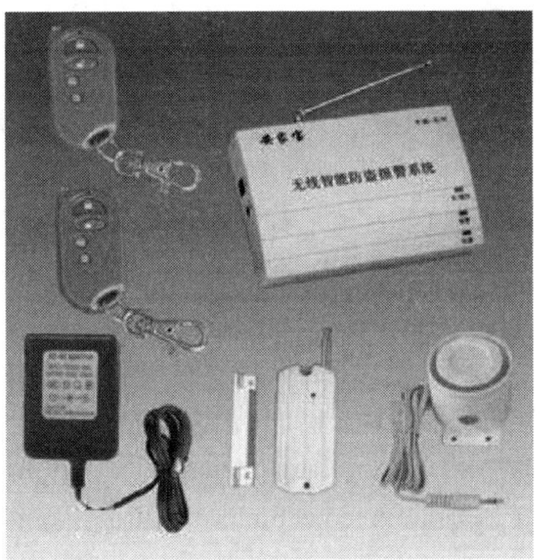

图 1-8-14　ISDN 设备

综合业务是指包括语音、数据、文字、图像在内的各种业务。ISDN以数字信号的形式和时分多路复用方式进行通信，任何形式的原始信号，只要能够转换成数字信号，都可以直接在数字网中传输，实现用户之间的通信。而语音和图像等模拟信号的传输必须在发送端进行模/数转换，并在接收端进行数/模转换。ISDN以64 kbit/s为基础，为用户提供端到端的数字连接。所谓端到端数字传输，是指从一个用户终端到另一个用户终端之间的传输全部是数字化的。ISDN方式的特点是同时提供两个B信道和一个D信道，每个B信道可以提供64 kbit/s的传输速率（B信道提供话路和网络服务），数据吞吐量能达到128 kbit/s。D信道提供16 kbit/s或64 kbit/s的传输速率，用于传输信令。这种ISDN方式也称窄带ISDN，简称为N-ISDN；还有另一种宽带ISDN，简称B-ISDN。

3. ADSL接入方式

ADSL（asymmetrical digital subscriber loop，非对称数字用户线路）是一种使用优质电话线

进行数字传输的方式，是目前使用最多的DSL技术。“非对称”是指下行（从ISP到用户）带宽远远大于上行（从用户到ISP）带宽。

ADSL提供了高速数据通信能力，其数据传输速率远高于拨号上网，很好地满足了交互式多媒体应用。ADSL目前已经广泛地应用在家庭上网中，ADSL上网无须拨号，并可同时连接多个设备，包括ADSL Modem、普通电话机和个人计算机等。

4. 光纤接入方式

光纤接入是指局端设备与用户之间完全以光纤作为传输介质，采用的具体接入技术可以不同。光接入网的主要传输介质是光纤，光纤用于实现接入网的信息传送。光接入网具有满足用户对业务需求等优点。光纤接入的分类主要包括有源光接入和无源光接入。光纤接入主要有光纤到大楼、光纤到路边、光纤到户三种形式。为了更快地下载视频文件，以及更加流畅地欣赏网上的各种高清视频节目，最理想的住宅接入方式当然是直接通过光纤接入，即光纤到户。

5. 无线接入方式

人们希望随时随地都能访问互联网，有线接入的手段显然不能完全满足人们的需求。无线接入方式是指从交换节点到用户终端之间，部分或全部采用了无线手段的一种接入方式。无线接入不需要专门进行管道线路的铺设，为一些光纤或电缆无法铺设的区域提供了业务接入的可能，缩短了工程项目的时间，节约了管道线路的投资。可方便地进行业务迁移、扩容，在临时搭建业务点的应用中优势更加明显。使用无线接入技术，人们可以在任何时候，从任何地方接入Internet或Intranet，完成自己想做的事情，如读取电子邮件、查询和下载工作当中所需要的重要数据等。它已经成为人们从事商务活动最为理想的传输媒体。无线接入技术目前最常用的有两种：无线局域接入和无线广域接入。无线局域接入是指通过无线局域网接入到互联网，典型的是Wi-Fi。无线广域接入是指通过蜂窝移动通信系统接入到互联网，典型的是4G、5G、6G等。

8.4.5 常用的几种网络协议

通俗地说，网络协议就是网络之间沟通、交流的桥梁，只有使用相同网络协议的计算机才能进行信息的沟通与交流。这就好比人与人之间交流所使用的各种语言一样，只有使用相同语言才能正常、顺利地进行交流。从专业角度定义，网络协议就是计算机在网络中实现通信时必须遵守的约定，也就是通信规则。协议中主要是制定信息传输的速率、传输代码、代码结构、传输控制步骤、出错控制等标准。

到目前为止，已经开发出来的网络协议有许多种，其中大多数协议已被淘汰。那些保留下来的协议经历了时间的考验并被用户接受，成为有效的通信方法。常用的协议主要是用户数据报协议（user datagram protocol，UDP）、传输控制协议（transmission control protocol，TCP）和网际协议（internet protocol，IP）。

1. UDP

TCP/IP协议簇支持一个无连接的传输层协议，该协议提供面向事物的、简单的、不可靠信息的传送服务，被称为用户数据报协议（user datagram protocol，UDP）。UDP是无连接的，即发送数据之前不需要建立连接，因此减少了开销和发送数据之前的时延。而且，UDP支持一对一、一对多、多对一和多对多的交互通信。

2. TCP

TCP是面向连接的传输层协议。TCP每一条连接上的双向通信只能是一对一的，而不可能是一对多、多对一或多对多的，即一条连接只能有两个端点。为保证数据传输的可靠性，TCP使用三次握手的方法来建立和释放传输的连接，并使用确认和重传机制来实现传输差错的控制，另外，TCP采用窗口机制以实现流量控制和拥塞控制。

3. IP

网际协议（internet protocol，IP）是TCP/IP体系中最常用的网际层协议。设计IP的目的是提高网络的可扩展性：一是解决大规模、异构网络的互联互通问题；二是分割顶层网络应用和低层网络技术之间的耦合关系，以利用两者独立发展。根据端到端的设计原则，IP只为主机提供一种无连接、不可靠、尽力而为的数据报传输服务。IP是整个TCP/IP协议簇的核心，也是构成互联网的基础。

8.5 UPS电源

UPS的中文意思为“不间断电源”，是英语“uninterruptible power system/uninterruptible power supply”的缩写，它可以保障计算机系统在停电之后继续工作一段时间以使用户能够紧急存盘，使用户不致因停电而影响工作或丢失数据。图1-8-15所示为UPS电源。

图 1-8-15 UPS 电源

1. UPS的分类

UPS按工作原理分成后备式、在线式与在线互动式三大类。其中，最常用的是后备式UPS，它具备了自动稳压、断电保护等UPS最基础、最重要的功能，虽然一般有一定的转换时间，但由于结构简单而具有价格便宜、可靠性高等优点，因此广泛应用于微机、外设、POS机等领域。

2. UPS的保养与选购

（1）UPS的保养

① 保持适宜的环境温度。影响蓄电池寿命的重要因素是环境温度，一般电池生产厂家要求的最佳环境温度是在20～25℃之间。虽然温度的升高对电池放电能力有所提高，但付出的代价却是电池的寿命大大缩短。因为，环境温度的提高，会导致电池内部化学活性增强，从而产生大量的热能，又会反过来促使周围环境温度升高，这种恶性循环，会加速缩短电池的寿命。

② 定期充电放电。UPS电源中的浮充电压和放电电压在出厂时均已调试到额定值，而放电电流的大小是随着负载的增大而增加的，使用中应合理调节负载，比如控制微机等电子设备的使用台数。一般情况下，负载不宜超过UPS额定负载的60%。在这个范围内，电池就不会出现过度放电。UPS因长期与市电相连，在供电质量高、很少发生市电停电的使用环境中，蓄电池会长期处于浮充电状态，日久就会导致电池化学能与电能相互转化的活性降低，加速老化而缩短使用寿命。

③ 利用通信功能。大多数大、中型UPS都具备与微机通信和程序控制等可操作性能。在微机上安装相应的软件，通过串/并口连接UPS，运行该程序，就可以利用微机与UPS进行通信。一般具有信息查询、参数设置、定时设定、自动关机和报警等功能。通过信息查询，可以获取市电输入电压、UPS输出电压、负载利用率、电池容量利用率、机内温度和市电频率等信息；通过参数设置，可以设定UPS基本特性、电池可维持时间和电池用完告警等。通过这些智能化的操作，大大方便了UPS电源及其蓄电池的使用管理。

④ 及时更换废/坏电池。在UPS连续不断的运行使用中，因性能和质量上的差别，个别电池性能下降、储电容量达不到要求而损坏是难免的。当电池组中某个/些电池出现损坏时，维护人员应当对每只电池进行检查测试，排除损坏的电池。更换新的电池时，应该力求购买同厂家同型号的电池，禁止防酸电池和密封电池、不同规格的电池混合使用。

（2）UPS的选购

① 稳定性。因为UPS是起保障作用的，因此它自身的稳定性更为重中之重。所以，当用户选购UPS产品时，不管是中小型企业用户还是其他，首先必须考虑UPS产品的质量，产品的质量是用户选用产品的第一要则。

② 后备时间。后备时间是很多用户在购买UPS产品时会关注比较多的一个指标。也就是停电后继续为用户供电的时间。

③ 确定UPS的类型。根据负载对输出稳定度、切换时间、输出波形要求来确定是选择在线式、在线互动式还是后备式，以及正弦波、方波等类型的UPS。

在线式UPS的输出稳定度、瞬间响应能力比另外两种强，对非线性负载的适应能力也较强。对一些较精密的设备、较重要的设备要采用在线式UPS。在一些市电波动范围比较大的地区，避免使用互动式和后备式UPS。如果要使用发电机配短延时UPS，推荐用在线式UPS。

④ 服务能力。每个用户的网络特点、电力环境都不相同，电源保护要求也随之变化。用户在使用UPS时可能遇到种种问题，用户希望自己购置的是完全适合实际需求的产品和服务，而且关心设备投资的周期、长期回报率及投资风险。而现实是，绝大多数用户缺乏这方面的专业知识，所以，优质的服务体系和主动的服务态度也成为用户选购UPS时必须考虑的一个重要因素。

习　题

1. 扫描仪通常可分为几类？各有什么特点？
2. 按所采用的基本技术，打印机分为哪几种？各有什么特点？
3. 若要购买一台家用喷墨打印机，应从哪些方面做出选择？
4. 简述激光打印机的成像过程。
5. 简述交换机的功能。
6. 简述路由器的功能和工作原理。

第二部分 实验指导

实验 1 微机主要功能部件的识别和连接

一、实验目的

① 了解微机系统的总体结构，能识别各种外围设备及安装位置。

② 认识主机箱内的各种板卡，能说出它们的名称及主要功能。

③ 认识主板各种总线插槽的形状、颜色及位置、芯片组和各种接口插座，并掌握其功能。

④ 能识别出不同品牌的产品，了解其功能和基本原理。

⑤ 掌握微机各部分之间连接的方式（包括信号线和电源线）。

二、实验器材及环境

① 工作台。

② 微机一套。

③ 实验用工具（十字螺丝刀等）。

④ 绘图铅笔、绘图纸。

三、实验内容及步骤

① 观察主机箱与显示器、打印机、键盘、鼠标、音箱等外围设备的安装位置及信号线连接方式和电源插接。

② 拆卸各种外围设备。

③ 打开主机箱，观察机箱电源的位置、电源输出口各接头及连接方式。

④ 观察主机箱内硬盘、光驱的位置，以及信号线连接方式和电源插接方式。

⑤ 观察主板各种总线插槽的形状、颜色及位置。

⑥ 认识总线扩展槽上各种板卡，能说出它们的名称、特征，以及与外围设备的连接。

⑦ 仔细观察主板、CPU芯片、内存条、芯片组的位置。

四、实验要求

① 画出微机主机前面板、后面板、主板布置图（图2-1-1可供参考）。

② 画出主机内部结构图（见图2-1-2）。

③ 了解主机内部各部件及总线名称。

④ 写出完整的实验报告。

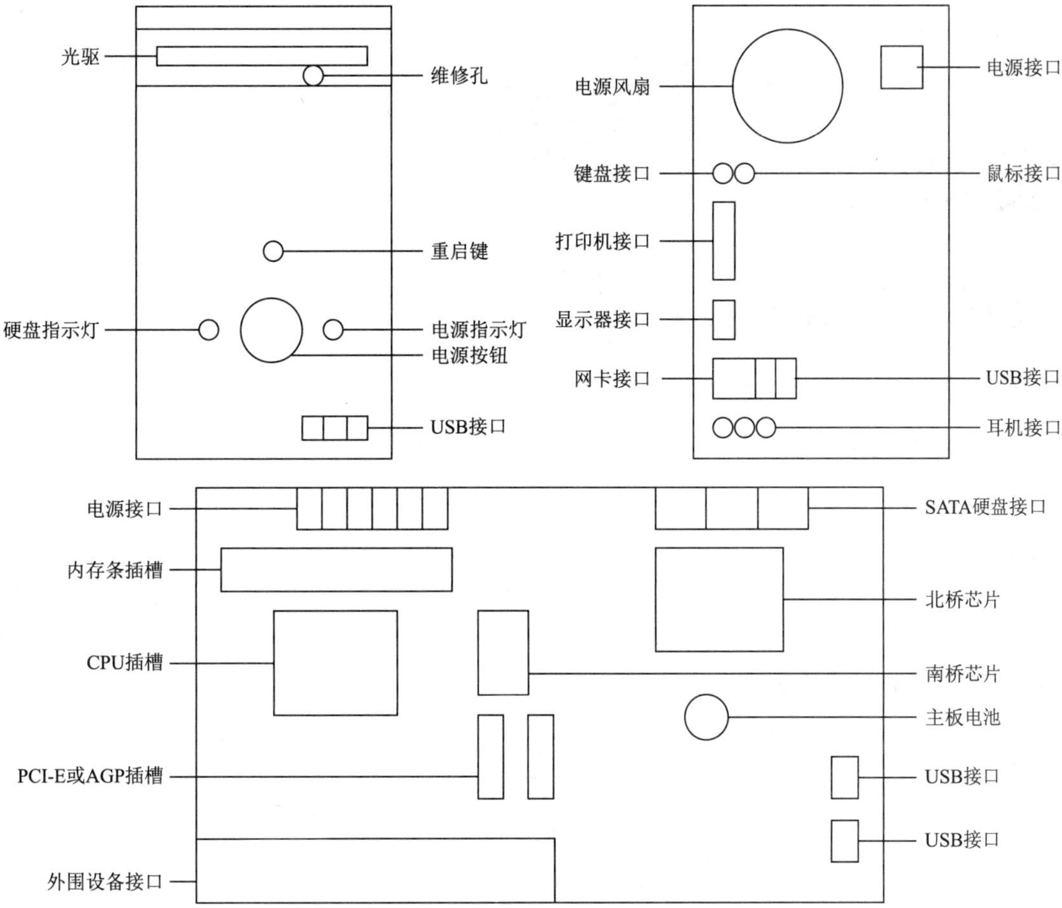

光驱
维修孔
重启键
硬盘指示灯
电源指示灯
电源按钮
USB接口
电源风扇
电源接口
键盘接口
鼠标接口
打印机接口
显示器接口
网卡接口
USB接口
耳机接口
电源接口
SATA硬盘接口
内存条插槽
北桥芯片
CPU插槽
南桥芯片
主板电池
PCI-E或AGP插槽
USB接口
USB接口
外围设备接口

图 2-1-1　微机主机前面板、后面板、主板布置图

微处理器
内存储器
输入/输出接口

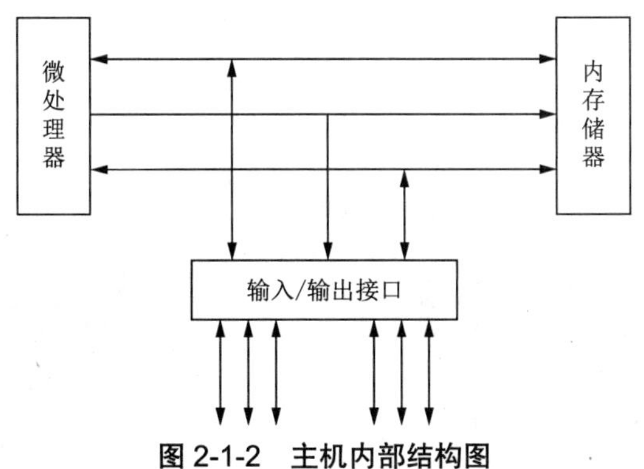

图 2-1-2　主机内部结构图

五、注意事项

① 实验前要求写出预习实验报告。

② 实验过程中必须听从指导教师的安排，未经教师许可不得擅自操作。

③ 操作时要轻拿轻放，做到边操作边记录。

④ 如果需要开机观察结果，必须经指导教师检查，确认无误后方可加电。

实验 2 微机系统的组装

一、实验目的

（1）从模拟购机开始到完成组装的过程中，熟悉多媒体微机组装的一般流程和注意事项。

（2）在微机组装实践过程中进一步认识多媒体微机的各个配件的功能和原理。

（3）学会组装多媒体微机的一般方法，并能独立完成组装和调试。

二、实验器材及环境

（1）一只数字式或指针式万用表。

（2）十字螺丝刀和一字螺丝刀各一把、尖嘴钳一把、镊子一把。

（3）准备一张系统启动盘。

（4）准备好组装需要的各种散件。

（5）准备好机箱和电源及各种连线。

三、实验内容步骤

（1）参照主板说明书，依次找到主板上的各种配件的接口，包括CPU插座、内存插槽、电源插座、PCI-E或PCI插槽、SATA机械硬盘或m.2固态硬盘接口、电源接口、主机操作面板接口等。

（2）在主板上安装CPU和风扇，安装示意如图2-2-1所示。

（a）安装 CPU1

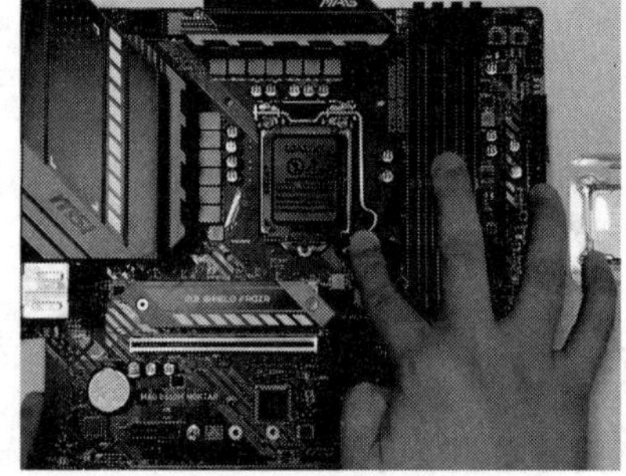

（b）安装 CPU2

图 2-2-1 安装 CPU 和风扇

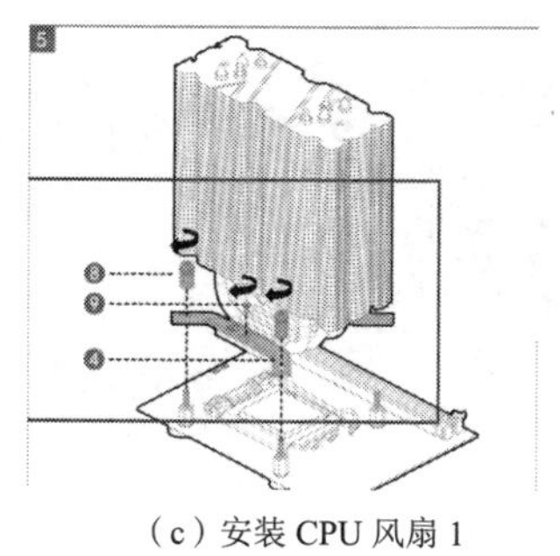

（c）安装 CPU 风扇 1

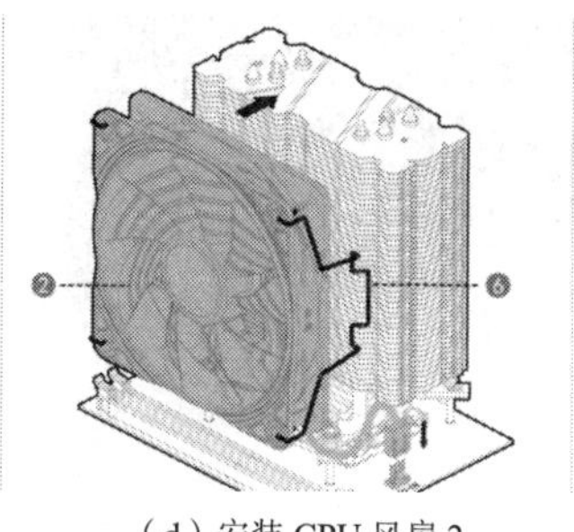

（d）安装 CPU 风扇 2

图 2-2-1　安装 CPU 和风扇（续）

（3）在主板上安装内存条，如图2-2-2所示。

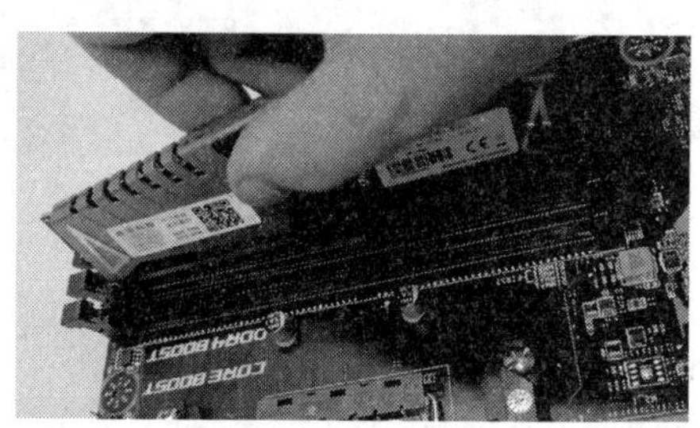

图 2-2-2　安装内存条

（4）把已安装好CPU和内存条的主板固定在机箱内。固定时要注意方向，固定支架分布要合理，保证主板PCB板背面电路与机箱不直接接触，以免发生短路。安装主板的示意如图2-2-3所示。

（a）准备好机箱

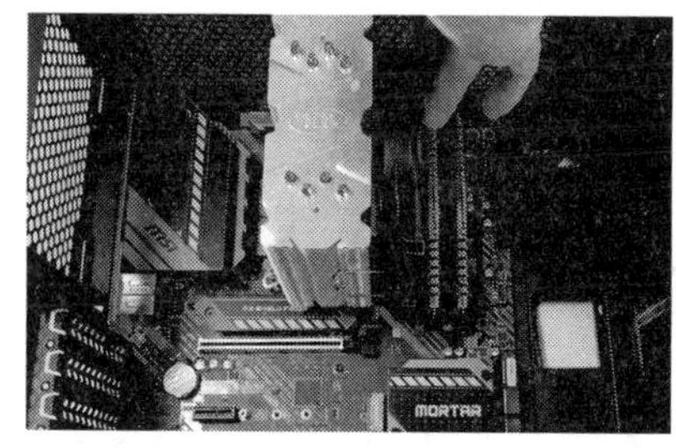

（b）将主板安装到机箱中

图 2-2-3　安装主板

（5）安装显卡，以主板上面有一个PCI-E插槽为例，将显卡插到主板的PCI-E插槽上，然后用螺钉固定在机箱背板上，如图2-2-4所示。如果不是整合主板，还需要在主板的PCI插槽上安装声卡和网卡等扩展卡。

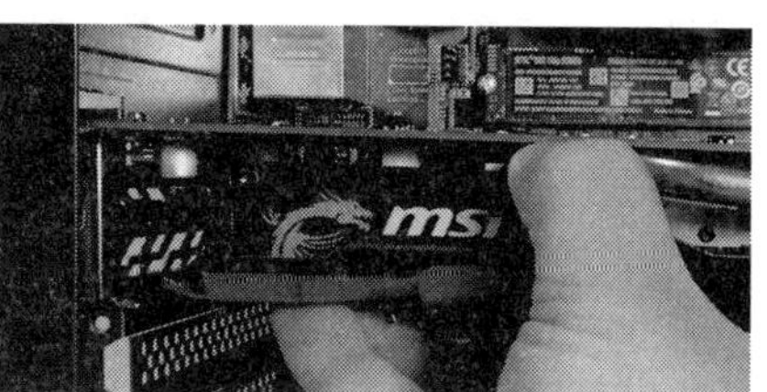

图 2-2-4　安装显卡

（6）将ATX电源放在机箱的电源支架上，用螺钉固定在机箱背板上，将20芯（或24芯）ATX电源输出插头插到主板电源插座上。安装ATX电源的示意如图2-2-5所示。

（a）将电源装入机箱

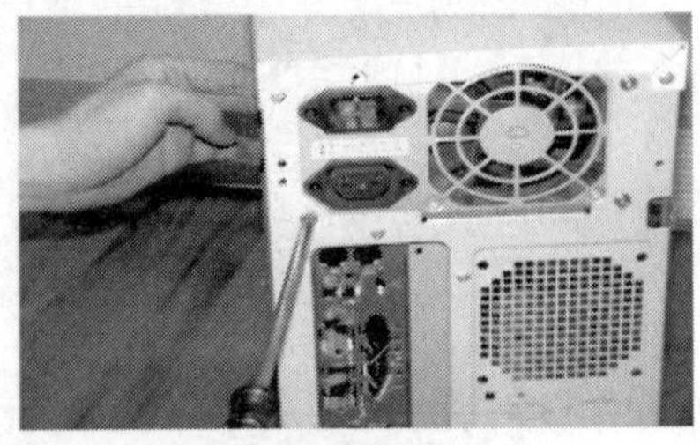
（b）拧紧螺钉

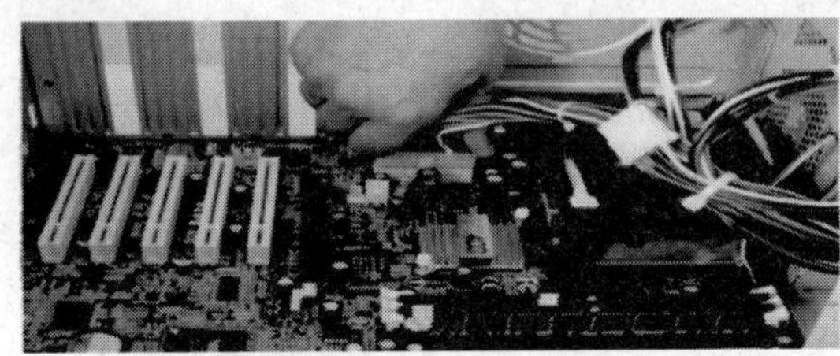
（c）将输出插头插到主板电源插座上

图 2-2-5　安装电源

（7）把机械硬盘固定在相应的5.25英寸（1英寸≈2.54 cm）驱动器架上。一般的机箱配备一个硬盘盒支架，在硬盘盒支架的上下两方各提供一个机械硬盘的安装位。固定好机械硬盘后将硬盘用数据线连在SATA1上，再把相应的ATX电源输出插头接到对应的设备上。连接时注意数据线的方向，主板上安装好后再安装硬盘。安装示意如图2-2-6所示。

（8）在CPU插槽的下方找到m.2硬盘插槽（如果主板上自带有散热片的需先行将散热片移除，待安装好m.2硬盘再将散热片归位）。m.2硬盘安装示意如图2-2-7所示。

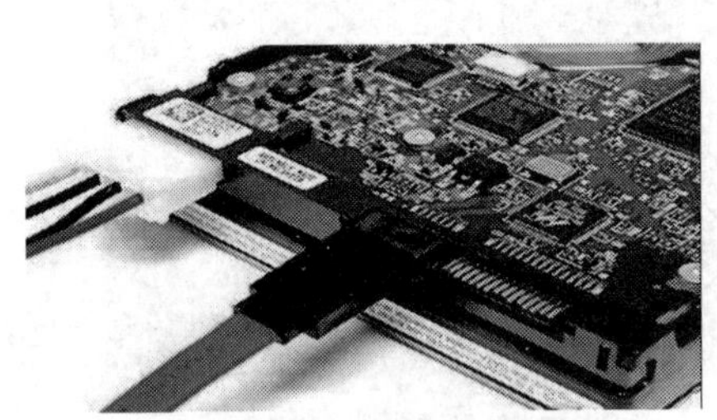
图 2-2-6　安装机械硬盘

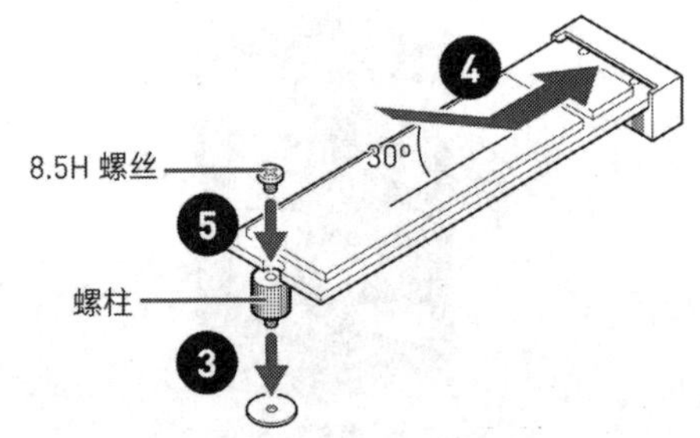

图 2-2-7　安装 m.2 固态硬盘

（9）机箱操作面板上各按钮、指示灯和主板的连接。机箱上一般有五组线，分别是POWER SW（电源开关）SPEAKER（PC喇叭）、RESET SW（复位开关）、HDD LED（硬盘工作指示灯）、POWERSW（电源开关指示灯），参照主板说明书和主板上标示对应插在相应的插针上。图2-2-8所示为五组连接线。

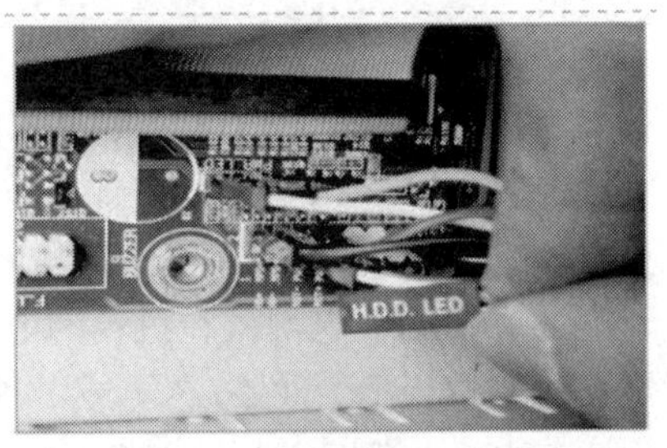

图 2-2-8　五组线连接

（10）至此安装的大部分工作完成了，接下来把显示器、鼠标、键盘都接好，在机箱后侧面板及前置接口面板找到音频输出、输入接口，便于后续使用（音频输出接口的提示标志为头戴式耳机，音频输入接口的提示标志为麦克风）。把机箱晃动几下，看看有没有螺钉等其他小东西落入机箱。注意：

通电之前请不要盖上机箱盖板，检查确认安装正确后，通电试机，正常后方可盖住机箱盖板。安装步骤如图2-2-9所示。

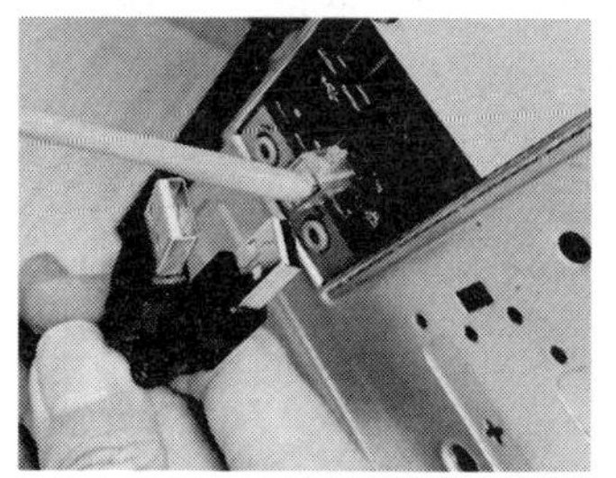

（a）连接键盘和鼠标

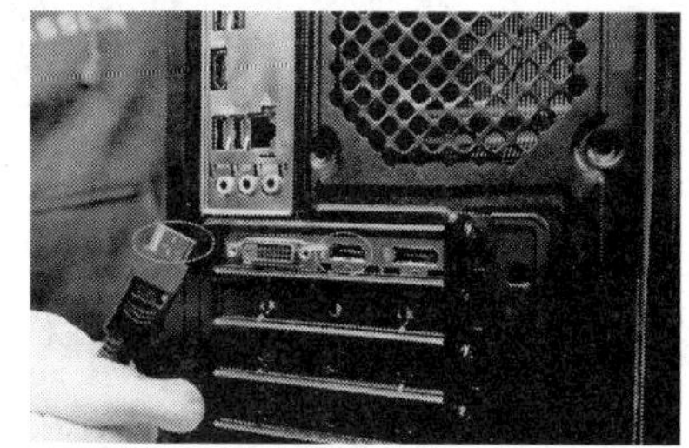

（b）连接显示器

（c）机箱前置接口面板

（d）连接电源

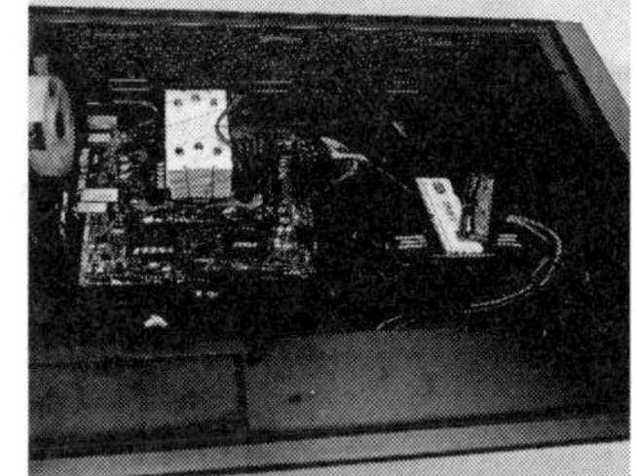

（e）整理线路

图 2-2-9　安装步骤

四、实验要求

（1）在安装过程中，所有的硬件一定要轻拿轻放；在安装的过程中用力要适中，不要用力过猛，以免造成硬件损坏。

（2）写出完整的实验报告。

五、注意事项

（1）实验前要求写出预习实验报告。

（2）实验过程中必须听从指导教师的安排，未经教师许可不得擅自操作。

（3）做到边操作边记录。

（4）如果需要开机观察结果，必须经指导教师检查确认无误后方可加电。

（5）一定要保证人身安全，同时也要注意设备的安全。

（6）总结实验过程中遇到的问题、处理过程和体会。

实验 3

CMOS 设置

一、实验目的

① 进一步加深对CMOS的理解。

② 掌握CMOS设置的各项设置参数和特性，学会CMOS设置的方法。

二、实验器材及环境

① 微机一套。

② Windows 10系统盘一张。

三、实验内容及步骤

① 开机后，屏幕上方显示计算机LOGO时，立即按【F2】键，进入CMOS设置的主菜单（有些计算机是按【Ctrl+Alt+Esc】组合键，有些是按【F10】键，通常要看屏幕上的提示来选择相应的方式），如图2-3-1所示。

② 基本CMOS设置：用方向键把光条移到Configuration选项，然后按【Enter】键，在右侧主页面出现的画面中，分别设置日期、时间、驱动器和显卡类型。

设置日期格式为“月：日：年”，设置时，只要把光标移到需要修改的位置，用【Page Up】或【Page Down】键来进行更改，用方向键在各个选项之间选择。设置时间格式为“时：分：秒”，修改方法与日期的设置是一样的，如图2-3-2所示。

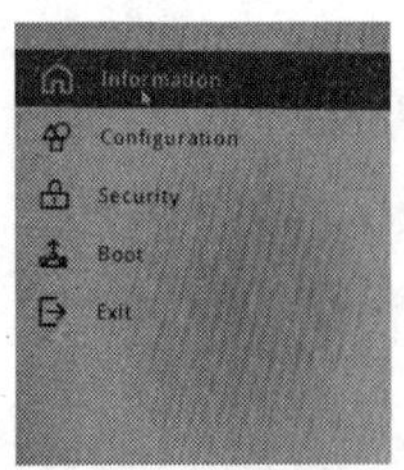

图 2-3-1　CMOS 设置的主菜单

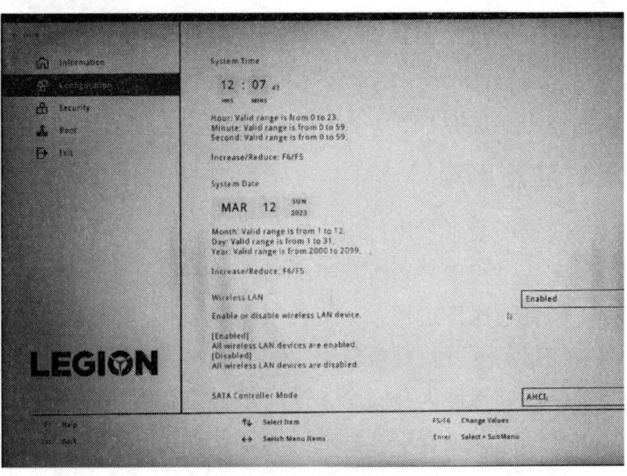

图 2-3-2　设置时间

③ 计算机启动顺序的设置：将光标移到Boot时按【Enter】键，在BIOS特性设置画面中选择EFI选项（见图2-3-3），在出现的菜单中设置USB为有Enabled，其他设置为disabled。然后按【Esc】键回到主菜单。

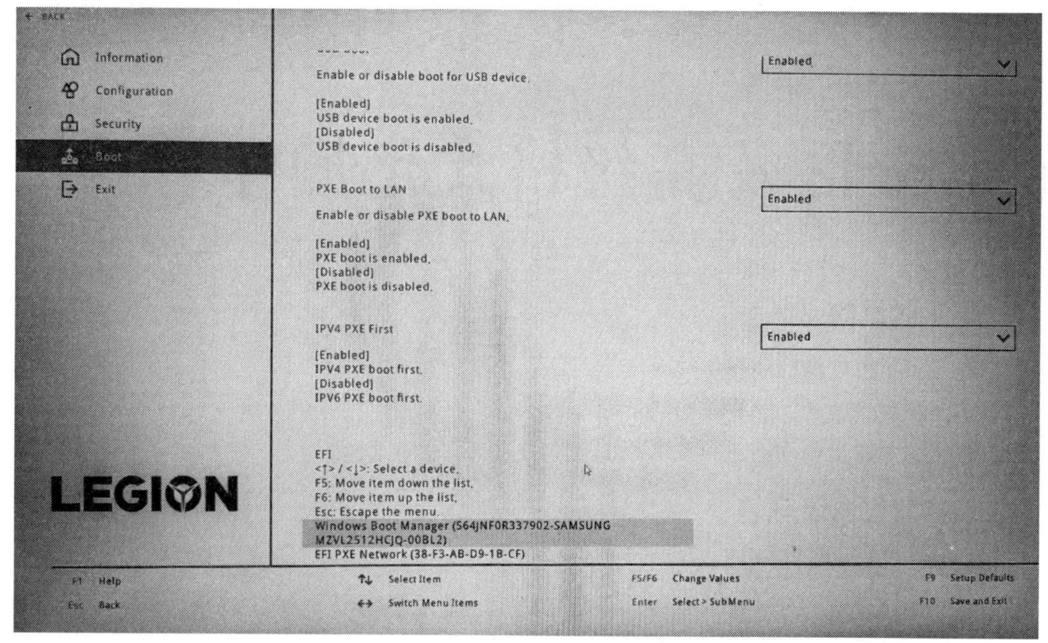

图 2-3-3　计算机启动顺序的设置

④ 其他设置可参照前面介绍的相关章节，选用默认设置或高性能默认设置，也可在安装系统时或今后使用过程中按具体需要进行设置，这里就不一一列举了。

⑤ CMOS设置完成后，新的设置需存储后才能生效，选择保存，微机会重新启动。至此，CMOS设置就完成了。

⑥ 接下来就可以用U盘或光盘启动计算机，然后进行硬盘分区操作、高级格式化，之后就可以进行操作系统的安装了。有关硬盘分区操作和高级格式化的操作详见前面介绍的相关章节，在完成组装实验以后，可以另外再安排硬盘分区实验。

四、实验要求

① 实验前要求写出预习实验内容。

② 整理出完整的实验报告。

五、注意事项

① 实验过程中必须听从指导教师的安排，未经教师许可不得擅自操作。

② 尽量不要设置密码，如果设置了密码，在做完实验离开之前必须解除，否则会造成计算机无法启动，其他人无法使用的情况。

实验 4 硬盘分区及高级格式化操作

一、实验目的

① 进一步了解硬盘的逻辑结构。

② 掌握硬盘分区的完整操作过程。

③ 对每一个逻辑驱动器进行高级格式化。

二、实验器材及环境

① 微机一套。

② 如果用U盘启动分区操作，在CMOS中将第一启动顺序设置为CDROM。

③ 分区软件U盘一个。

三、实验内容及步骤

1. Disk Genius新建分区

检查BIOS设置中的启动顺序。修改为光驱或U盘启动。在安装操作系统和应用软件时，要规划、分配硬盘安装空间。如果是新的硬盘或者用户原有硬盘的数据可全部删除的情况，可以规划硬盘的容量，进行分区域重新分区。分区时需要使用工具软件，如PQ8.05或Disk Genius等。新硬盘要先进行分区操作，现用一个60 GB容量的硬盘进行演示操作，实际上现在硬盘容量基本上为500 GB以上。实验演示使用Disk Genius工具，分三个分区。从启动菜单选项中选择“运行Disk Genius分区工具”。启动进入Disk Genius软件主界面，显示出未分区的硬盘的信息，现在新建分区，首先选中左侧柱形未分区磁盘（灰色的区域），然后选择主菜单上的“分区”→“建立新分区”命令，如图2-4-1所示。

2. 建立拓展分区

在弹出的“建立新分区”对话框中，输入对应的分区大小容量后单击“确定”按钮，如图2-4-2所示。这时就会建立好主分区（建立好的主分区就会变成蓝色的区域）。接着再选中左侧柱形未分区的磁盘，继续建立扩展磁盘分区，如图2-4-3所示。

3. 建立逻辑分区

建立完成扩展分区后接着就要在扩展分区上建立逻辑分区（扩展分区就是绿色的区域）。首先选中左侧柱形磁盘的EXTEND项（绿色的区域），然后选择主菜单中的“分区”→“建立新分区”命令，此时就可以在扩展分区上建立逻辑分区了，如图2-4-4所示，输入相应容量值即可。依次将所需要的逻辑分区建立好（建立好后就会变成蓝色的区域），如图2-4-5所示。

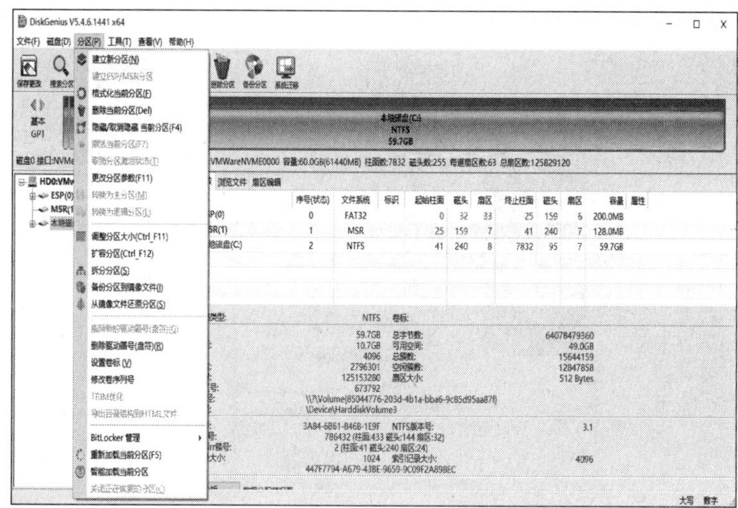

图 2-4-1　选择“建立新分区”命令

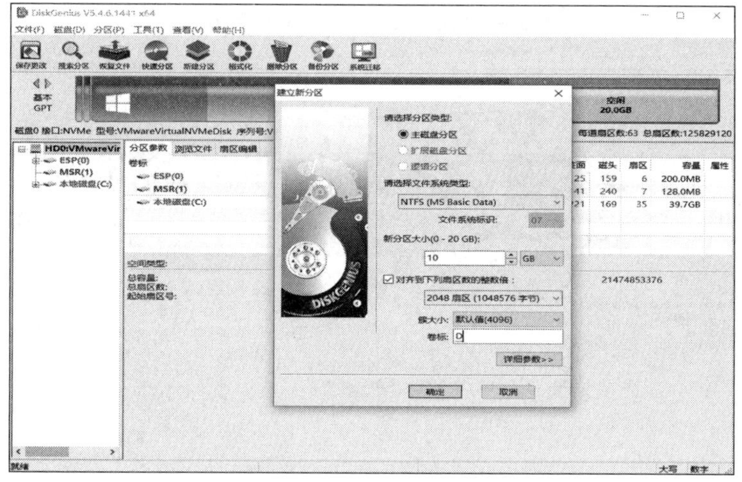

图 2-4-2　新建主分区

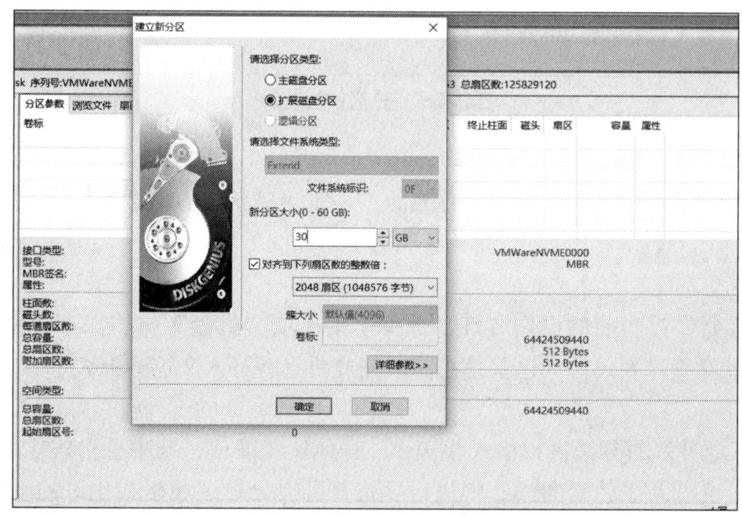

图 2-4-3　新建扩展分区

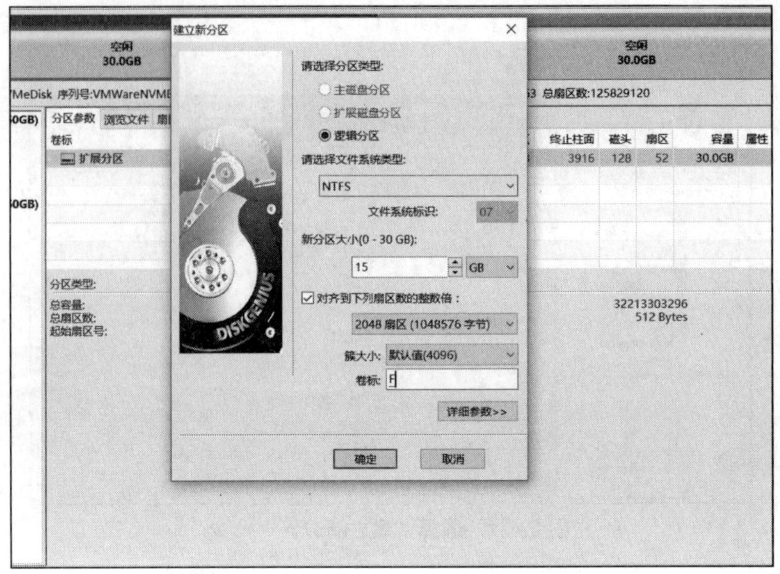

图 2-4-4　在扩展分区上建立逻辑分区

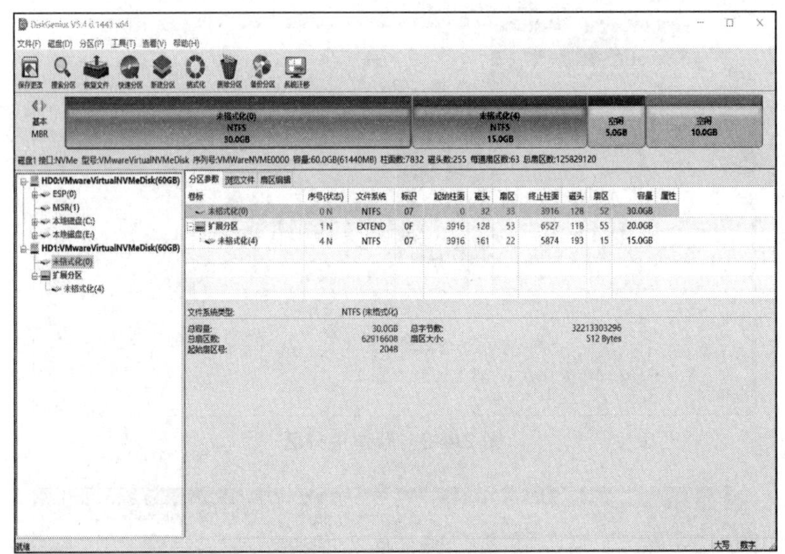

图 2-4-5　分区建立完成

4．激活分区

建立好分区后，主引导分区通常没有激活（是非活动状态，需要激活）。选中磁盘的主分区项，然后选择“分区”→“激活当前分区”选项，如图2-4-6所示。

5．存盘

操作完成后要保存当前的操作属性，选择主菜单项“磁盘”→“保存分区表”命令，如图2-4-7所示。此举很重要，因为这些信息修改完成要重新写入文件分配表中。

6．格式化

完成后最好把分好的分区进行格式化操作。操作比较简单，选中要格式化的分区，进行格式化操作即可，也可以在后面的操作中进行。检查已经分好区和格式化好的硬盘，如图2-4-8所示。进入Windows 10系统或安装好操作系统后就可以看到。

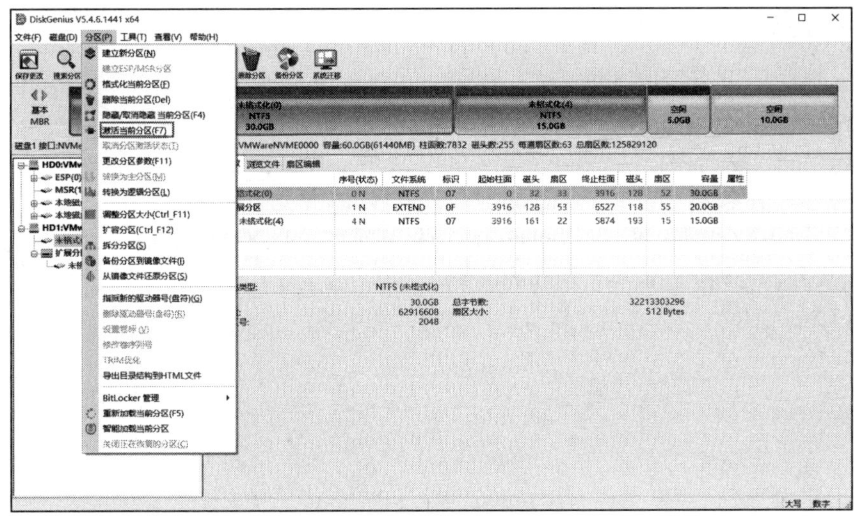

图 2-4-6　激活主分区选项

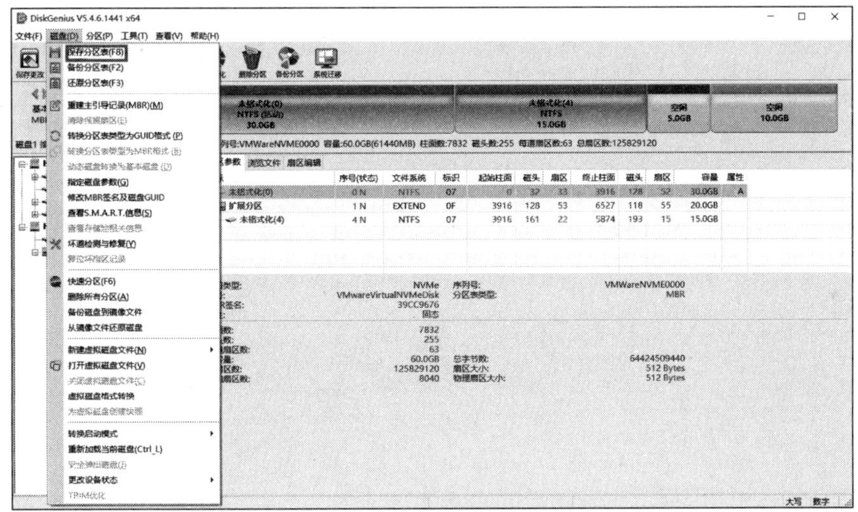

图 2-4-7　保存分区信息到文件分配表中

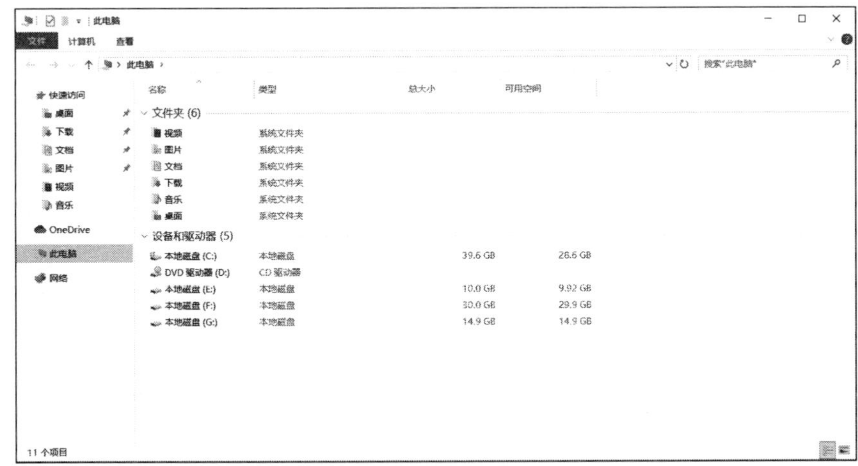

图 2-4-8　分区和格式化完成的硬盘

四、实验要求

① 实验前要求写出预习实验内容。

② 整理出完整的实验报告。

五、注意事项

① 实验过程中必须听从指导教师的安排，对于非指定的实验机器，在未经指导教师的许可下不得擅自操作，否则会造成不可预计的损失。

② 执行分区操作以后，必须重新启动计算机才能生效。

实验5 U盘系统启动安装盘制作（老毛桃U盘启动制作）

一、实验目的

① 掌握老毛桃U盘启动制作软件的安装及常规设置。

② 学会老毛桃U盘启动制作软件的操作方法。

③ 了解并掌握老毛桃U盘启动制作软件的功能。

④ 了解和掌握老毛桃U盘启动制作软件的操作流程。

二、实验器材及环境

① 微机一套。

② 已预先安装好的微机操作系统及应用软件的软环境。

③ 老毛桃U盘启动制作软件。

④ 2～8 GB的空U盘。

⑤ 操作系统ISO文件。

三、实验内容及步骤

1. 下载老毛桃U盘启动制作工具

① 从老毛桃官网下载老毛桃U盘启动制作工具。

② 运行程序之前请尽量关闭杀毒软件和安全类软件。在Windows 10系统下请直接右击老毛桃U盘启动工具，并选择“以管理员身份运行”命令。默认模式下打开主程序，插入U盘/SD卡等可移动设备，在磁盘列表里会自动列出当前计算机中所有的可移动磁盘的盘符、型号、容量等信息，如图2-5-1和图2-5-2所示。

2. 制作U盘启动

① 选择可移动磁盘，启动模式可选择USB-HDD或USB-ZIP，默认采用USB-HDD模式。

② 尽量退出杀毒软件和安全类软件以免制作失败，单击“一键制作成USB启动盘”按钮，程序会提示是否继续，确认所选U盘无重要数据后开始制作，如图2-5-3所示。（注意：如果制作失败请先初始化U盘再进行制作。）

③ 制作过程根据计算机配置和U盘芯片的不同，其耗时长短也不同，请耐心等待，如图2-5-4和图2-5-5所示。制作完成后正确设置BIOS即可从U盘启动计算机了。为了验证U盘启动制作是否成功，可以运行“模拟启动”功能。“模拟启动”功能仅供测试U盘启动是否制作成功，不可用于测试内部DOS和PE系统。

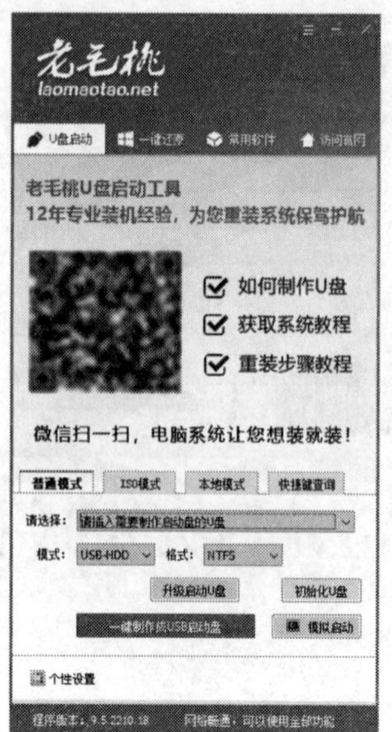

图 2-5-1　未插 U 盘启动制作（默认模式）

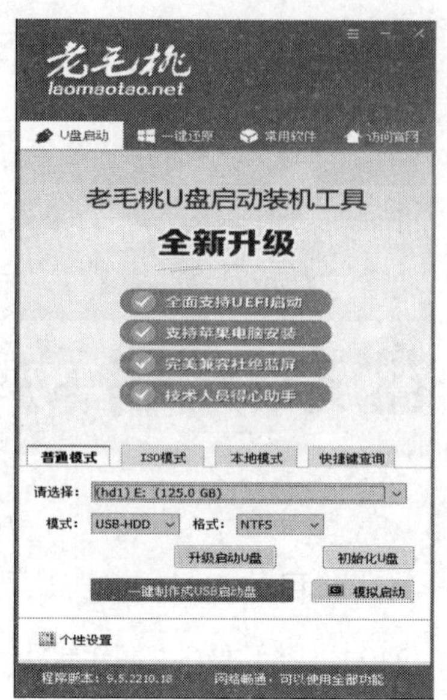

图 2-5-2　插入 U 盘后启动制作（默认模式）

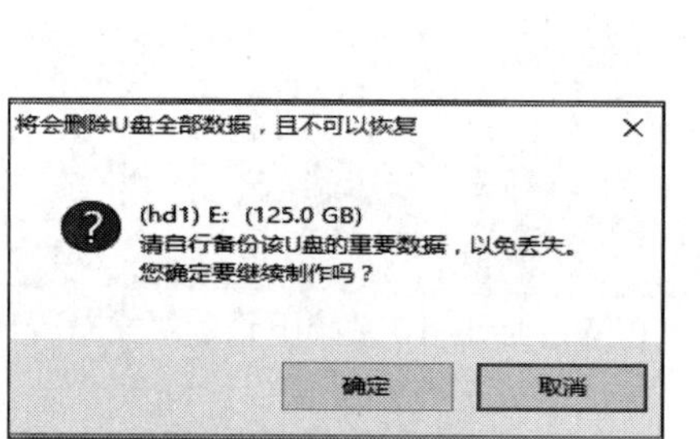

图 2-5-3　操作警告提示

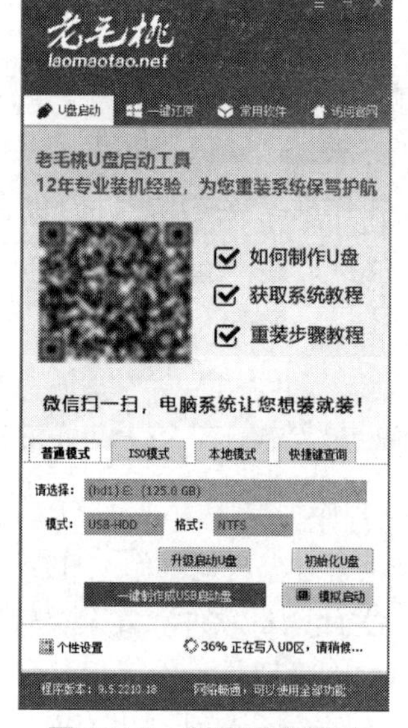

图 2-5-4　制作进程提示

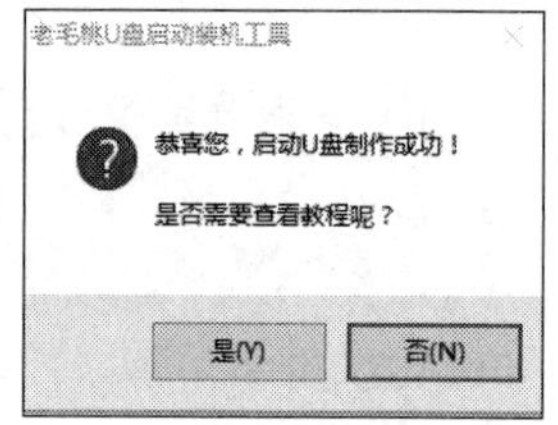

图 2-5-5　制作完成

3. 制作ISO镜像

① 切换到ISO模式可直接单击“ISO模式”选项卡，程序会出现ISO制作界面，如图2-5-6所示。

② 单击“一键生成ISO文件”按钮，按照图2-5-6中推荐选项进行选择，最后等待写入完成（见图2-5-7）。程序会在“E:\老毛桃ISO\”文件夹下创建LMT.ISO镜像，如图2-5-8所示。

③ ISO模式同样支持将Windows 10系统镜像写入U盘做成系统安装盘。

以上是常用的一种制作方法，除此之外还有很多工具软件，都可以制作U盘启动盘。另外，还有一类制作U盘启动盘的方法，就是直接将启动光盘镜像搬进U盘，这样既快又不容易出现问题。

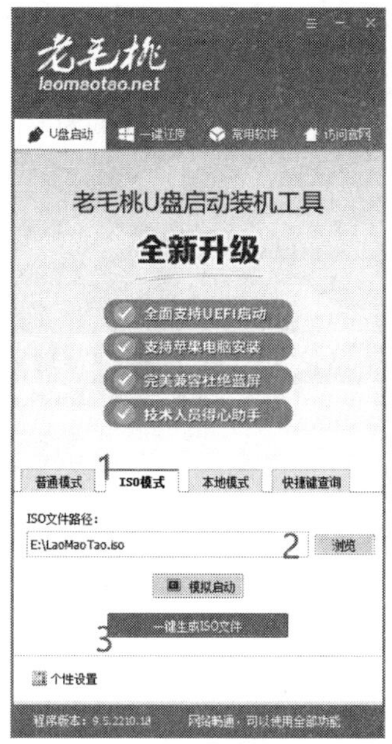

图 2-5-6　操作模式切换提示

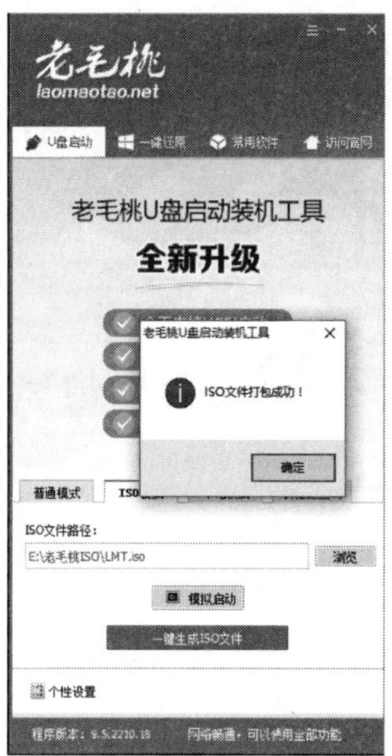

图 2-5-7　制作进程完成提示

图 2-5-8　LMT.ISO 镜像

四、实验要求

① 实验前要求写出预习实验内容。

② 写出完整的实验报告。

五、注意事项

① 实验过程中必须听从指导教师的安排，未经教师许可不得擅自操作。

② 做到边操作边记录。

③ 总结实验过程中遇到的问题、处理过程和体会。

实验 6

安装 Windows 10 操作系统和驱动程序

一、实验目的

① 了解基本的CMOS的设置方法，设置开机时设备的引导顺序。

② 了解操作系统的特点。

③ 掌握硬盘的分区和格式化。

④ 掌握操作系统的安装方法。

⑤ 掌握操作系统的安装过程和步骤。

⑥ 了解驱动程序的作用，掌握驱动程序的安装方法。

二、实验器材及环境

① 微机一套。

② Windows 10原版操作系统光盘。

③ 驱动程序等。

三、实验内容及步骤

1. 引导顺序的设定

使用系统安装盘引导系统，首先要修改CMOS当中的启动顺序，将U盘或光盘作为第一启动设备。（有些计算机使用U盘启动时，一定要确保在开机时U盘插在USB接口上，否则设置不了U盘启动。）

① 开机出现自检界面按【Delete】键，进入“CMOS设置”主界面，将第一引导设备修改为U盘启动或光盘启动。从光盘引导如图2-6-1所示，从移动设备（U盘等）引导如图2-6-2所示。

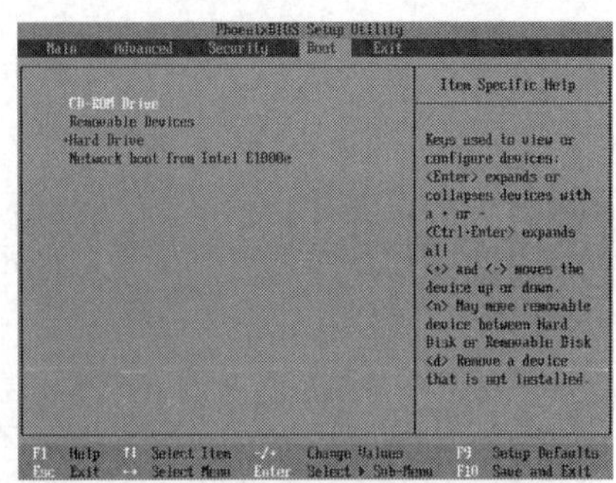

图 2-6-1　CMOS 设置为光盘引导

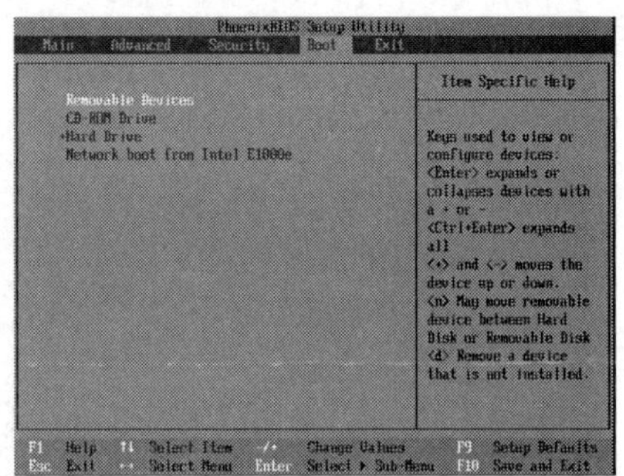

图 2-6-2　CMOS 设置为移动设备引导

② 设置完成后，检查无误，保存当前的设置操作，选择“Exit Saving Changes”选项，重启即可完成引导顺序的设置，如图2-6-3和图2-6-4所示。

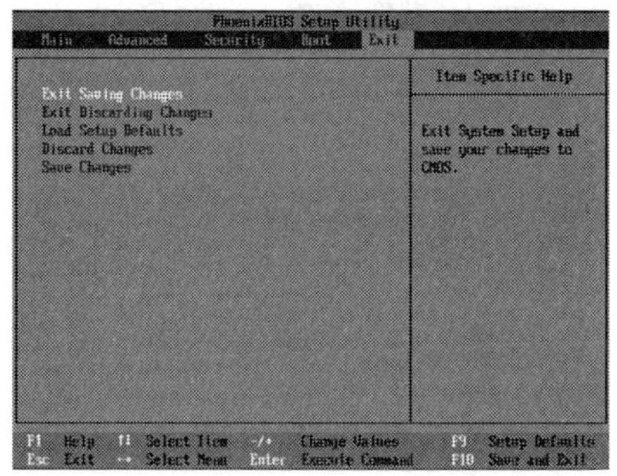

图 2-6-3　保存 CMOS 设置

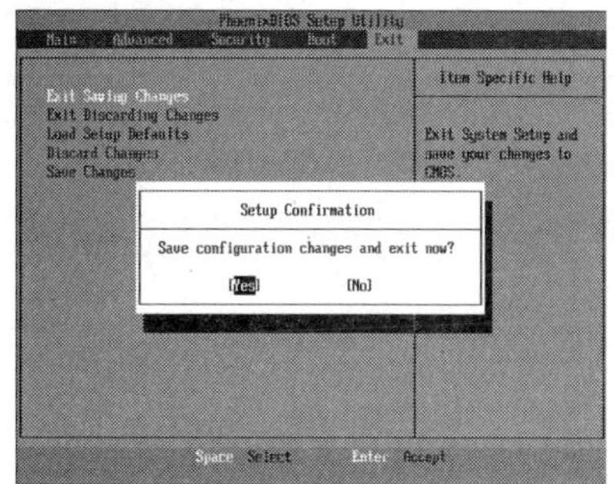

图 2-6-4　确认完成

2. 使用Windows 10系统安装盘引导安装操作系统

① 微机开机或重启后（此时要把系统安装U盘或系统安装光盘插在USB接口或光驱中），微机由启动设备引导，出现安装界面的进度条，首先选择语言，如图2-6-5所示。单击“下一步”按钮，单击“现在安装”按钮开始安装Windows 10，如图2-6-6所示。

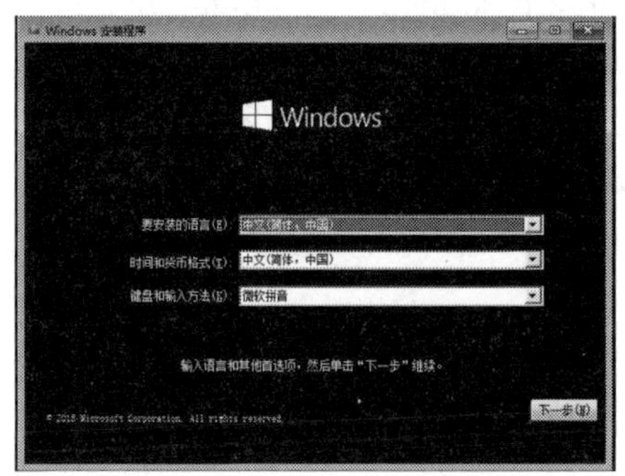

图 2-6-5　Windows 10 安装语言选择

图 2-6-6　Windows 10 安装开始

② 按照安装提示进行相应操作，在安装过程中要注意用户使用情况的不同。安装位置如图2-6-7所示，单击“下一步”按钮，进入图2-6-8所示界面，可以选择不同的安装方式：“升级”或“自定义”方式。本实验采用“自定义”安装方式。

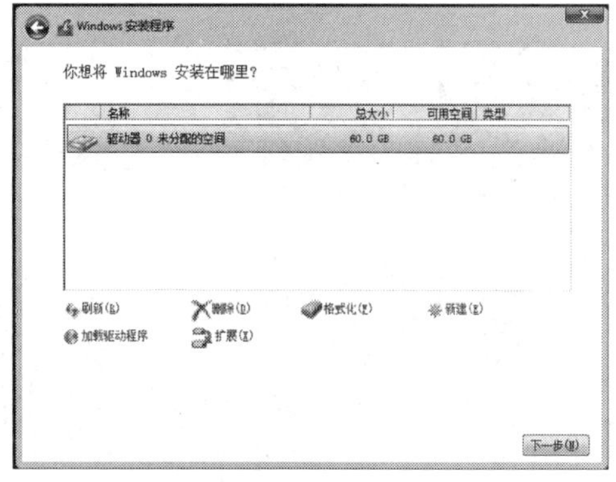

图 2-6-7　选择 Windows 10 安装位置

③ 在安装过程中如果是已经使用过的硬盘，可以直接安装在用户所选定的分区上。如果是

一块新硬盘，那用户就需要进行分区操作，在Windows 10安装过程中可以进行分区操作，按照提示和需要进行操作即可，如图2-6-9所示。分区完成后通常可以将操作系统安装在第一个分区上。此时按照提示单击“下一步”按钮即开始安装Windows 10操作系统。

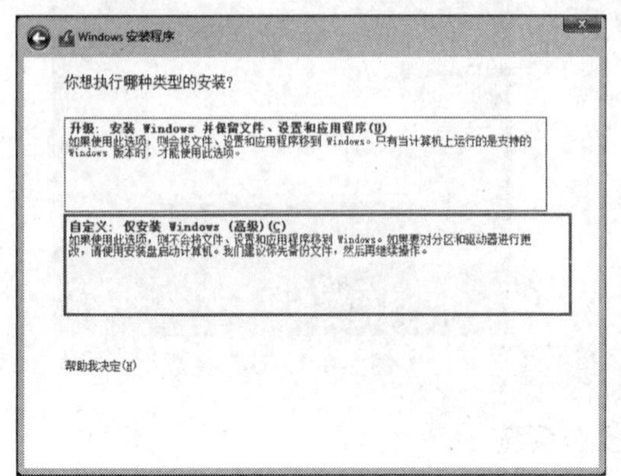

图 2-6-8　Windows 10 安装方式

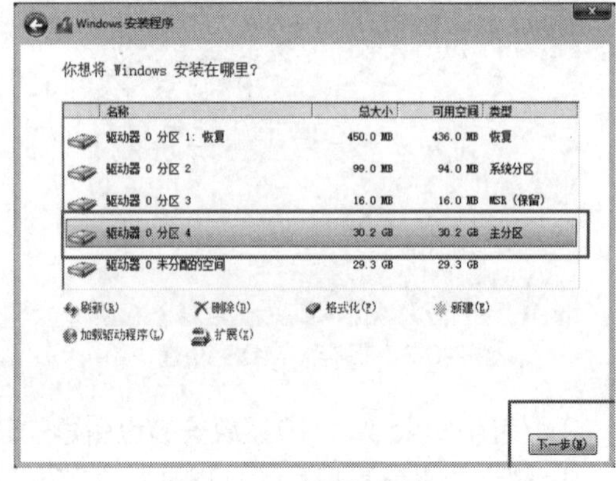

图 2-6-9　新硬盘操作

Windows 10系统安装过程分为五个步骤，分别是复制文件、准备文件、安装功能、安装更新和完成安装，这五个步骤是打包在一起的，并不需要单独进行操作，完成这五个步骤大概只需要15 min，此过程不需要人为参与，但需要用户注意，在安装过程中会遇到重启系统操作，重启的同时一定要把系统安装光盘或系统安装U盘退出，否则容易出现多次安装系统的错误。系统自动安装过程如图2-6-10所示，安装完成重启如图2-6-11所示。

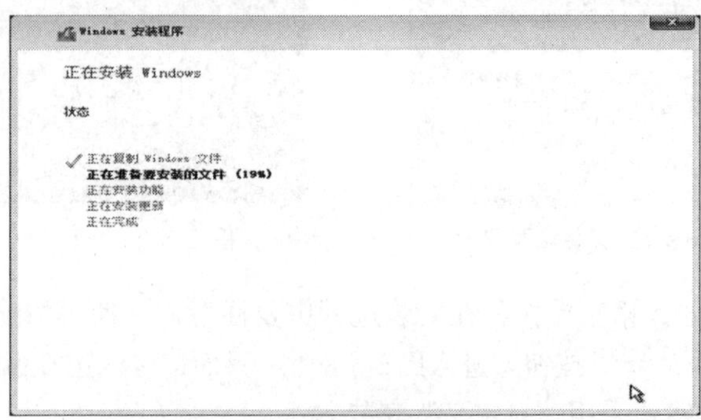

图 2-6-10　安装过程

图 2-6-11　安装完成重启

④ 首次进入系统的一些设置，比如设置用户名和密码，如图2-6-12所示。密码设置主要是

为了账户安全，密码设置原则是易记忆，难破解，设置密码后可再设置密码提示信息，以方便用户操作。

图 2-6-12　自定义用户名及为账户设置密码

⑤ 设置产品密钥。如果用户已知产品密钥，可以直接输入或继续安装，如图2-6-13所示。如果用户不知道产品密钥，也可以不输入密钥继续安装，等购买了产品密钥后，再进行激活，但这样安装后只能使用30天，即是试用版。

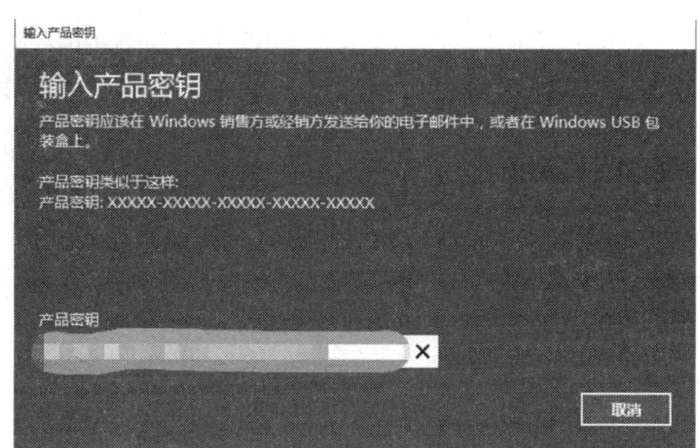

图 2-6-13　输入已知产品密钥

⑥ 对 Windows 10 进行一些相关设置，首先是 Windows 10 的自动保护与性能的设置，如图2-6-14所示。日期和时间的选择如图2-6-15所示。

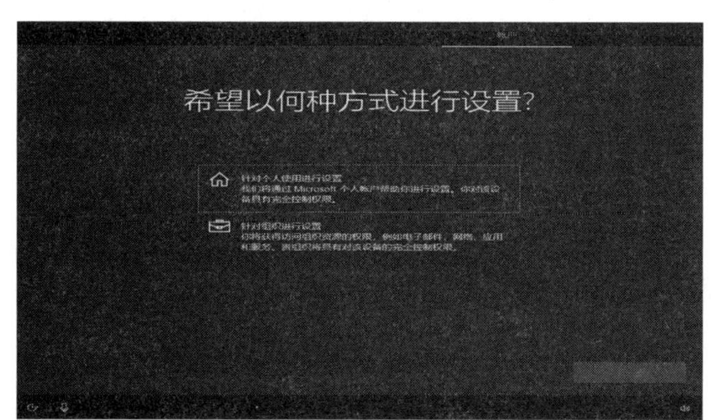

图 2-6-14　设置 Windows 性能项

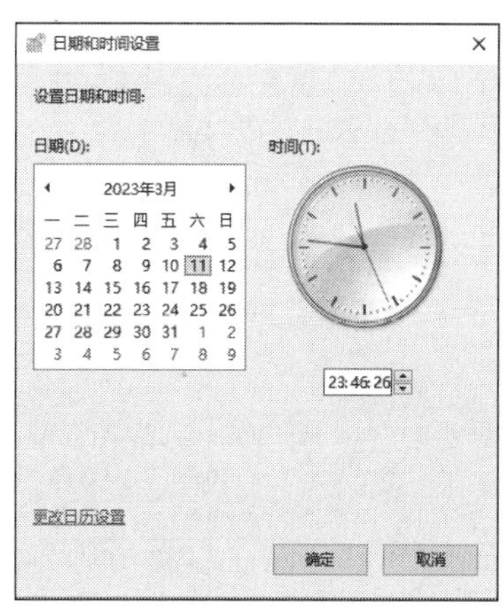

图 2-6-15　设置系统当前日期和时间

⑦ 进行网络接入设置，比如选择微机当前的上网位置，如图2-6-16所示。按照提示操作安装完成后就会出现我们所熟悉的Windows 10系统桌面了，如图2-6-17所示。

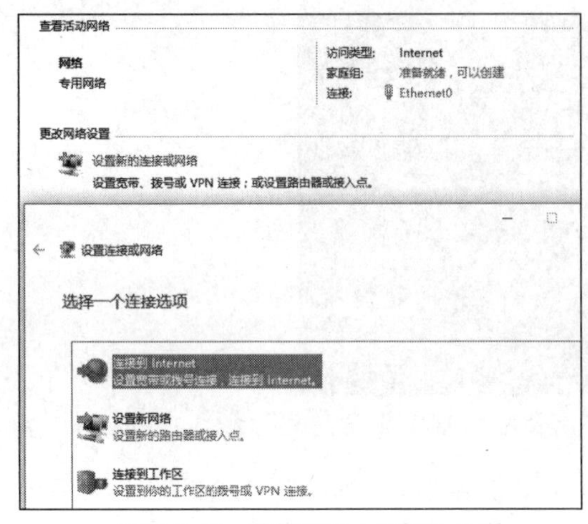

图 2-6-16　选择微机上网接入位置

图 2-6-17　安装完成干净的桌面

3. 设置桌面图标

通过以上操作完成了操作系统的安装，但是通常我们习惯使用的一些程序的图标桌面上没有，此时可以通过简单的操作来进行添加：右击Windows桌面，在弹出的快捷菜单中选择“个性化”命令，在打开的“设置”窗口中选择“主题”，单击“桌面图标设置”，打开图2-6-18所示的对话框，选择我们想要展示在桌面的图标后，单击“确定”按钮。完成设置后就可以看到我们熟悉的桌面图标了，如图2-6-19所示。这些步骤需要5 min左右，算下来Windows 10整个安装过程需要20 min左右，由于硬件配置的不同以及用户操作熟练程度的不同，安装速度会有所不同。

4. 检查设备驱动情况

操作系统安装完成后，微机就可以使用了，但这时微机的环境并不是最好的，因为硬件驱动往往没有处于最佳状态，所以需要检查设备驱动情况，即打开设备管理器，检查是否有黄色叹号或问号等问题，以及显示分辨率设置不合理等问题。过低的桌面分辨率如图2-6-20所示；未安装显示驱动的不清楚的设备管理器窗口如图2-6-21所示。

图 2-6-18　设置桌面图标

图 2-6-19　放置了常用图标的桌面

图 2-6-20　操作系统安装完成后显示粗糙

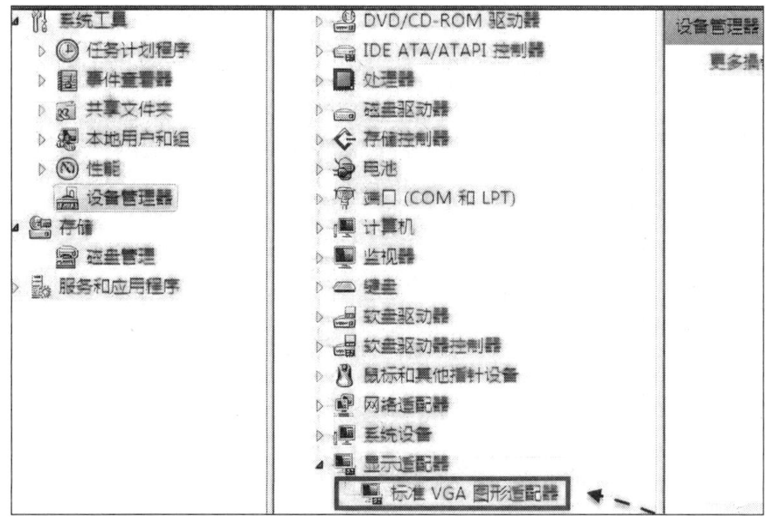

图 2-6-21　未安装显卡驱动的设备管理器显示效果

5. 显卡驱动程序的安装

① 需要有对应此硬件的NVIDIA驱动程序，并且要求与此操作系统的版本一致。找到需要安装驱动的硬件进行更新，也可以直接运行该硬件的驱动程序安装包，直接下载显卡的安装驱动程序包（见图2-6-22）或者找到显卡的原驱动程序光盘。

图 2-6-22　下载的图形适配器驱动程序

双击NVIDIA驱动程序安装包，出现解压安装信息，如图2-6-23所示，单击OK按钮，安装解压进程如图2-6-24所示。

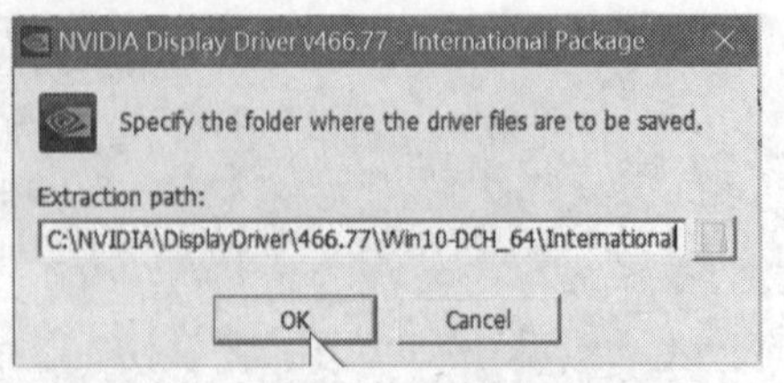

图 2-6-23　驱动程序安装包解压位置

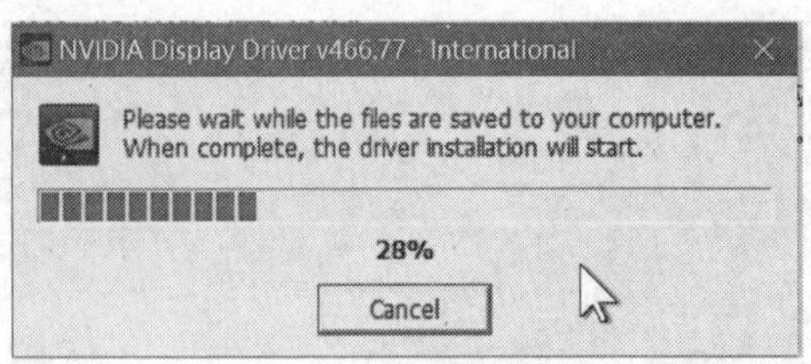

图 2-6-24　安装解压进程

解压成功后进入安装界面，开始安装显卡驱动程序，单击“运行”选项开始安装，如图2-6-25所示。

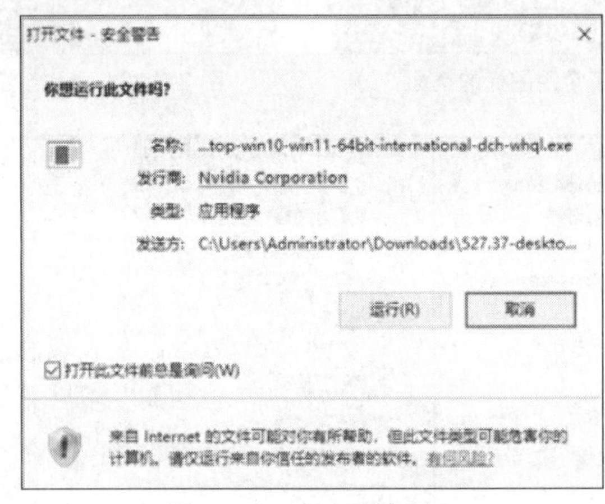

图 2-6-25　运行显卡程序

② 安装进程检查完系统兼容性后，接着会出现显卡制造厂商安装软件的许可协议，保持默认选项并选择“同意并继续”操作（见图2-6-26）。接着出现安装选项，用户可根据需要选择对应操作，通常建议选择“自定义”单选按钮，然后单击“下一步”按钮，如图2-6-27所示。

③ 显示显卡驱动正在安装进度条。安装完成后，显示出两个选项，马上重新启动或稍后重启。

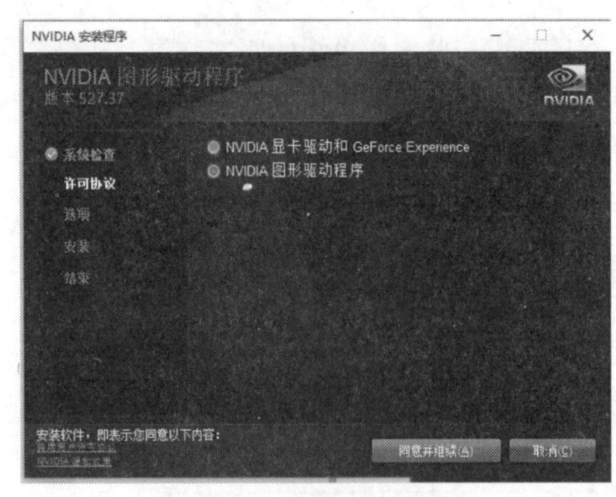

图 2-6-26　检查系统兼容性

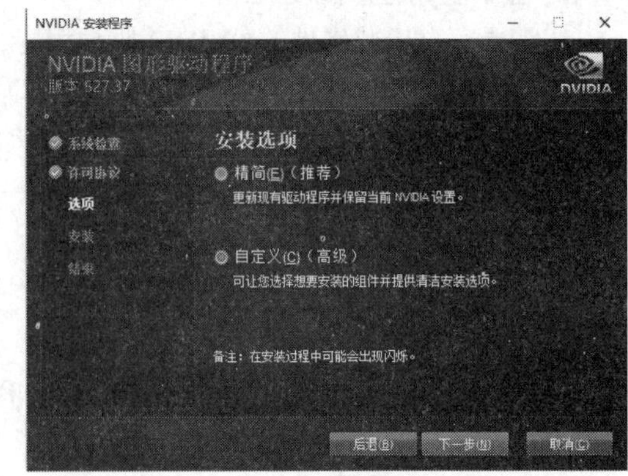

图 2-6-27　安装选项

④ 通过以上操作，用户就成功安装了显卡的驱动程序，可以让显示器显示出最佳的显示效果。在某些情况还需要升级显卡驱动，使得显卡保持在最佳工作状态，显示器保持最佳效果。

显示适配器出现对应显卡型号信息，如图2-6-28所示。

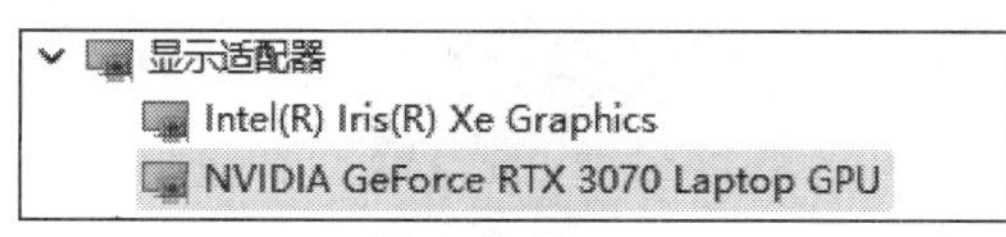

图 2-6-28　对应显卡型号信息

在安装完成后，用户最好再检查一下有没有其他设备的驱动程序没有安装，如有一定要安装对应的驱动程序，安装其他硬件驱动程序的方法和上面介绍的方法一样。

四、实验要求

① 实验前要求写出预习实验内容。

② 写出完整的实验报告。

五、注意事项

① 实验过程中必须听从指导教师的安排，未经教师许可不得擅自操作。

② 做到边操作边记录。

③ 总结实验过程中遇到的问题、处理过程和体会。

实验 7 微机系统安全实验

360杀毒软件能全面防御U盘病毒，彻底消灭各种借助U盘传播的病毒，第一时间阻止病毒从U盘运行，切断病毒传播链。360杀毒软件具备领先四大核心引擎，能够全时防杀病毒：

- 领先的人工智能引擎，能够全面全时保护微机安全。
- 坚固网盾功能，能及时拦截钓鱼挂马网页。
- 上网防护模块，能够拦截钓鱼挂马等恶意网页。
- 自身独有的可信程序数据库，能够防止误杀正常程序

360杀毒目前支持下面的操作系统：Windows 7、Windows 8、Windows 9、Windows 10（32位及64位简体中文版）和Windows 11（64位简体中文版）。注意：如果用户的操作系统不是上述的版本，建议用户不要安装360杀毒，否则可能导致不可预知的结果。

一、实验目的

① 了解杀毒软件的概念。

② 学会使用杀毒软件提高系统安全性。

③ 了解操作系统漏洞，掌握使用杀毒软件修补系统漏洞的方法。

④ 学会使用Windows自动更新或手动安装补丁的方法。

⑤ 掌握对安装好的杀毒软件的操作及设置。

二、实验器材及环境

① 微机一套。

② 杀毒软件光盘或下载的杀毒软件文件包。

③ 系统镜像光盘或系统U盘。

三、实验内容及步骤

1. 安装360杀毒

① 请通过360官方网站下载最新版本的360杀毒安装程序，如图2-7-1所示。也可以下载离线安装包进行安装，这种方法适合大部分用户。通过打开安装包运行安装程序安装360杀毒软件。

② 用户可以选择将360杀毒软件安装到任意一个目录下，建议按照默认设置即可，也可以自定义安装目录，如图2-7-2所示。也可以单击“更改目录”按钮选择安装位置。接下来单击“同意并安装”按钮，就会显示安装进度指示滚动条，直到完成安装。

③ 在安装结束时，360杀毒软件就已经成功安装到计算机上了，并会直接运行启动保护用户的微机系统。启动运行界面如图2-7-3所示。360会自动设置为随机启动自动加载运行状态，第一时间保护用户系统的安全。

图 2-7-1　360 杀毒官方网站 www.360.cn

图 2-7-2　360 杀毒软件安装的位置

图 2-7-3　安装完成直接出现的启动界面

2. 启动运行360杀毒软件

安装完成后，360杀毒软件会自动运行，刚安装好杀毒系统，应该进行一次全盘扫描，然后开启相应的监控，如图2-7-4所示。

360杀毒提供了三种手动病毒扫描方式：快速扫描、全盘扫描及功能大全。

- 快速扫描：扫描Windows系统目录及Program Files目录。
- 全盘扫描：扫描所有磁盘。
- 功能大全：用户可以自定义扫描、宏病毒扫描、弹窗拦截和软件净化等主要功能。完全自主操作，有针对性地进行扫描查杀。尤其是宏病毒扫描，对计算机来说，最头疼的莫过于Office文档感染，轻则辛苦编辑的文档全部报废，重则私密文档被窃取。对此，360杀毒自从3.1正式版开始，就推出了Office宏病毒扫描查杀功能，可全面处理寄生在Excel、Word等文档中的Office宏病毒。功能大全还包括广告拦截、上网加速、软件净化以及杀毒搬家这几个代表性的功能模块。从系统安全、优化和急救三个方面，功能大全提供21款专业全面的软件工具，用户无须再去互联网上寻找软件，就可以帮助用户优化处理各类计算机问题，如图2-7-5所示。

3. 全盘扫描

启动扫描之后，会显示扫描进度窗口。在这个窗口中用户可看到正在扫描的文件、总体进度以及发现问题的文件。如果用户希望360杀毒在扫描完成后自动关闭计算机，可以选择“扫描完成后自动处理并关机”选项。这样在扫描结束之后，360杀毒会自动处理病毒并关闭计算机。

图 2-7-4 360 杀毒软件启动后进行全盘扫描

图 2-7-5 360 杀毒软件启动功能大全

4. 升级操作

360杀毒具有自动升级和手动升级功能，如果开启了自动升级功能，360杀毒会在有升级可用时自动下载并安装升级文件，自动升级完成后会通过气泡窗口提示。如果想手动进行升级，可以在360杀毒主界面底部单击“检查更新”按钮，此时升级程序会连接服务器检查是否有可用更新，如果有就会下载并安装升级文件。

针对360杀毒设置项的操作有常规设置、升级设置、多引擎设置、病毒扫描设置、实时防护设置、文件白名单、免打扰设置、异常提醒和系统白名单。按需设置各项，最好根据每个用户的通常要求或某些特殊用户特殊要求，勾选上相应的选项，例如，针对非RAR格式的压缩包的病毒扫描、ZIP等压缩格式文件。页面功能展示如图2-7-6和图2-7-7所示。

图 2-7-6 360 杀毒软件的常规设置项

安装了杀毒软件，微机系统还不能说已经做到了十分完善，这时只能说明微机系统能对常规病毒起到查杀和防范作用，但对于蠕虫类和木马类病毒还是起不到作用，如想查杀防范蠕虫类和木马类病毒就必须安装防范软件，比如360安全卫士。360安全卫士也需要从网上下载，然后安装。安装完成后运行并做一些简单的设置即可。此操作与360杀毒软件的安装与设置基本相同。360安全卫士启动运行后会常驻内存，操作界面如图2-7-8所示。

360杀毒软件和安全卫士在开机时会按照用户设定查杀和防范方式自动运行，如果发现有新的更新会及时的更新系统，发现系统漏洞也会及时进行修补。

360杀毒搭配360安全卫士能够更好地防范病毒的入侵。

图 2-7-7　360 杀毒软件的漏洞修复设置项

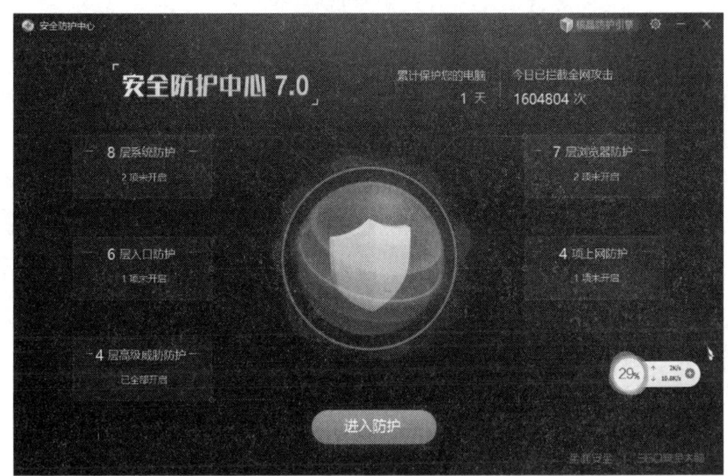

图 2-7-8　360 安全防护中心

5. 卸载360杀毒软件

在Windows的“开始”菜单中，如图2-7-9所示，依次单击“360软件管家”→“360杀毒”→“卸载360杀毒”命令。在卸载过程中，卸载程序会询问是暂时退出、升级至最新版、还是继续卸载。如果准备卸载360杀毒，直接单击“下一步”按钮即可，如图2-7-10所示。

卸载完成后，360安全卫士会弹出提示“感谢使用，再见”和“体验极速版”，用户可自行选择，如图2-7-11所示。

我们可以通过安装杀毒软件建立起一个安全的杀毒体系，然后再结合防火墙这样的防范体系。两种软件结合，可以为我们的微机系统提供比较完善的安全防护体系，使用户使用起来更加放心、安心。

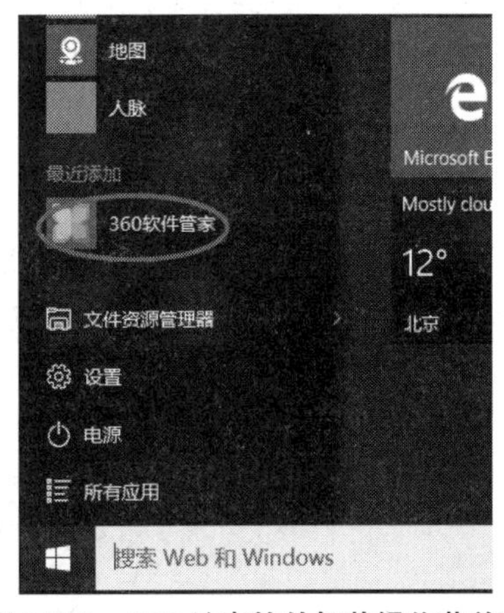

图 2-7-9　360 杀毒软件卸载操作菜单项

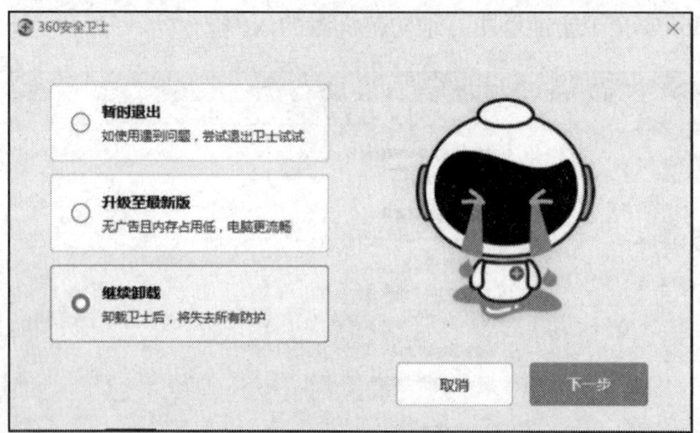

图 2-7-10　360 杀毒软件卸载选项

图 2-7-11　360 杀毒软件温馨提示

四、实验要求

（1）实验前要求写出预习实验内容。

（2）写出完整的实验报告。

五、注意事项

① 实验过程中必须听从指导教师的安排，未经教师许可不得擅自操作。

② 做到边操作边记录。

③ 总结实验过程中遇到的问题、处理过程和体会。

实验 8 常见硬件故障判断与排除

一、实验目的

① 掌握硬件故障的判断和排除方法。

② 熟悉各种硬件故障的现象，通过现象正确判断故障原因。

③ 熟练掌握硬件故障排除的步骤。

二、实验器材及环境

① 微机一套。

② 有故障的内存条、显示卡和硬盘。

③ 工具一套。

三、实验内容及步骤

1. 内存故障

① 设置内存故障：微机关机情况下用故障内存条替换正常微机的内存条，然后开机。

② 故障现象：开机后观察故障现象（看屏幕，听声音）。

③ 故障判断：内存故障时微机显示黑屏，PC喇叭发出报警声音，但不同的BIOS程序发出不同的报警声音。

④ 故障排除：根据故障现象判断为内存故障，关机后打开机箱盖板，检查内存条是否安装正确，将内存条取下重新安装，然后开机观察故障是否排除；若故障依然存在则更换新的内存条。

2. 显卡故障

① 设置显卡故障：微机关机情况下用故障显卡替换正常微机的显卡，然后开机。

② 故障现象：开机后观察故障现象（看屏幕，听报警声音）。

③ 故障判断：显卡故障时微机显示黑屏，PC喇叭发出报警声音，但不同的BIOS程序发出不同的报警声音。

④ 故障排除：根据故障现象判断为显卡故障，关机后打开机箱盖板，检查显卡是否安装正确，将显卡取下重新安装，然后开机观察故障是否排除；若故障依然存在则更换新的显卡。

3. 硬盘故障

① 设置硬盘故障：微机关机情况下用故障硬盘替换正常微机内的硬盘，然后开机。

② 故障现象：开机后观察故障现象（屏幕显示警告信息）。

③ 故障判断：硬盘故障时微机显示提示信息：DiskBoot Failure，lnsert System Disk And

Press Enter，不同的厂商的BIOS程序可能提示信息略有不同，但意义近似。

④ 故障排除：根据故障现象判断为硬盘故障，关机后打开机箱盖板，检查硬盘数据线和电源线是否连接正确，将数据线和电源线插牢，然后开机观察故障是否排除；若故障依然存在，则重新安装操作系统，如重装操作系统不能解决问题，请更换新硬盘再安装操作系统。

四、实验要求

① 实验前必须认真做好准备工作。

② 整理写出完整的实验报告。

五、注意事项

① 准备好微机和硬件设备，接触硬件之前请释放人体静电。

② 严格按照实验指导书或指导教师的要求进行操作。

实验 9 数据备份与还原实验

一、实验目的

① 充分认识数据对单位和个人的工作、学习的重要性，掌握对操作系统及常用应用软件进行备份的方法。

② 了解数据备份的重要性，掌握常用备份软件的使用及用户数据备份和还原的方法与技巧。

③ 了解数据备份及其重要性，知道哪些数据需要备份，理解备份的原则。

④ 掌握Windows系统备份程序的使用。

⑤ 使用常用软件提供的备份与还原功能。

二、实验器材及环境

① 微机一套。

② 安装好的系统及工具环境。

三、实验内容及步骤

1. Windows 10备份程序的使用

Windows 10提供了很好的备份解决方案，利用其可使备份工作变得简单、方便，从而可以利用备份好的数据进行合理的还原。当出现一些意想不到的问题时，可将系统及时恢复到最佳状态。

① 利用备份向导备份：在Windows 10中选择“开始”→“设置”→“更新和安全”→“备份”选项，进入系统备份界面，如图2-9-1所示，单击“更多选项”进入备份选项。

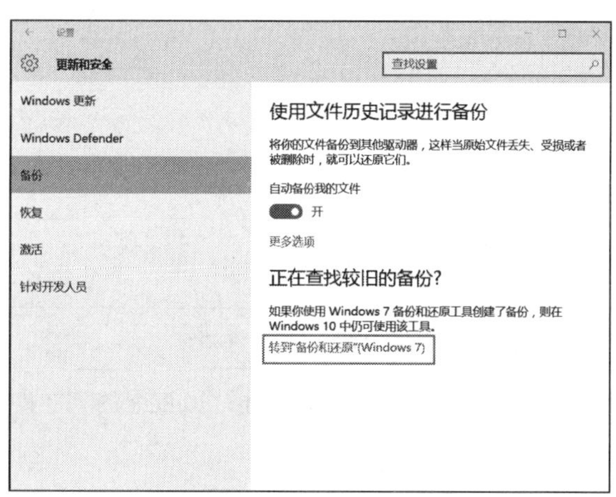

图 2-9-1　系统备份界面

设置，在“概述”区域中，可以对文件自动备份的时间间隔、备份文件的保存时长进行设置，如图2-9-2所示。在“备份这些文件夹”区域中单击“添加文件夹”按钮，在弹出的提示框中可自行选中的要备份的文件夹，选择的文件夹将会被系统备份下来。

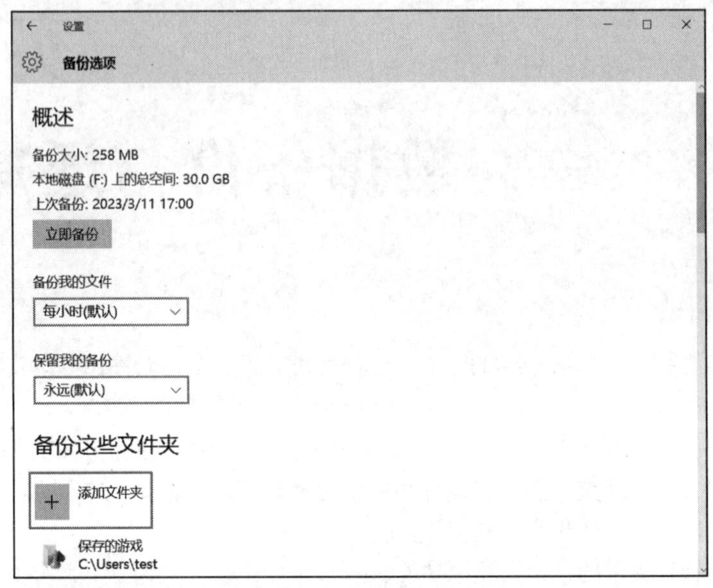

图 2-9-2　备份选项设置页面

② 排除非备份文件夹：在“排除这些文件夹”区域中单击“添加文件夹”按钮（见图2-9-3），添加的文件夹在备份时将会被排除在外。

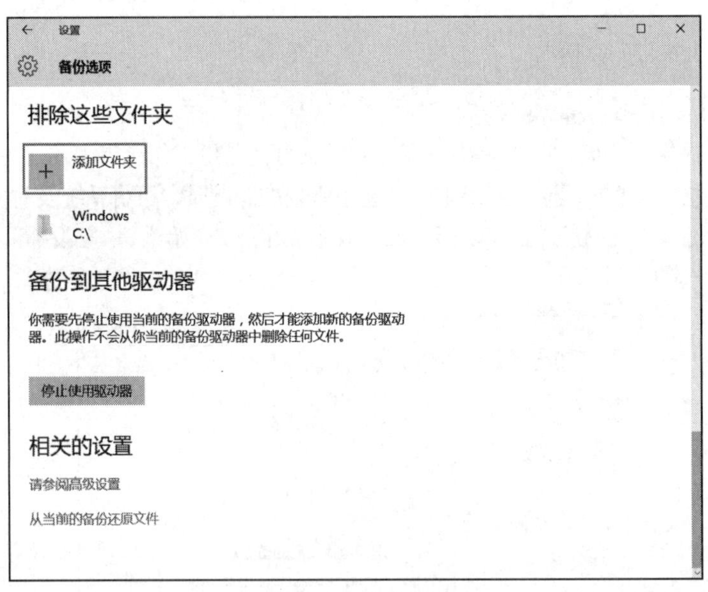

图 2-9-3　文件排除

确定好需要备份和排除的文件夹后，单击“概述”区域下的“立即备份”按钮，等待系统备份完成即可，如图2-9-4所示。

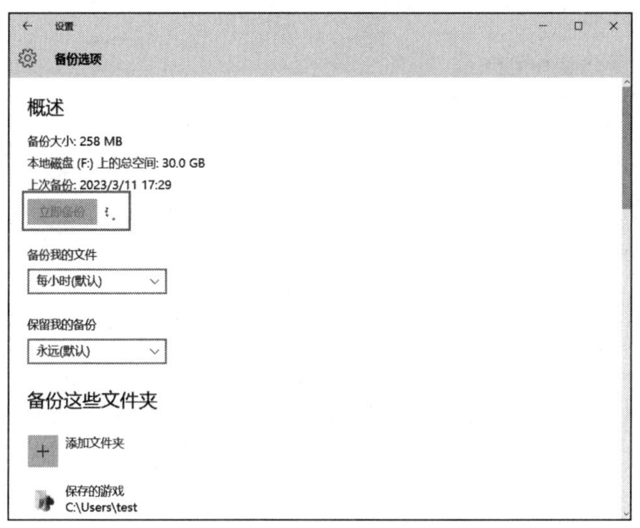

图 2-9-4 系统备份中

2. 仍被保留的Windows 7备份还原工具

（1）备份。

在Windows 10系统中依然保留了Windows 7的备份还原工具，如果计算机中存有Windows 7的备份文件，可以借此进行还原。习惯于Windows 7备份文件的用户仍可以使用该工具进行备份还原，在图2-9-1中单击“转到‘备份和还原’（Windows 7）”即可弹出图2-9-5所示的操作界面。

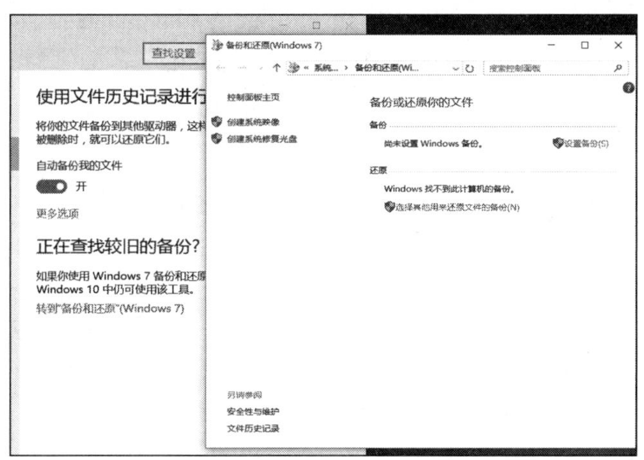

图 2-9-5 Windows 7 的备份还原工具

根据上述的操作用户就可以完成系统文件的备份操作任务，保证在出错时可以及时进行还原。

（2）利用还原向导还原。

① 在Windows 10中选择“开始”→“设置”→“更新和安全”→“备份”选项，打开“系统备份”界面，如图2-9-1所示，然后单击“更多选项”进入“备份选项”设置页面，在“相关的设置”区域中，可以选择“从当前的备份还原文件”选项，如图2-9-6所示。

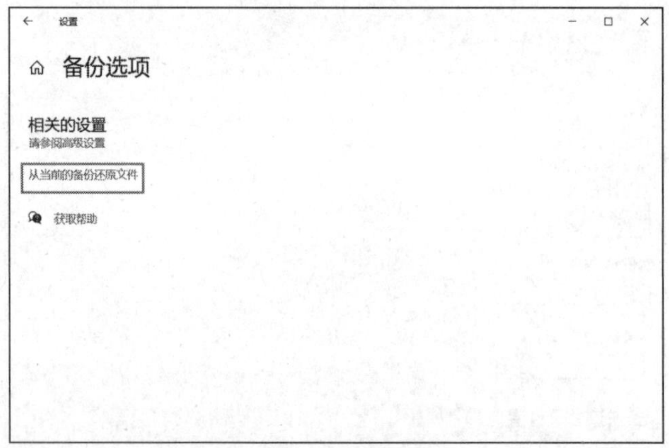

图 2-9-6　系统备份界面

② 进入“文件历史记录”页面，单击“还原个人文件”选项，在弹出的“主页-文件历史记录”界面中，可以预览将要恢复的界面，如图2-9-7所示。单击向左、向右箭头可以选择要通过哪个时间段备份的文件进行还原，如图2-9-8所示选择“从当前的备份还原文件”。

图 2-9-7　系统备份界面

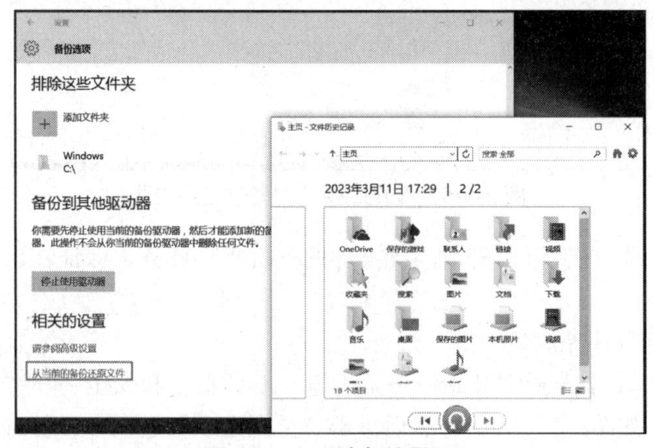

图 2-9-8　系统备份界面

③ 单击图 2-9-8 中的还原按钮后，系统会弹出提示“替换或跳过文件”，本实验选择的

是“替换目标中的文件”，如图2-9-9所示。当进度条达到100%时还原结束，计算机中的相关文件会被还原到之前的某个时间点。

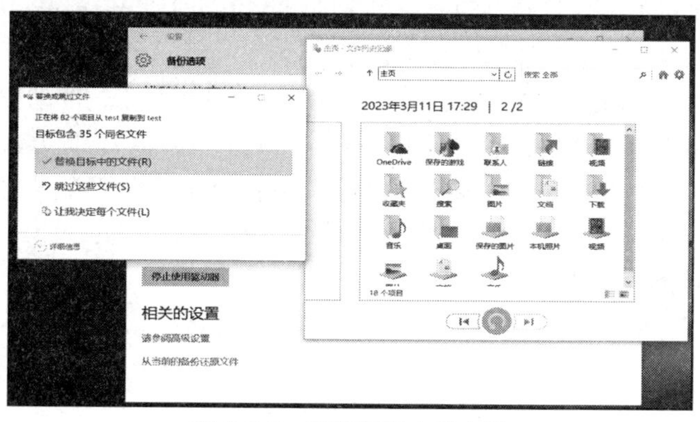

图 2-9-9　替换目标中的文件

3. 手动备份和还原

虽然利用备份向导可以快速对数据进行备份和还原，但有时候不能完全满足用户的需要。而手动备份的方式很灵活，可以对备份作业进行多方面的设置，基本操作步骤与备份向导相似，所以就不再赘述了。

4. 浏览器收藏夹的备份与还原

浏览器收藏夹是长期积累的，从某种意义上来说，收藏夹也是一种宝贵的资源。因此，对浏览器收藏夹的备份就等于是对资料的备份。以Google浏览器为例，备份收藏夹可以采用以下两种方式。

（1）直接复制法

① 备份：Google收藏夹存储在“C:DocumentsandSettings\Administrator\LocalSettings\ApplicationData\Google”中，将用户收藏夹所在文件夹的所有文件复制出来，就完成了备份。注意：Administrator指的是当前登录的用户。

② 还原：将备份出的文件复制到“C:DocumentsandSettings\Administrator\LocalSettings\ApplicationData\Google”。

（2）导入和导出法

打开Google浏览器，选择“设置”→“书签”→“书签管理器”→“整理”→“导入书签”/“导出书签”命令，如图2-9-10所示。弹出“导入/导出设置”对话框，根据系统的提示，选择“导出收藏夹”选项，选择收藏夹中的导出位置，并将其命名为bookmark.htm，如图2-9-11所示。

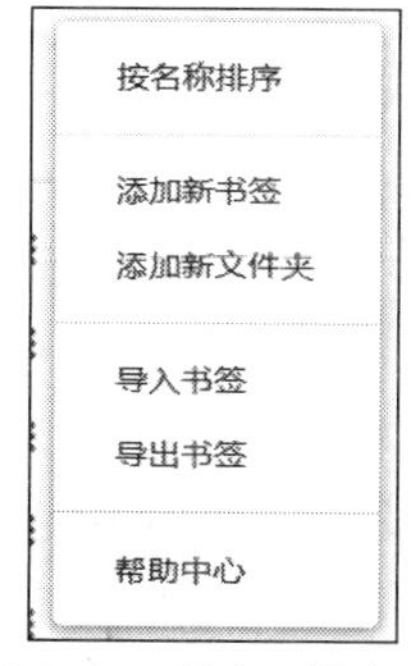

图 2-9-10　导入 / 导出设置

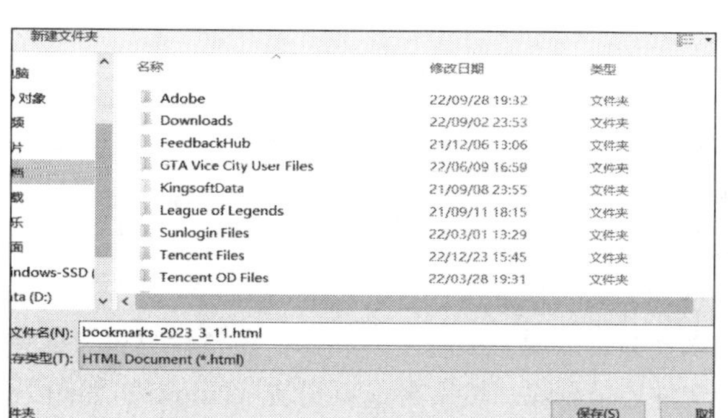

图 2-9-11　导出到文件选项

5. 驱动程序的备份与恢复

在重装操作系统时，各种硬件驱动程序的安装是必不可少的，因为这关系到硬件能否正常工作。在重装系统前最好事先将硬件的驱动程序进行备份，即从Windows中提取硬件的驱动程序，对其进行备份。这里以用工具软件做备份为例。

运行驱动程序备份工具，比如优化大师，程序自动将建议备份的驱动程序列举出来。勾选所要备份的驱动设备对应的选项，然后单击“备份”按钮，按照备份向导，选择备份路径，出现“备份完毕”提示框，完成备份。恢复驱动程序和备份驱动程序类似。也可以手动安装驱动程序。

6. Windows注册表的备份与还原

Windows注册表存储着系统的软硬件配置信息、状态信息等诸多维持Windows系统正常运行的关键信息。注册表出现问题往往会导致系统瘫痪，所以注册表的备份很有必要。对注册表进行备份，系统在出现问题时通过恢复注册表即可迅速修复系统。

（1）备份注册表

在Windows 10中选择“开始”→“运行”命令，在“运行”对话框中输入regedit命令并回车，打开“注册表编辑器”窗口，如图2-9-12所示。在“注册表编辑器”窗口选择“文件”→“导出注册表文件”命令，打开“导出注册表文件”对话框，此时要注意要导出的是什么内容（是整体还是部分），如图2-9-13所示。

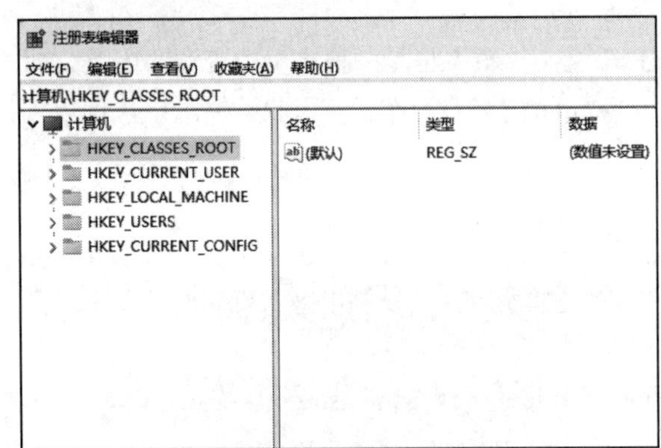

图 2-9-12　注册表编辑器

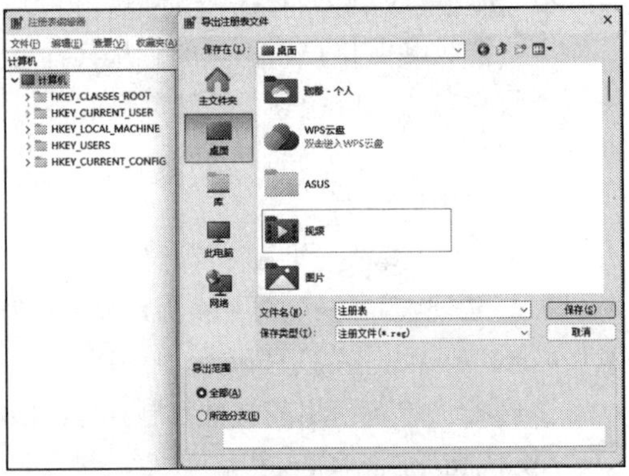

图 2-9-13　注册表可以导出不同项

如果是整体导出，在“导出范围”选项区域中单击“全部”单选按钮，指定备份注册表文件的路径及名称，单击“保存”按钮，如图2-9-14所示。

（2）还原注册表

还原注册表的操作同样需要在注册表编辑器中进行，与备份操作相似。

在“注册表编辑器”窗口中选择“文件”→“导入注册表文件”命令。打开“导入注册表文件”对话框，如图2-9-14所示，找到事先备份的注册表文件，然后单击“打开”按钮。

系统开始自动导入注册表资料，可以通过观察进度条了解导入进度。导入完成后重新启动计算机即可。

7. Windows恢复操作

如果计算机出现无法修复的异常，重置计算机可能会有所帮助，重置时，可以选择是保留现有的文件还是删除，然后再重新安装Windows，如图2-9-15所示。

图 2-9-14　注册表编辑器导出范围

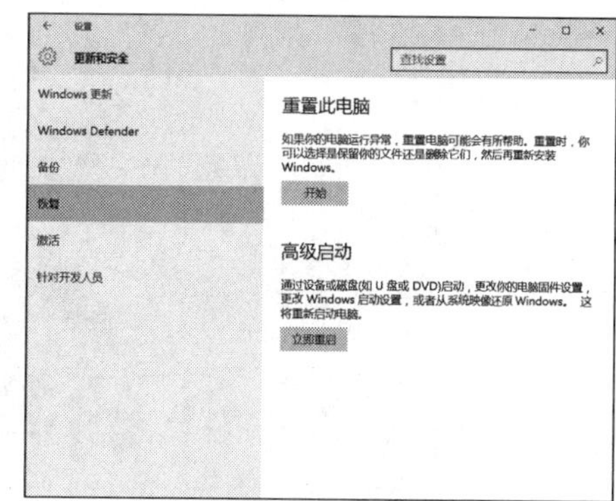

图 2-9-15　重置

单击“开始”按钮，在弹出的页面中可选择“保留我的文件”或者“删除所有内容”，如图2-9-16所示。等待一段时间，系统会弹出提醒“将会删除此电脑不附带的所有应用”，如图2-9-17所示。再次确认后单击“重置”按钮，准备就绪开始“重置”。

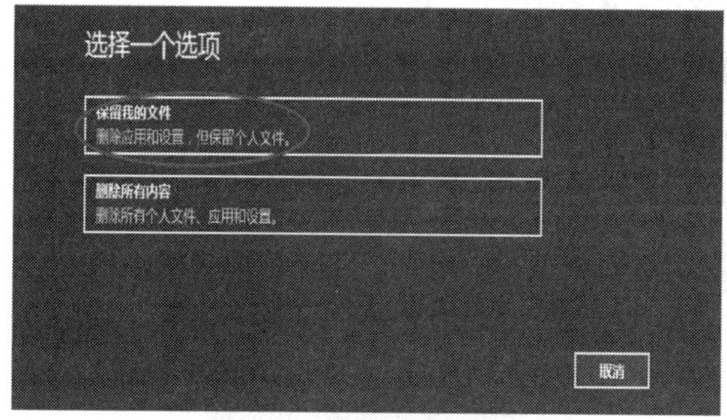

图 2-9-16　保留我的文件

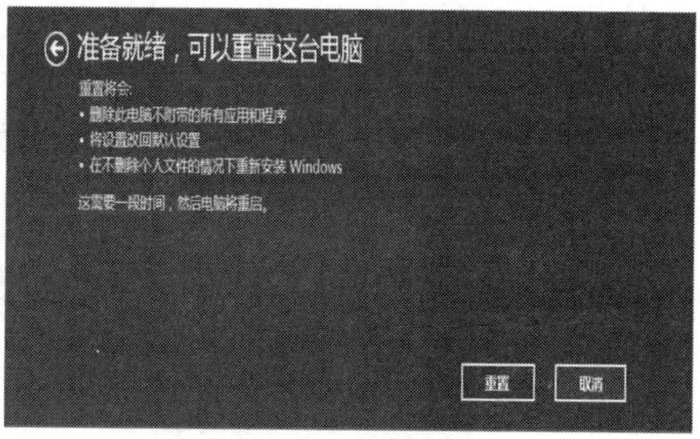

图 2-9-17　开始重置

在重置的过程中计算机将会重启，并在重启后进入Windows 10系统配置界面。

四、实验要求

① 实验前要求写出预习实验内容。

② 写出完整的实验报告。

五、注意事项

① 实验过程中必须听从指导教师的安排，未经教师许可不得擅自操作。

② 做到边操作边记录。

③ 总结实验过程中遇到的问题、处理过程和体会。

实验 10 Ghost 软件的操作实验

一、实验目的

① 了解并学会Ghost软件启动所要求的环境。

② 熟练掌握Ghost软件的操作方法。

③ 熟练掌握使用Ghost软件备份硬盘分区的操作方法。

④ 熟练掌握使用Ghost软件恢复硬盘分区的操作方法。

⑤ 了解使用Ghost软件的磁盘复制到磁盘的操作。

⑥ 了解使用Ghost软件对整个硬盘进行镜像。

二、实验器材及环境

① 微机一套。

② 已预先安装好微机操作系统及应用软件。

③ Ghost软件。

三、实验内容及步骤

1. 运行Ghost软件

我们通常把Ghost文件复制到启动U盘里，也可将其刻录进启动光盘，用启动盘进入DOS环境后，在提示符下输入Ghost，回车即可运行Ghost，首先出现的是主界面，如图2-10-1所示。

按任意键进入Ghost操作界面，出现菜单，主菜单共有四项，从下至上分别为Quit（退出）、Options（选项）、Peer to Peer（点对点，主要用于网络中）、Local（本地）。一般情况下我们只用到Local菜单项，其下有三个子项：Disk（硬盘备份与还原）、Partition（磁盘分区备份与还原）、Check（硬盘检测），前两项功能是用得最多的，下面的讲解就是围绕这两项展开的。由于Ghost的备份还原是按扇区来进行，所以在操作时一定要小心，不要把目标盘（分区）弄错了，否则将会丢失目标盘（分区）的全部数据，很难恢复。

2. 分区镜像文件的制作

① 运行Ghost软件后，用光标方向键选择Local→Partition→To Image菜单项，如图2-10-2所示，然后回车。

② 出现选择本地硬盘界面，保持默认选项，如图2-10-3所示，再按回车键。

③ 出现选择源分区界面（源分区就是要把它制作成镜像文件的那个分区），如图2-10-4所示。

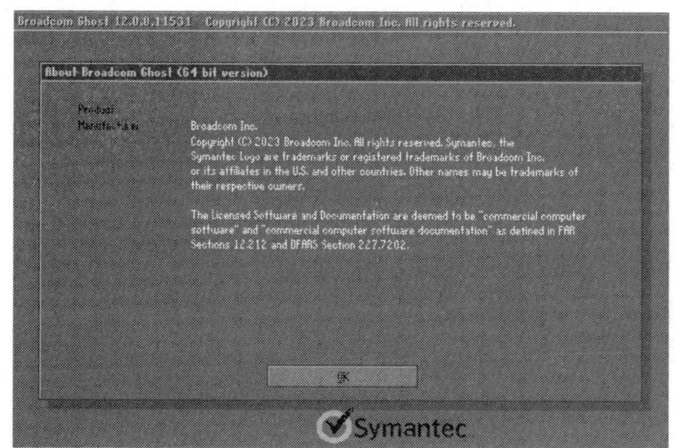

图 2-10-1　启动界面

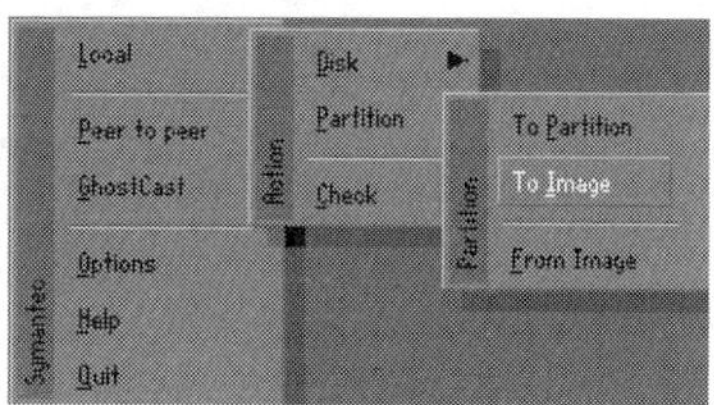

图 2-10-2　菜单项界面

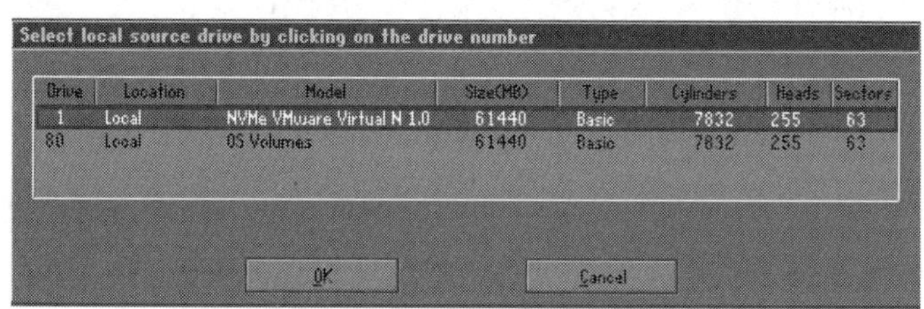

图 2-10-3　选择本地硬盘界面

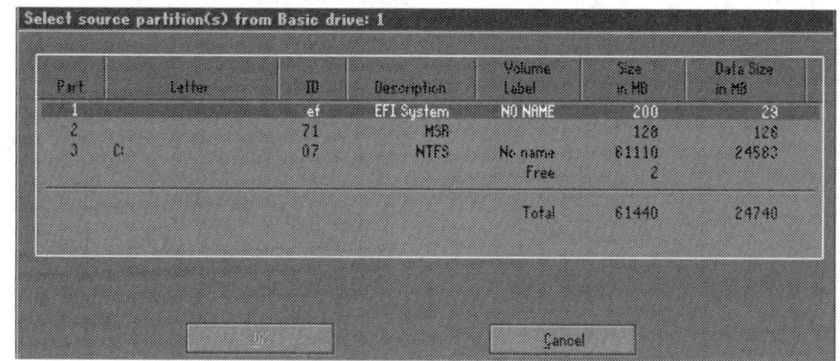

图 2-10-4　选择源分区界面

④ 用上下光标键将蓝色光条定位到要制作镜像文件的分区上，回车确认要选择的源分区，再按【Tab】键将光标定位到OK按钮上（此时OK按钮反白显示），如图2-10-5所示，再回车。

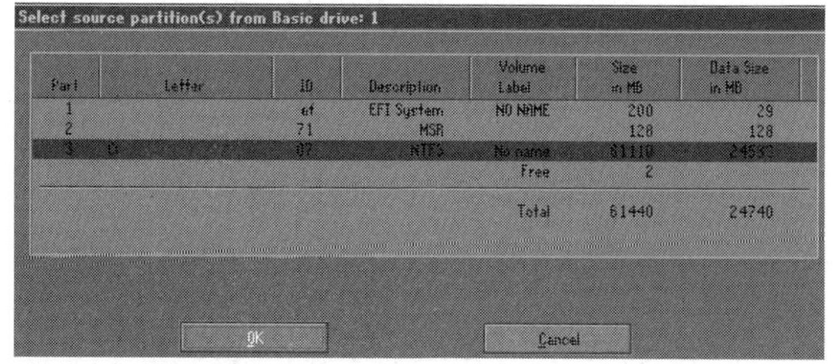

图 2-10-5　定位要制作镜像文件的分区

⑤ 进入镜像文件存储目录，默认存储目录是Ghost文件所在的目录，在File name处输入镜像文件的文件名，也可带路径输入文件名（此时要保证输入的路径是存在的，否则会提示

非法路径），如输入h:\sysbak\win 10，表示将镜像文件win10.gho保存到h:\sysbak目录下，如图2-10-6所示，输好文件名后回车。

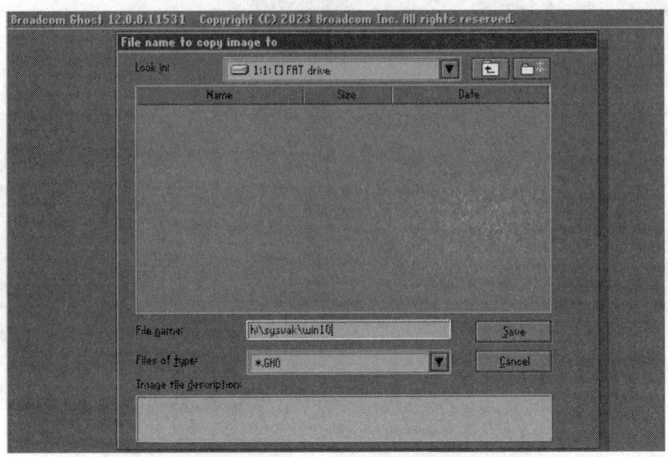

图 2-10-6　镜像文件存储目录

⑥ 出现“是否要压缩镜像文件”界面，如图2-10-7所示，有No（不压缩）、Fast（快速压缩）、High（高压缩比压缩）三个选项，压缩比越低，保存速度越快。一般选择Fast即可，用向右光标方向键移动到Fast上，回车确定。

⑦ 出现一个提示窗口，如图2-10-8所示，用光标方向键移动到Yes上，回车确定。

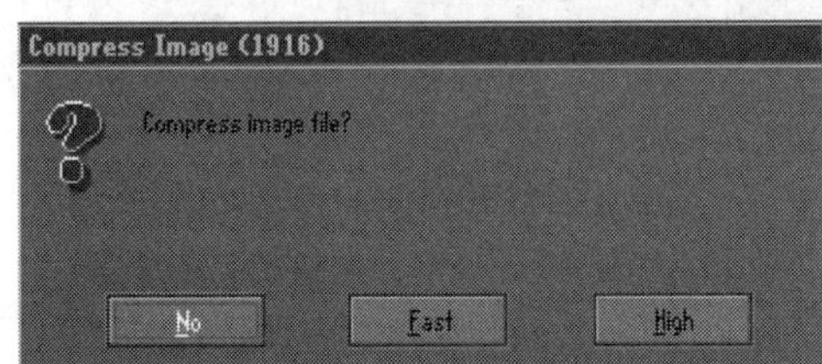

图 2-10-7　是否要压缩镜像文件界面

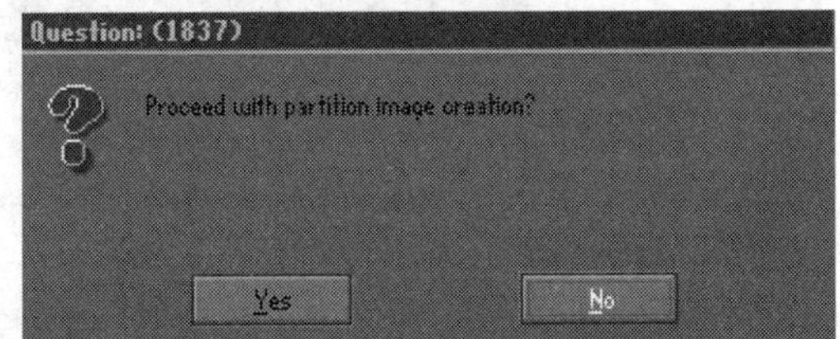

图 2-10-8　确认上述进程操作选项

Ghost开始制作镜像文件，如图2-10-9所示。建立镜像文件成功后，会出现提示创建成功的界面，回车即可回到Ghost界面。再按【Q】键，回车后即可退出Ghost软件。

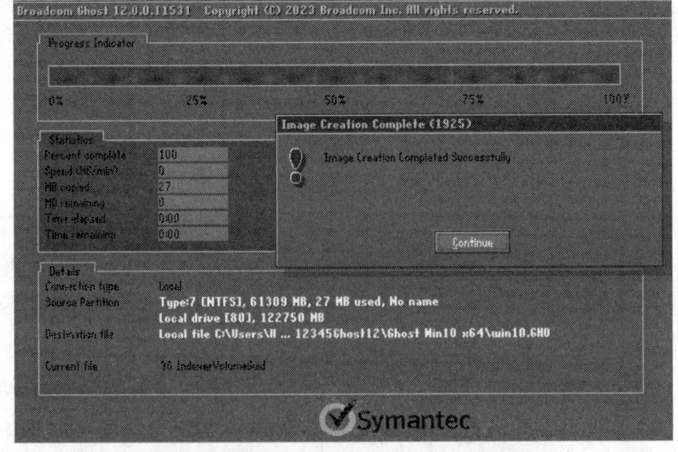

图 2-10-9　Ghost 制作镜像文件进度

3. 从镜像文件还原分区

制作好镜像文件，就可以在系统崩溃后还原，这样即可恢复到制作镜像文件时的系统状态。下面介绍镜像文件的还原方法。

① 在DOS状态下，进入Ghost所在目录，输入ghost并回车，即可运行Ghost软件。出现Ghost主菜单后，用光标方向键移动到菜单Local→Partition→From Image选项，如图2-10-10所示，然后回车，出现镜像文件还原位置界面，如图2-10-11所示，在File name处输入镜像文件的完整路径及文件名（也可以用光标方向键配合【Tab】键分别选择镜像文件所在路径、输入文件名，但比较麻烦），如h:\sysbak\win 10.gho，再回车。

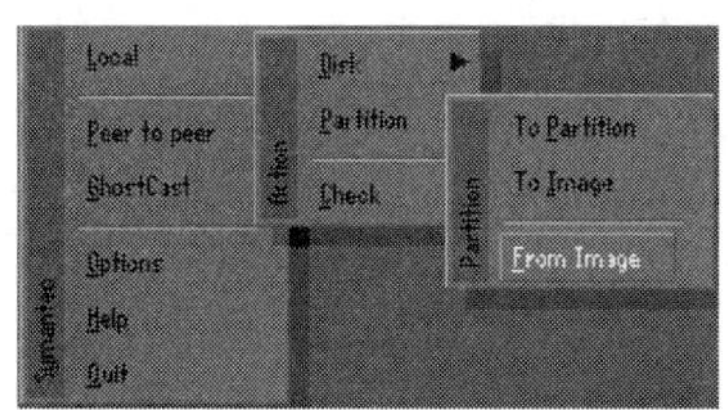

图2-10-10　镜像文件还原分区选项

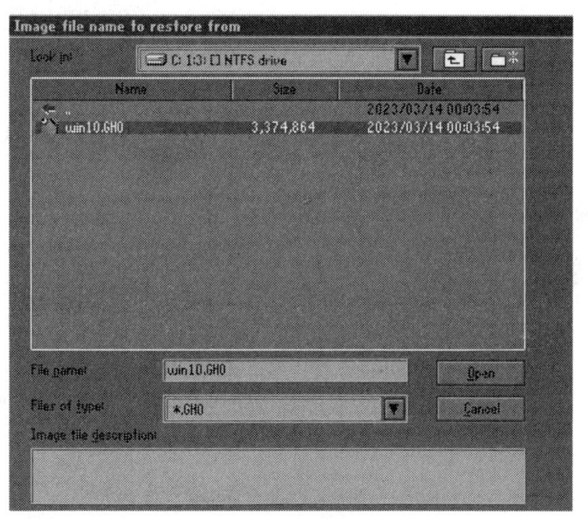

图2-10-11　镜像文件还原位置界面

② 出现从镜像文件中选择源分区界面，直接回车。又出现选择本地硬盘界面，如图2-10-12所示，再回车。

③ 出现从硬盘选择目标分区界面，用光标键选择目标分区（即要还原到哪个分区）并回车。出现提问界面，如图2-10-13所示，选择Yes并回车，Ghost软件开始还原分区。很快就还原完毕，出现提示界面，选择Reset Computer后回车重启计算机。

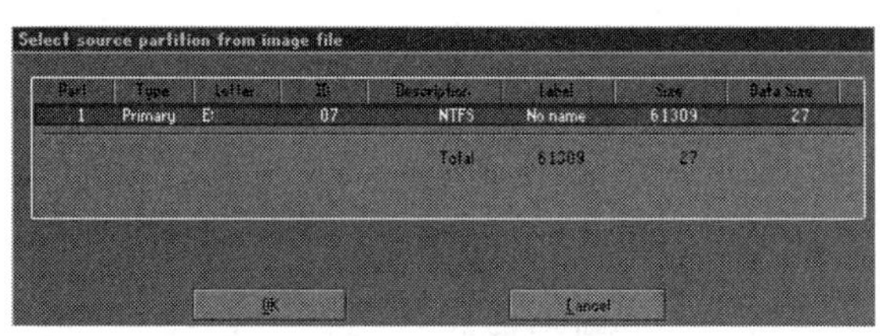

图2-10-12　选择本地硬盘界面

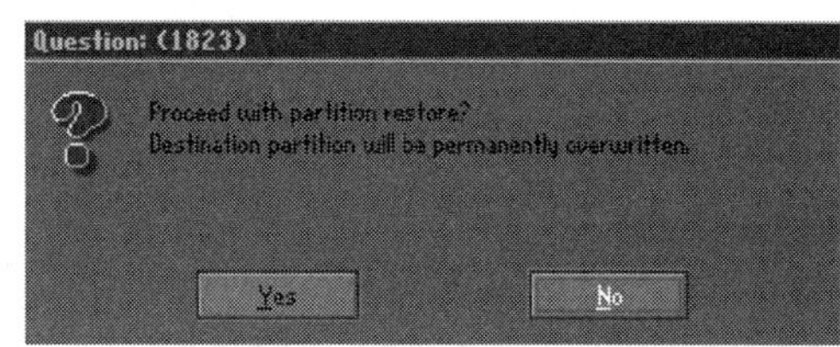

图2-10-13　开始还原分区信息

现在就完成了分区的恢复。注意：选择目标分区时一定要选对，否则，目标分区原来的数据将全部丢失。

4. 硬盘的备份及还原

通过Disk菜单的子菜单项可以实现硬盘到硬盘的直接对拷（Disk→To Disk）、硬盘到镜像文件（Disk→To Image）、从镜像文件还原硬盘内容（Disk→From Image）等操作。在多台微机的配置完全相同的情况下，可以先在一台微机上安装好操作系统及软件，然后用Ghost的硬盘对拷功能将系统完整地“复制”一份到其他计算机，这样装操作系统可比传统方法快多了。

Ghost的Disk菜单各项使用与Partition大同小异，而且使用得也不是很多，在此就不赘述了。

5. Ghost软件的功能操作练习

Ghost软件的功能较多，现在将它的操作流程介绍如下，操作人员可以根据情况练习相应的操作项目。操作方法与上面的操作方法类似。

功能一：磁盘复制到磁盘（不常用，是硬盘对硬盘之间的数据备份，也是分区+数据的克隆）。

① 在Ghost的主菜单上选择Local→Disk→To Disk命令。

② 在Select local source drive by clicking on the drive number对话框中，选择源磁盘驱动器。

③ 在Select local destination drive by clicking on the drive number对话框中，选择目标磁盘驱动器。

④ 在Destination Drive Details对话框中显示的是目标磁盘的分区布局，选择OK选项。

⑤ 在Question对话框中，选择Yes选项，开始克隆，选择No选项，返回主菜单。

功能二：创建镜像，给磁盘制作镜像（也是不常用的备份方法，做整个硬盘的镜像，包括分区）。

① 在Ghost的主菜单上选择Local→Disk→To Image。

② 在Select local source drive by clicking on the drive number对话框中，选择源磁盘驱动器。

③ 在File name to copy image to对话框中，指定将要生成的镜像文件夹的路径和文件名，选择Save选项。

④ 在Compress Image File对话框中，选择压缩类型。

⑤ 在Question对话框中，选择Yes选项，开始创建镜像文件，选择No选项，返回主菜单。FAT格式，超过2 GB的文件，就会分为两个文件，除了.GHO文件还有.GHS文件。还原镜像，从镜像文件恢复磁盘。

⑥ 在Ghost的主菜单上选择Local→Disk→From Image。

⑦ 在file name to load image from对话框中，指定要用于恢复的镜像文件的文件名。

⑧ 在Select local destination drive by clicking on the drive number对话框中，选择目标磁盘驱动器。

⑨ 在Destination Drive Details对话框中显示的是目标磁盘的分区布局，选择OK选项。

⑩ 在Question对话框中，选择Yes选项，开始恢复磁盘，选择No选项，返回主菜单。

功能三：分区复制到分区是对单个的分区（硬盘与硬盘之间）进行备份，比较实用。

① 在Ghost的主菜单上选择Local→Partition→To Partition。

② 在Select local source drive by clicking on the drive number对话框中，选择源磁盘驱动器，选择OK选项。

③ 在Selcet source partion from Basice drive对话框中，选择源分区，选择OK选项。

④ 在Select local destination drive by clicking on the drive number对话框中，选择目标磁盘驱动器，选择OK选项。

⑤ 在Selcet destination partion from Basice drive对话框中，选择目标分区，选择OK选项。

⑥ 在Quetion对话框中，选择Yes选项，开始复制，选择No选项，返回主菜单。

功能四：创建镜像，制作分区的镜像文件（最常用的数据备份方法，对单个分区进行操作，最实用）。

① 在Ghost的主菜单上选择Local→Partition→To Image。

② 在Select local source drive by clicking on the drive number对话框中，选择源磁盘驱动器，选择OK选项。

③ 在Selcet source partion(s) from Basice drive对话框中，选择源分区，选择OK选项。

④ 在file name to copy image to对话框中，指定将要产生的镜像文件夹的路径和文件名，选择Save选项。

⑤ 在Compress Image File对话框中，选择压缩类型。

⑥ 在Question对话框中，选择Yes选项，开始创建镜像文件，选择No选项，返回主菜。

功能五：还原镜像，从镜像文件恢复分区。

① 在Ghost的主菜单上选择Local→Partition→From Image。

② 在file name to load image from对话框中，选择用于恢复的镜像文件的文件名。

③ 在Select source partion from image file对话框中，选择镜像文件中的源分区。

④ 在Select local destination drive by clicking on the drive number对话框中，选择目标磁盘驱动器，选择OK选项。

⑤ 在Selcet destination partion(s)from Basice drive对话框中，选择目标分区，选择OK选项。

⑥ 在Question对话框中，选择Yes选项，开始创建镜像文件，选择No选项，返回主菜单。

以上就是Ghost软件的功能的全部总结。另外，我们也可以使用Ghost软件来实现一些常用的磁盘操作。下面就介绍这些常用的功能性操作。

6. 用Ghost快速整理磁盘碎片

用Ghost备份硬盘分区时，Ghost会自动跳过分区中的空白部分，只把其中的数据写到GHO映像文件中。恢复分区时，Ghost会把GHO文件中的内容连续地写入分区中，这样分区的头部都写满了数据，不会夹带空白，因此分区中原有的碎片文件也就自然消失了。

Ghost整理磁盘碎片的步骤是先用Scandisk扫描、修复要整理碎片的分区，然后使用DOS启动盘重启机器，进入DOS状态，在纯DOS模式下运行Ghost，选择Local→Disk→To Image选项，把该分区制成一个GHO映像文件，再将GHO文件还原到原分区即可。

7. 用Ghost文件来更新补丁的操作

使用Windows系统的人都知道为了系统安全，系统补丁是要经常更新的，如果经常用Ghost软件进行备份和还原，不是要经常下载安装补丁更新吗？这样会相当的麻烦，有没有办法直接把更新补丁安装到GHO备份文件里呢？借助GhostEXP镜像浏览器即可以轻松解决个问题。

运行GhostEXP软件，单击“文件”→“打开”命令，将要添加补丁的GHO文件打开。然后在窗口的左侧依次选择Documents And Settings→All Users→“开始”菜单→“程序”→“启动”，选中“启动”项后右击，选择“添加”命令，在弹出的添加对话框中将下载到本地的补丁文件添加进来。

添加完毕，再次打开“文件”菜单，选择“恢复”命令保存对GHO镜像文件的修改。这样以后再恢复系统时，在系统恢复好第一次启动时，即会自动运行补丁安装程序，从而避免了手工安装补丁的麻烦。不过在自动安装补丁之后，需要从“启动”菜单中将补丁启动项删除。

8. 校检Ghost文件的可用性操作

① 在Ghost主界面中依次指向“Local”（本地）→“Check”（检查）→“Image File”（映像文件）命令。

② 打开“Disk image file name”（磁盘映像文件名）界面，单击“Look in”（查找）编辑框右侧的下拉三角按钮。找到并单击事先制作的映像文件。

③ 在打开的Question对话框中单击Yes按钮。Ghost就会开始对映像文件进行校验，完成校验后打开“Verify complete”（校验完成）对话框。如果映像文件没有错误，将提示用户“Image file passed integrity check”（映像文件通过完整性检查），单击Continue按钮即可。

如果映像文件不能通过完整性检查，则说明映像文件存在问题。这时用户需要重新制作映像文件。

四、实验要求

① 实验前要求写出预习实验内容。

② 写出完整的实验报告。

五、注意事项

① 实验过程中必须听从指导教师的安排，未经教师许可不得擅自操作。

② 总结实验过程中遇到的问题、处理过程和体会。

实验11 打印机的安装和使用

一、实验目的

① 掌握本地打印机的安装方法。
② 学会网络共享打印机的设置。
③ 通过网络测试打印机。

二、实验器材及环境

① 打印机一台，配有驱动程序。
② 微机两套。
③ Windows安装光盘或安装文件。

三、实验内容及步骤

一台打印机可与一台本地计算机单机连接，这时它被称为本地打印机；本地打印机也可以被网络中的其他联网计算机所共享，这时称作网络打印机。打印机必须连接到本地计算机上并且正常使用才能被网络上同一工作组中的其他计算机所共享。现在就通过以下操作在一个工作组中安装并共享一台打印机，并在网络上使用共享打印机。必须确保需要共享打印机的计算机在同一个工作组中，按照以下步骤操作。

1. 确定工作组名称并记录下来

① 在Windows 10系统中，右击“计算机”图标，选择“属性”命令，打开“系统”窗口，找到“计算机名称、域和工作组设置”项，单击右边“更改设置”链接，打开“系统属性”窗口。

② 按照第①步确定并记录的计算机名和工作组名修改工作组和计算机名称，确保联网计算机在同一工作组中，并且不重名。

2. 在Windows10系统中安装打印机

将打印机与主机USB口连接就会弹出打印机驱动程序安装对话框（见图2-11-1），系统会自动安装打印机驱动程序，如找不到驱动可进行手动安装，找到相应的驱动程序所在驱动器和目录选择安装即可，下面为

图 2-11-1　USB 口打印机驱动程序的安装

USB口打印机的安装过程。

① 将下载的打印机驱动程序解压到相应的目录，确定好驱动程序.inf文件在磁盘的存放位置。

② 单击“开始”→“设置”选项→“设备”→“蓝牙和其他设备”，在“相关设置”中单击“设备和打印机”选项，如图2-11-2所示，打开窗口以后单击“添加打印机”按钮，如图2-11-3所示。

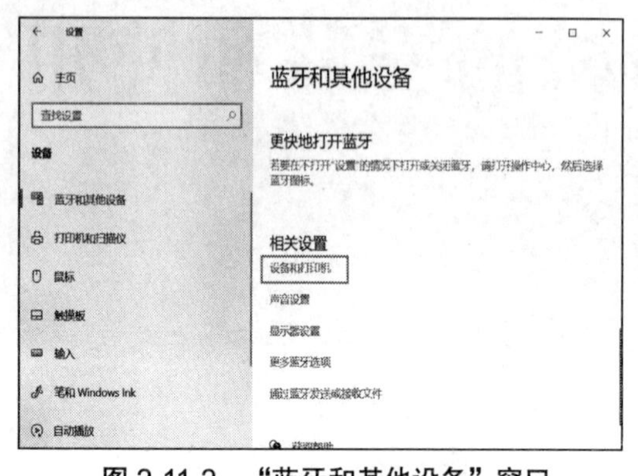

图 2-11-2 “蓝牙和其他设备”窗口

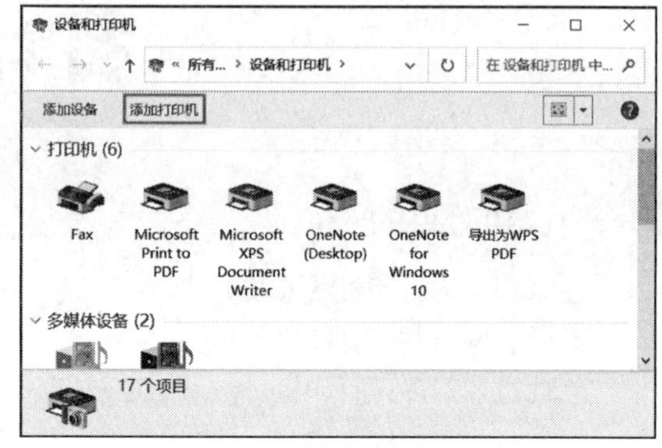

图 2-11-3 “设备和打印机”窗口

③ 选择打印机的端口，单击“下一步”按钮，窗口中选择通过手动设置添加本地打印机，单击“下一步”按钮。

④ 在端口选择页面中，“使用现有端口”按系统默认即可，然后单击“下一步”按钮，出现安装打印机驱动页面，用户可选择从Windows更新或从磁盘安装。

⑤ 单击“从磁盘安装”按钮，单击“浏览”按钮，从之前保存打印机驱动程序安装包的位置选中.inf文件。这个文件通常会在一个以用户使用的操作系统命名的文件夹中（例如\Windows7\install.inf或\Windows7\oem.inf，或者与此类似）。单击“确定”按钮使用选中的驱动文件。

⑥“安装向导”会识别打印机，单击“下一步”按钮，安装其驱动程序。

⑦ 在“打印机名”文本框中输入打印机名（或保持默认名）。

⑧ 在“共享名”处输入打印机共享名称。该打印机将被网络上的其他打印机所共享，然后单击“下一步”按钮。

⑨ 当询问“是否想将这台打印机设置为默认打印机”时，选择“是”，然后单击“下一步”按钮。当询问是否打印测试页时，选择“否”，然后单击“完成”按钮，安装完成后，新安装的打印机的图标将出现在“设备和打印机”窗口中。

3. 测试打印机

① 在“Windows设置”窗口中，单击“设备”，在弹出的界面选择“打印机和扫描仪”按钮。

② 选择要测试的打印机，单击“管理”按钮。在打印机管理设备界面单击“打印测试页”，一个测试打印任务会发送到打印机，随后打开一个对话框，询问该页是否已正确打印。

③ 确认测试页正确打印（没有乱码），然后单击“确定”按钮，关闭对话框。

4. 在工作组中其他计算机中安装网络打印机

① 单击“开始”菜单，在Windows管理工具中选择“打印管理”选项，打开窗口。

② 在打印服务器下右击打印机，选择“添加打印机”，打开“网络打印机安装向导”对话框。

③ 选择“使用TCP/IP地址或主机名添加打印机”选项。

④ 输入打印机所在主机的IP地址，单击“下一步”按钮。

⑤ 系统会自动扫描并弹出提示，默认“使用当前已安装的驱动程序”，单击“下一步”按钮。

⑥ 在“打印机名称”文本框中输入打印机名称或默认系统提供的名称，单击“下一步”按钮。

⑦ 系统提示“您已成功添加打印机”，复选框询问“是否想将这台打印机设置为默认打印机”时，根据情况进行勾选，然后单击“下一步”按钮，至此网络打印机安装完成。

四、实验要求

写出完整的实验报告。

五、注意事项

① 实验前要求写出预习实验报告。

② 实验过程中必须听从指导教师的安排，未经教师许可不得擅自操作。

③ 做到边操作边记录。

④ 一定要保证人身安全同时也要注意设备的安全。

⑤ 总结实验过程中遇到的问题、处理过程和体会。

实验 12 扫描仪

一、实验目的

① 了解扫描仪工作原理。

② 掌握扫描仪设置和使用方法。

③ 掌握扫描平面图片的处理方法。

二、实验器材及环境

① USB接口扫描仪一台。

② 微机一套。

三、实验内容和步骤

1. 扫描仪工作过程

① 将欲扫描的原稿正面朝下铺在扫描仪的玻璃板上。

② 安装在扫描仪内部的可移动光源通过机械传动机构在控制电路的控制下带动装着光学系统和CCD的扫描头与图稿进行相对运动，以此来完成扫描，为了均匀照亮稿件，扫描仪光源为长条形，并沿垂直方向扫过整个原稿，每扫一行就得到原稿横向一行的图像信息。

③ 照射到原稿上的光线经反射后穿过一个很窄的缝隙，形成横向光带，又经过一组反光镜，由光学透镜聚焦并进入分光镜，经过棱镜和红、绿、蓝三色滤色镜得到的RGB三条彩色光带，分别照到各自的CCD上，CCD将RGB光带转变为模拟电子信号，此信号又被A/D转换器转换为数字电子信号。至此，反映原稿图像的光信号转变为计算机能够接收的二进制数字电子信号，最后传送至计算机并在计算机内部逐步形成原稿的全图。

2. 扫描仪的安装

（1）硬件安装

扫描仪硬件的安装比较简单，下面以HP 2600 fnw1 Scanner为例进行介绍。安装步骤如下：

① 连接电源线，如图2-12-1所示。

② 连接USB电缆，如图2-12-2所示。硬件安装过程中，系统可能会要求重新启动计算机。

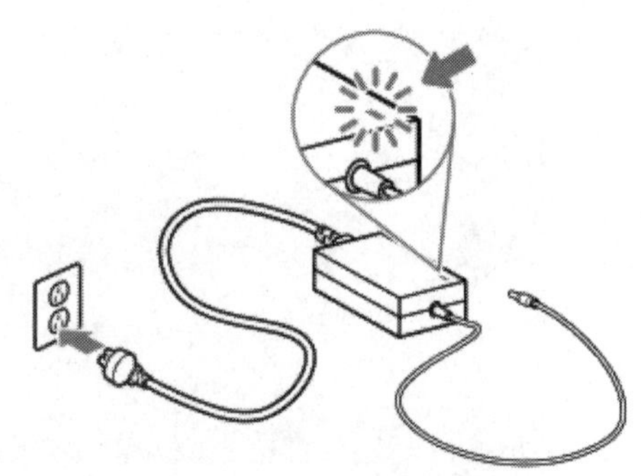

图 2-12-1　连接电源线

（2）软件安装

① 安装扫描仪软件，直到软件安装过程的出现图2-12-3所示界面后，再连接USB电缆。

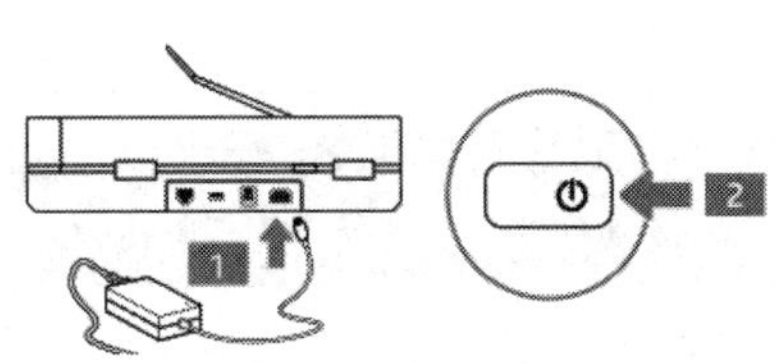

图 2-12-2　连接 USB 电缆

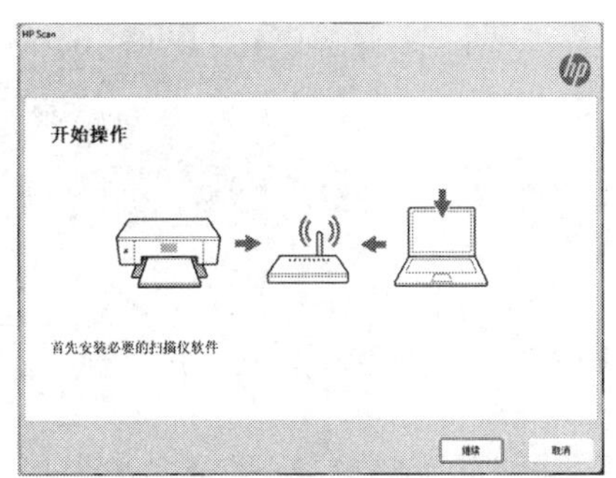

图 2-12-3　安装扫描仪软件（初始界面）

② 出现图2-12-4所示的协议选择窗口，勾选下方的两个“我已阅读并接受”复选框，单击“下一步”按钮，出现图2-12-5所示的软件安装界面。

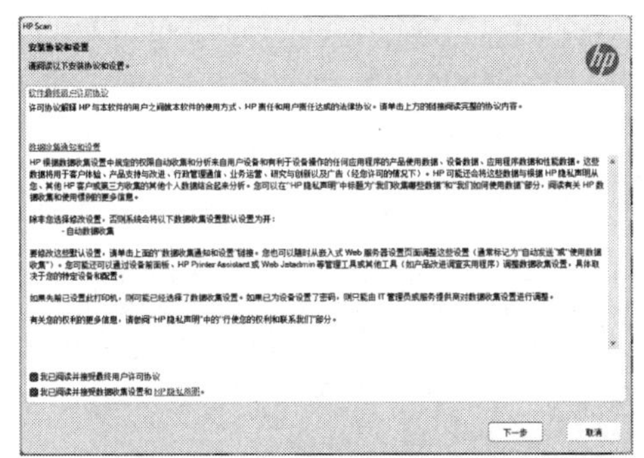

图 2-12-4　安装类型协议选择

图 2-12-5　软件安装界面

③ 在图2-12-6所示的软件安装完成界面单击“完成”按钮。软件安装完成后，桌面上会显示所选安装软件的快捷图标。

（3）扫描仪的使用

① 放置原稿。原稿在放置时要正面朝下，居中放正，贴紧玻璃板，如图2-12-7所示。

图 2-12-6　软件安装完成界面

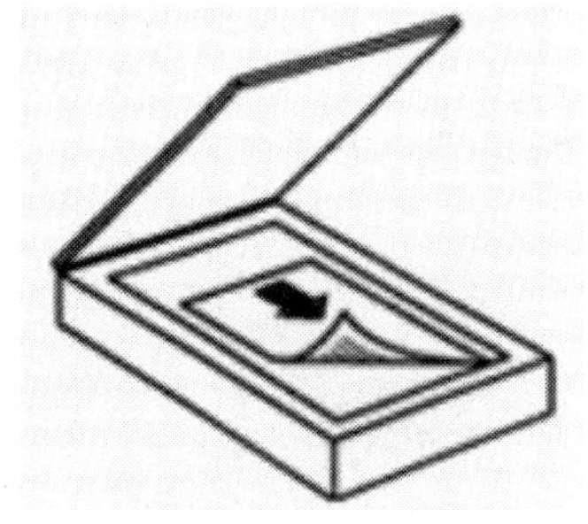

图 2-12-7　原稿放置

②　启动扫描软件HP 2600 fnw1 Scanner。在桌面或“开始”菜单中找到扫描软件，如图2-12-8所示，双击运行即可进入操作界面，如图2-12-9所示。

③ 使用扫描软件HP 2600 fnw1 Scanner。将需要扫描的文件放入扫描仪的液晶板上，盖好扫描仪的机盖。进入扫描仪软件操作界面，对纸张大小、颜色格式、文件类型、分辨率等进行设置后，单击“扫描”按钮（见图2-12-10），等待扫描仪录入成功，如图2-12-11所示，扫描完成会弹出图2-12-12所示的提示框，单击“导入”按钮，选择合适位置保存扫描文件即可。

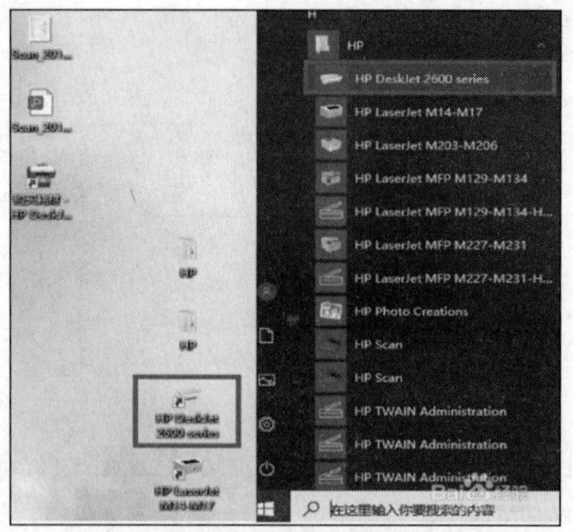

图 2-12-8　桌面图标

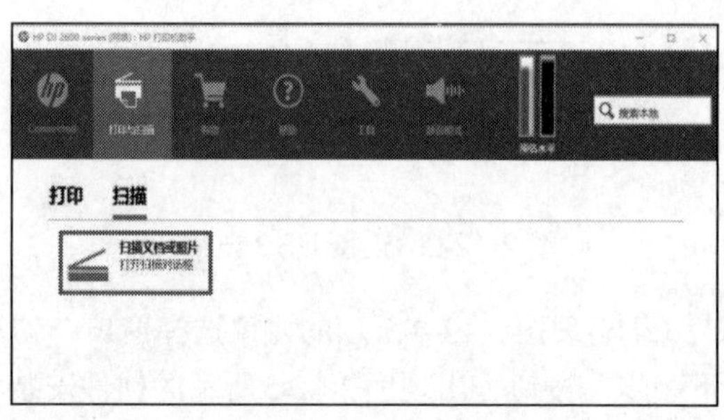

图 2-12-9　操作界面

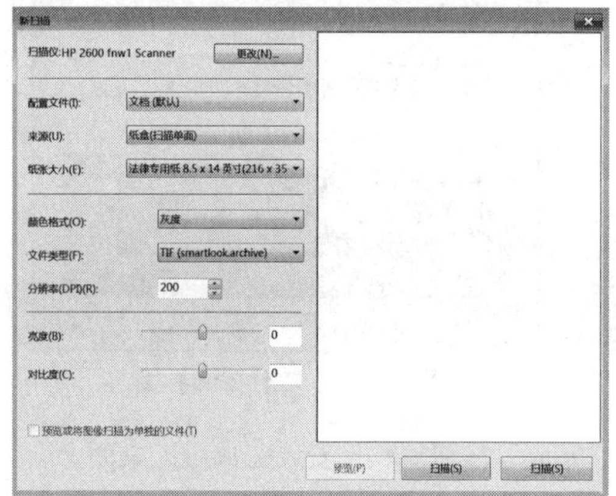

图 2-12-10　扫描前设置

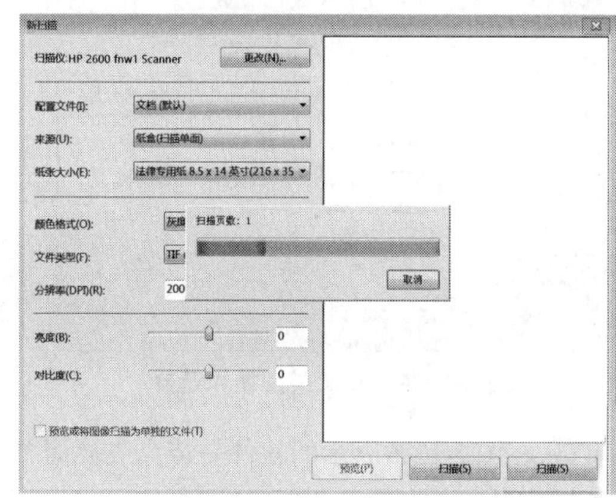

图 2-12-11　扫描仪录入

图 2-12-12　导入图片和视频

四、实验要求

写出完整的实验报告。

五、注意事项

① 实验前要求写出预习实验报告。

② 实验过程中必须听从指导教师的安排，未经教师许可不得擅自操作。

③ 做到边操作边记录。

④ 一定要保证人身安全同时也要注意设备的安全。

⑤ 总结实验过程中遇到的问题、处理过程和体会。

实验13 数码摄像头

一、实验目的

① 了解数码摄像头（以下简称摄像头）的安装和调试过程。

② 掌握摄像头的安装方法和步骤。

③ 使用AMCAP测试摄像头。

二、实验器材及环境

① 微机一套。

② USB 3.0接口的摄像头一个。

三、实验内容及步骤

1. 安装摄像头

① 将摄像头插入微机上一个空闲的USB 口，系统自动识别发现USB 3.0视频设备，并弹出驱动程序安装对话框，搜索并安装摄像头驱动程序，如图2-13-1所示。

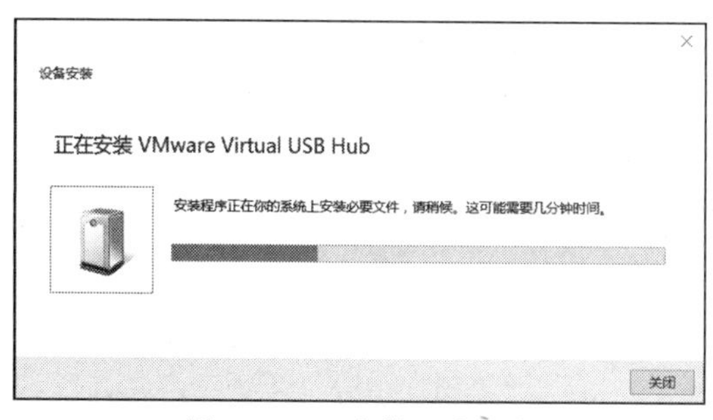

图2-13-1　安装驱动程序

② 右击“此电脑”图标，选择“管理”命令，在弹出的“计算机管理”窗口中选择“设备管理器”→“照相机”，如图2-13-2所示，可查看安装的摄像头驱动。

2. 下载AMCap测试软件

① 下载安装AMCap软件，运行AMCap安装程序，如图2-13-3所示，安装AMCap软件。

② 单击“开始”→“AMCap”命令，运行AMCap程序，打开AMCap窗口，如图2-13-4所示。

③ 在AMCap窗口中，单击“Devices”（设备）可查看已安装的视频设备和音频设备，如图2-13-5所示。

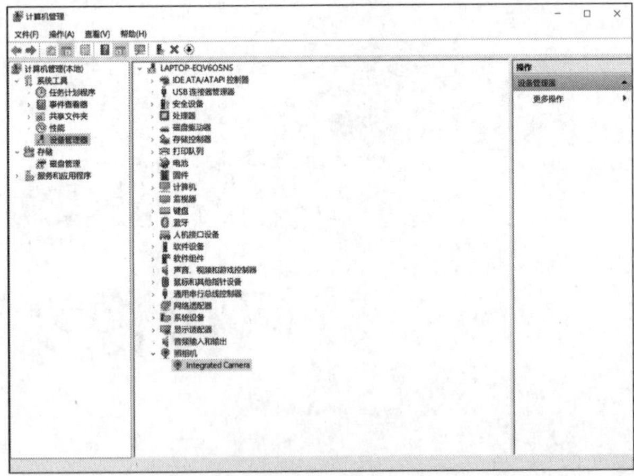

图 2-13-2　摄像头驱动

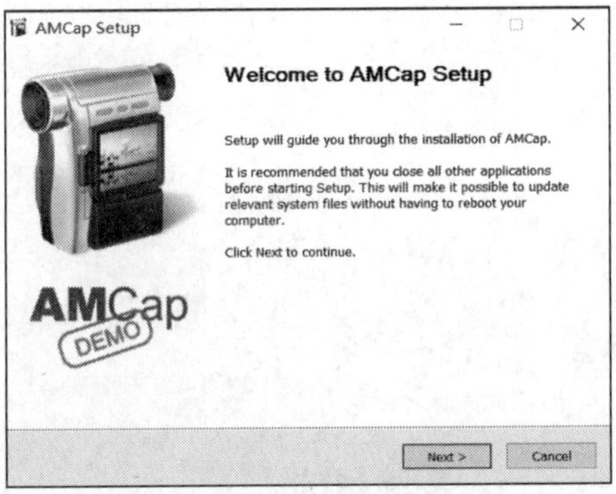

图 2-13-3　安装 AMCap 软件

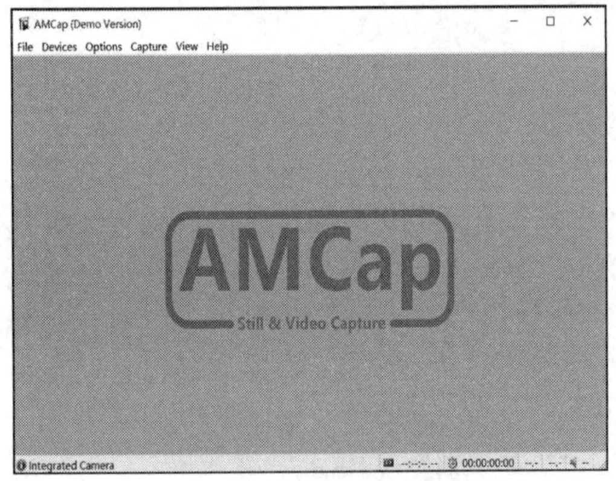

图 2-13-4　AMCap 窗口

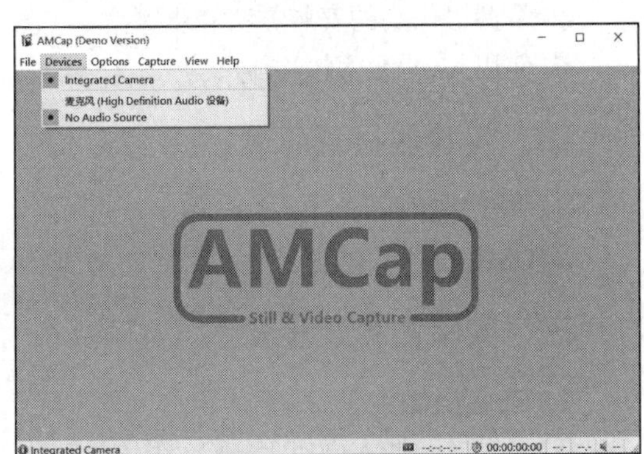

图 2-13-5　视频设备

④ 在AMCap窗口中，单击“Capture”→“Setup”命令，为捕获的视频输入文件名并选择捕获视频的保存路径，如图2-13-6所示。

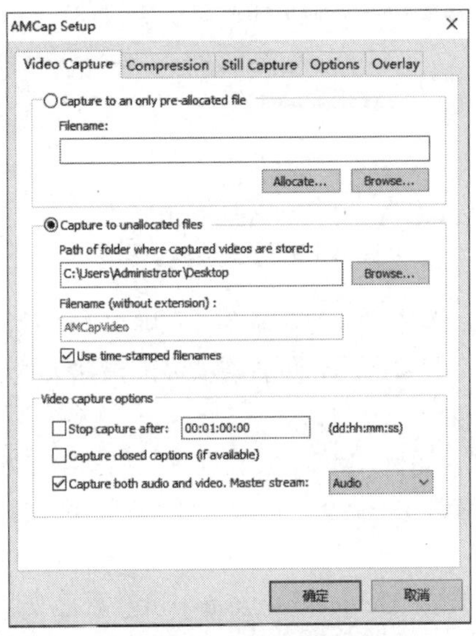

图 2-13-6　视频捕捉设置

⑤ 关闭设置菜单，单击Capture→Start Capture命令开始录制视频，录制结束后，单击Capture→Stop Capture命令停止录制，如图2-13-7所示。默认录制的视频压缩格式为AVI，还可以在设置中选择其他视频压缩格式。

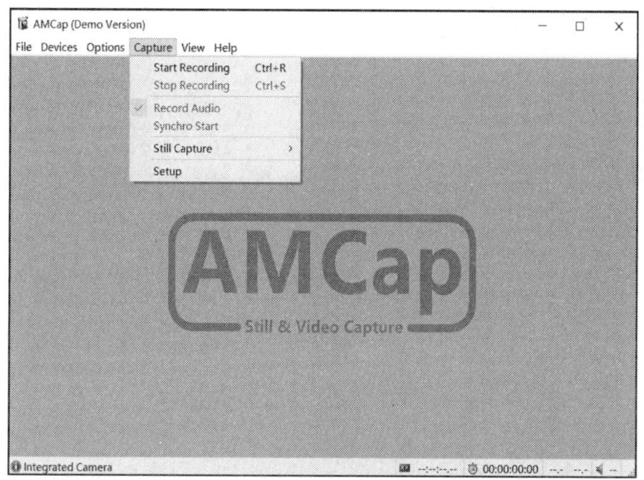

图 2-13-7　开始捕捉视频

四、实验要求

① 在安装过程中，所有的硬件一定要轻拿轻放；在安装的过程中用力要适中，不要用力过猛，以免造成硬件损坏。

② 写出完整的实验报告。

五、注意事项

① 实验前要求写出预习实验报告。

② 实验过程中必须听从指导教师的安排，未经教师许可不得擅自操作。

③ 做到边操作边记录。

④ 一定要保证人身安全，同时也要注意设备的安全。

⑤ 总结实验过程中遇到的问题、处理过程和体会。

第三部分 习题解答

第1章 微机系统概述

1. 微机由哪几部分组成？各部分的主要功能是什么？

答：一般来说是由：运算器、控制器、存储器、输入设备、输出设备。

- 运算器：用于快速进行各种算术、逻辑运算。
- 控制器：指挥计算机在程序的控制下自动操作。
- 存储器：用于存储程序和数据。
- 输入设备：输入程序和数据。
- 输出设备：输出运算结果或中间结果。

2. 什么是总线？系统总线由哪几部分构成？各部分的功能是什么？

答：总线是CPU与其他各个部件之间传送信息的公共通道。总线由数据总线、地址总线和控制总线构成。

功能：数据总线是双向的，因为数据既可以从CPU向存储器或I/O接口传送，也可以从存储器或I/O接口向CPU传送。地址总线只能由CPU向存储器和I/O传送信息，它是单向的。控制总线用来传送CPU发出的控制命令和相关的时序信号以及外围设备向CPU返回的状态信号和请求信号等

3. 微机的主要特点是什么？

答：运算速度快；体积小。

4. 微机常用的操作系统有哪几种？它们各有什么特点？

答：Windows、UNIX、Linux、NetWare和MacOS。

特点：Windows是Microsoft开发的多任务图形用户界面的操作系统，已成为微机操作系统的主流。UNIX操作系统是一个多用户、多进程的分时操作系统，被广泛应用于大型机、中型机、小型机及微机上。UNIX操作系统具有开放性，统一的用户接口可以使应用程序在不同的环境下运行。UNIX系统同时具有良好的可移植性，能为运行UNIX操作系统的不同计算机平台提供通信。UNIX操作系统的安全性是一流的，远远超过了Windows系统。Linux是日益流行的一个多用户、多任务操作系统，它的结构与UNIX系统类似，核心部分属于共享软件，而且源代码开放，经全世界技术人员改进之后，性能日趋优异。NetWare是Novell公司开发的一种网络操作系统。MacOS是一套由苹果开发的运行于Macintosh系列计算机上的操作系统。MacOS是首个在商用领域成功应用的图形用户界面操作系统。

5. 微机系统维护的主要任务是什么？

答：

（1）日常性维护

日常性维护工作主要有以下几个方面：

- 保证电网正常供电并且可靠接地。
- 保持环境清洁，将温度和湿度控制在适当范围内。
- 养成良好的操作习惯，比如在硬盘运行时不要突然关闭电源或搬动计算机。
- 在带电情况下不要随意插拔板卡或信号线缆。
- 经常备份重要的系统信息、重要程序和数据。
- 定期进行病毒的检查和清理。
- 定期整理磁盘文件并检查磁盘扇区损坏情况。

（2）板卡级维护

板卡级维护的任务是找出发生故障或损坏的板卡和部件，故障只定位在板卡级。比如，硬盘坏了就更换硬盘，显卡坏了就更换显卡，但对板卡或部件内部的故障不需要进一步追究；如果是软件故障就需要恢复数据或重新安装软件。

（3）芯片级维护

芯片级维护的任务是找出板卡上损坏的芯片和元器件，故障定位在芯片级。比如，显卡损坏了，就需要找出是显卡上哪个芯片坏了或者是哪个元器件损坏了，并用好的芯片或者元器件替换，在有些情况下还需要对存在故障的电路重新搭建，使电路能正常工作。

第 2 章 微机系统的硬件配置

一、名词解释

- 主频：是指CPU核心电路工作的时钟频率。
- Core：英特尔处理器的名称，开发代号Yonah。
- FSB：是前端总线（front side bus）的英文缩写，是指CPU的外部总线，也就是CPU与内存管理（北桥）芯片之间的数据传输通道，也可以认为它是CPU与主板之间的接口。
- 位宽：又叫基本字长，是指CPU一次操作所能处理的二进制数据长度。
- 协处理器：是一个专门进行数值计算的部件，只担负那些计算机过程相对复杂的浮点运算任务，所以又称之为浮点运算器。
- SSE3：streaming SIMD extensions 3，Intel官方称为SIMD流技术扩展集3或数据流单指令多数据扩展指令集3。
- SSE4：streaming SIMD extensions 4，是英特尔自从SSE2之后对ISA扩展指令集最大的一次的升级扩展。新指令集增强了从多媒体应用到高性能计算应用领域的性能，同时还利用一些专用电路实现对特定应用加速。
- HT技术：超线程技术。
- 工艺线宽：电路中线条的宽度。
- LGA：是栅格阵列（land grad array）的缩写，这种结构也被成为Socket T。
- PGA：针栅阵列封装。
- mPGA：微型PGA封装。
- BGA：球栅阵列封装，简称BGA。
- FC-PGA：反转芯片针脚栅格阵列的缩写。
- MCH：内存控制器中心，相当于北桥芯片。
- ICH：ICH（I/O controller hub）直译的意思是“输入/输出控制器中心”，负责连接PCI总线，IDE设备，I/O设备等，是英特尔的南桥芯片系列名称。
- USB：是universal serial bUS（通用串行总线的）缩写，用于规范计算机与外围设备的连接和通信，是应用在PC领域的接口技术。
- SATA：SATA全称 是serial advanced technology attachment（串行高级技术附件，一种基于行业标准的串行硬件驱动器接口），是由Intel、IBM、Dell、APT、Maxtor和Seagate公司共同提出的硬盘接口规范。
- BIOS：英文basic input output system的缩写，直译过来后就是基本输入/输出系统。

● ROM：只读存储器（read-only memory）的简称，是一种只能读出事先所存数据的固态半导体存储器。

● CMOS：CMOS是complementary metal oxide semiconductor（互补金属氧化物半导体）的缩写，是主板上的一块可读写的RAM芯片。

● RAM：随机存储器。

● DRAM：动态随机存储器。

● SRAM：同步静态随机存储器。

● DDR4：双倍速率同步动态随机存取内存。

● SPD芯片：一块附加在内存条上的ROM芯片，它内含内存条的一些信息：一类是内存的基本技术规格信息，如通常所说的内存运行频率、CAS等，系统可以读取这些信息并据此设置和调整内存的运行方式；另一类信息则是内存模块序列号、制造商代码等。

● LCD：liquid crystal display，液晶显示器。

● 分辨率：是屏幕图像的精密度，是指显示器所能显示的像素的多少。

● 行频：水平扫描频率，是指显示器电子枪每秒所扫描的水平行数，也叫水平扫描频率。

● 场频：垂直扫描频率，即刷新频率，指每秒屏幕刷新的次数。

● PIO模式：是一种通过CPU执行I/O端口指令来进行数据读写的数据交换模式。

● DMA模式：直接内存访问，是一种不经过CPU而直接从内存存取数据的数据交换模式。

● SCSI：小型计算机系统接口（Small Computer System Interface），是种较为特殊的接口总线，具备与多种类型的外设进行通信。

● PNP：全称为Plug-and-Play，即为即插即用。

● PCI-E：PCI Express的简称，新一代的总线接口。

二、简答题

1. 目前CPU的等级如何划分？

答：CPU通过主频大小、二级缓存大小、CPU制造工艺划分等级。

2. 主板的插槽或插座有哪些？

答：CPU插槽、PCI-E插槽。

3. 主板上的I/O接口有哪些？

答：PS/2接口、VGA接口、DVI接口、HDMI接口、USB接口、SATA接口、RJ-45接口。

4. 内存条的种类有哪些？

答：DDR4 SDRAM、DDR5 SDRAM等。

5. 什么是硬盘的外部数据传输率和内部数据传输率？

答：内部数据传输率也称持续数据传输率，它是指从磁头到硬盘高速缓存之间的传输速度。外部数据传输率也称突发数据传输率，它是指从硬盘高速缓存到系统总线之间的传输速率。

6. 硬盘的新技术主要体现在哪几方面？

答：①固态硬盘技术；②新型磁头技术；③PRML读取通道技术；④S.M.A.R.T.技术；⑤RAID技术；⑥噪声与防震技术。

7. 硬盘接口类型有哪些？现在应用最广泛的是哪几种？

答：SCSI接口、Serial ATA接口、mSATA接口、M.2接口、USB接口。

8. 显卡的主要部件有哪些?

答：显示芯片、显示内存、BIOS、RAMDAC、VGA插座、总线接口

9. CPU在发展过程中，其内部结构的设计采用了哪些新技术?

答：片内高速缓存技术、流水线技术、超线程技术、多核技术、封装技术。

10. 简述主板芯片组在微机系统中的作用及地位。

答：主板芯片组（chipset）是指集成在主板上的若干个集成电路芯片，是主板的核心和中枢神经，它的功能决定了主板的等级。芯片组的主要功能是总线控制，即各总线具体功能的实际操作者，负责对CPU与内存、内存与外存、CPU与显示系统、高速缓存、显示系统、各个总线接口等进行协调控制。另外，还需对系统进行控制，实施电源管理等。可以看出，选择主板实际上是选择芯片组。

11. 简述Intel芯片组的发展过程。

答：略。

12. 简述内存条的发展过程。

答：略。

13. 简述硬盘数据保护技术。

答：S.M.A.R.T.技术。S.M.A.R.T.技术的全称是Self-Monitoring，Analysis and Reporting Technology，即“自监测、分析及报告技术”。

DFT技术。DFT（drive fitness test，驱动器健康检测）技术是IBM公司为其PC硬盘开发的数据保护技术，它通过使用DFT程序访问IBM 硬盘里的DFT微代码对硬盘进行检测，可以让用户方便快捷地检测硬盘的运转状况。

14. 64位处理器与32位处理器有哪些主要差别?

答：略。

15. 简述硬盘的速度参数。

答：平均寻道时间（average seek time）：是指硬盘接到存取指令后，磁头从初始位置移到目标磁道所需要的时间。它反映了磁头作径向运动的速度，代表硬盘读写数据的能力，一般为5～13 ms。对于性能较高的硬盘，其值一般小于8 ms。

平均潜伏时间（average latency time）：是指相应数据所在的扇区旋转到磁头下方的时间。它反映了盘片的转速大小，一般为1～6 ms。

平均访问时间（average access time）：是平均寻道时间与平均潜伏时间之和。它代表了硬盘找到某一数据所用的时间，一般为6～18 ms。

16. 什么是接口？它在微机系统中起什么作用?

答：两个不同系统（或子程序）交接并通过它彼此作用的部分，起到设备之间交接的作用。

第3章 微机系统的组装与调试

1. 微机组装与调试的注意事项有哪些？

答：

- 断电操作：在安装或插拔各种适配卡及连接电缆过程中一定要断电操作，否则容易烧毁板卡。
- 防静电处理：为了防止因静电而损坏集成芯片，在用手触碰主板或其他板卡之前应先触摸水管等大件金属物体，将身体上的静电释放掉。
- 防止金属物体掉入主板引起短路。
- 在组装过程中，对各种板卡、配件要轻拿轻放，禁止用力过猛。
- 使用钳子和螺丝刀等工具时，不可用力过猛，注意不要划伤线路板。
- 在机器首次加电测试以前，不要盖主机箱盖；加电测试时要注意，若发生异常情况应立即关机检查。

2. 什么是BIOS？什么是CMOS？它们的特点和区别是什么？

答：BIOS：基本输入/输出系统。CMOS：是指互补金属氧化物半导体，一种大规模应用于集成电路芯片制造的原料，是微机主板上的一块可读写的ROM芯片。CMOS是BIOS的组成部分之一。

3. 进入CMOS的常用方法有哪些？

答：

- Award BIOS：按屏幕上提示按【Del】键。
- AMI BIOS：按屏幕上提示按【Del】键或【F1】键。
- Phoenix BIOS：屏幕上提示按【F2】键。

4. 标准CMOS设置的作用是什么？

答：

- 设置基本参数。
- 设置扩展参数。
- 设置安全参数。
- 设置总线周期。
- 设置管理电源。
- 设置PCI局部总线。
- 设置主板集成接口。
- 设置其他参数。

5. BIOS特性设置的作用是什么？

答：

- 激活自检程序POST。
- 系统以及外围设备的初始化。
- 引导操作系统。

6. 管理员口令设置和用户口令设置的作用是什么？

答：限制访问BIOS和限制访问系统。

第4章 存储器构成与管理

一、名词解释

● 簇：是文件分配的最小单元，即文件在磁盘上是以簇为单位（而不是以扇区为单位）存放的。每个簇由一个或多个连续的扇区组成，每个簇所占用的扇区数由DOS版本的磁盘类型决定。

● 逻辑扇区：按一定逻辑规律，将所有扇区排序编号。操作者只要给出相应的扇区编号L，系统会自动换算出针对某种磁盘的C、H、S值，再根据此值进行操作。将三维定位数据C、H、S转换为一维定位数据L，是根据一定的逻辑规律进行的，用这种方法定位的扇区叫逻辑扇区。

● 引导扇区：是为启动系统和存放磁盘参数而设置的，对硬盘来讲，是在系统隐含扇区之后的第一扇区，属该盘的逻辑0扇区。

● 物理扇区：是指某扇区的绝对位置，用绝对地址描述，即对应的磁道号C，磁头号H，以及该磁道中的扇区号S，或者说需要三维坐标C、H、S在圆柱形的空间内定位某个扇区的具体位置。

● 磁盘碎片：这种将某一磁盘文件分配在一些不连续的零星簇中而产生的存储碎片叫作磁盘碎片。

● BPB表：记录了磁盘操作所需要的基本I/O参数，是提供给磁盘驱动程序使用的，它是磁盘正常使用的前提。

● 柱面：不同盘片相同半径的磁道所组成的圆柱称为柱面。

● 虚拟内存：就是将硬盘的一部分存储空间拿出来模仿物理内存使用。

二、填空题

1. 512。

2. 主分区，扩展分区、逻辑盘。

3. 低级格式化，是指对一块硬盘进行重新划分磁道和扇区等低层操作；高级格式化，将清除硬盘上的数据，生成Boot区信息，初始化FAT。

4. FAT32、NTFS；所支持的系统不同，分区的簇大小也不同，根据分区的大小不同，对应的簇也不同。

5. 标识区、数据区、缓冲区。

三、简答题

1. 为什么会产生磁盘碎片？应如何消除？

答：对刚格式化完毕的磁盘，文件的数据一般都是被分配在几个连续的簇中，但过一段时间，由于经过不断的建立、删除、重新建立等操作，会使文件的存储空间支离破碎，被分配在零星的簇中，即产生了磁盘碎片。

减少磁盘碎片的办法之一是经常进行磁盘碎片的整理，就是采用搬移、调配的办法对各文件原来的磁盘碎片进行整理，最终将它们的数据存放在几个连续簇中，并将所有数据移至数据区的前部，最大程度地减少磁头的移动次数和距离。

2. 为什么要设置交叉因子?

答：是一种利用扇区交叉排列技术提高硬盘读写速度的方法，在对硬盘进行低级格式化之前,需要确定此值。

3. 为什么说硬盘在使用前的第一件事是低级格式化?

答：低级格式化的任务是将硬盘逐头逐面划分磁道，每磁道划分扇区，每个扇区建立标识区、数据区和缓冲区，并将每扇区的物理地址记录在该扇区的标识区中，用无效内容填充数据区；同时，低级格式化还要标记出坏扇区，使它们不再被用来存放数据。

4. 硬盘分区后为什么还要进行高级格式化?

答：分区只是建立了分区表，将硬盘进行了划分，但磁盘能够使用的关键部分，如引导扇区、FAT表、根目录、数据区等还未建立，而这一切都是由Format完成高级格式化的。

5. 为什么对C盘的格式化必须是系统格式化?

答：因为它承担着引导、启动Windows系统的任务，其他逻辑盘不承担这一任务，但也必须进行格式化，否则无法使用。

第 5 章 微机系统的配置

一、选择题

1.C 2.D

二、填空题

1. 备份数据 2. 镜像文件 3.To Image

第 6 章 微机常见故障诊断及处理

1. 简述检查微机故障常用的方法。

答：通常遵循“先软后硬、先内后外”的原则。首先从软件角度着手（包括操作不正确和病毒破坏等），用软件的办法来处理，在确实无法解决问题的情况下，再从硬件上找原因，而“先内后外”是指首先排除电源、接头、插座的电器连接以及外围设备的机械和电路等故障，然后再针对机箱内部进行检查。

2. 主板常见的故障有哪些?

答：按不同的分类方法，可以将主板故障分为多种类型。

① 根据故障对微机系统的影响，可分为非关键性故障和关键性故障。非关键性故障也发生在系统上电自检期间，一般给出错误信息，可根据错误信息并结合所学的知识确定故障位置，此类故障一般较容易判断和处理；关键性故障也是发生在系统上电自检期间，一般会导致死机，不能显示自检信息，此时判断故障较为困难，可结合前面介绍的方法来确定此故障位置。

② 根据故障的影响范围，可分为部分故障和整体故障。部分故障指系统某一个或几个功能运行不正常，如主板上I/O控制芯片损坏，仅造成I/O部分工作不正常，不影响其他功能；整体故障往往会影响整个系统的正常运行，使其丧失全部功能，例如主板芯片组损坏将使整个系统瘫痪。

③ 根据故障现象是否固定，可分为稳定性故障和不稳定性故障。稳定性故障往往是由于元器件或集成电路功能失效引起的，其故障现象稳定重复出现；而不稳定性故障往往是由于接触不良、元器件性能降低，使系统时而正常，时而不正常。由于I/O插槽变形，可造成显卡与插槽接触不良。

3. 微机死机可能是由哪些故障引起的?

答：Windows系统死机的原因较为复杂，因为Windows在系统引导时要经过硬软件检测过程。在该过程中，检测出任何问题都可能引起系统工作不正常。例如：系统一启动就死机，这种故障大多数是因为硬件安装或设置有问题。

4. 常见的硬盘故障有哪些?

答：在BIOS中找不到硬盘；BIOS自检时报告HDD Controller Failure；BIOS时而能检测到硬盘，时而又找不到；硬盘出现坏道；CIH病毒导致硬盘损坏。

5. 系统注册表出问题怎么办?

答：开机按【F8】键，然后在出现的界面中选择“最后一次正确的配置”并回车，启动系统，操作完毕后，注册表将被还原到上次成功启动计算机的状态。

6. CMOS设置常见故障如何排除？

答：① 硬件设置不正确故障：要仔细察看硬件的表示并按标示去设置该设备，如有的硬件在某些主板上不能自动识别，就需要根据硬盘上标识的参数进行手工设定。

② 未安装硬件而进行了设置故障：在拆卸了某些设备后，却忘记了更改设置时，就有可能出现硬件虽拆了但设置还在。

③ 供电不足所产生的故障：这种现象一般是因为主板CMOS电池电量不足所引起的，需要更换新电池。

④ 电源管理所引起的故障：微机安装操作系统后，不能正常实现软关机，需要用电源开关强行关机。此时检查CMOS SETUP中电源管理的ACPI项目，禁止或允许状态重新设置，也可设成为CMOS出厂设定值，一般软关机故障即可排除。

7. 系统文件的备份与恢复有哪些方法？

答：①备份：sys.com；format/s命令；利用主板内置工具进行硬盘备份

② 恢复：Restore System。

8. Windows系统引导故障的常用排除方法有哪些？

答：禁止32位磁盘存取；基于BIOS的磁盘操作；禁止Windows使用ROM断点；禁止Windows使用视频卡内存。

9. 系统注册表的维护有哪些方法？

答：使用注册表清理工具（优化大师）定期清理注册表。

10. 遇到计算机在使用时出现蓝屏的故障如何排除？

答：

（1）超频过度引起电脑蓝屏

我们可以从软、硬两方面来解释蓝屏现象产生的原因。从硬件方面来说，超频过度是导致蓝屏的一个主要原因。过度超频，由于进行了超载运算，造成内部运算过多，使CPU过热，从而导致系统运算错误。如果既想超频又不想出现蓝屏，只有做好散热措施了，换个强力风扇，再加上一些硅胶之类的散热材料。

（2）内存条接触不良或内存损坏导致蓝屏

在实际的工作中，较多的蓝屏现象就是内存条接触不良（主要是由于内部灰尘太多导致，老机器常发生）导致的。

解决办法：

对于内存条故障，可以打开机箱，将内存条拔出，清理插槽以及内存条金手指后再装回去，一般问题都可以解决。如果问题没有解决，确定是内存故障，更换内存条即可解决问题。

（3）硬盘出现故障导致蓝屏

硬盘出现问题也经常会导致蓝屏，比如硬盘出现坏道、读取数据错误导致了蓝屏现象，因为硬盘和内存一样，承载一些数据的存取操作，如果存取/读取系统文件所在的区域出现坏道，也会造成系统无法正常运行，使系统崩溃，从而导致电脑蓝屏。

解决办法：

检测硬盘坏道情况，如果硬盘出现大量坏道，建议备份数据更换硬盘。如果出现坏道比较少，建议备份数据，重新格式化分区磁盘，将坏道进行隔离操作。之后再重新安装系统即可解决问题。

（4）安装的软件不兼容导致蓝屏

如果计算机开始使用得挺好，安装了某软件后不久频繁出现蓝屏故障，这种问题多数为软件不兼容造成。

解决办法：

如果确定以前无问题，安装了某软件就经常出现蓝屏故障，那么可以卸载该软件，若问题没有解决则可能是其他原因导致的计算机蓝屏。

（5）中病毒导致的计算机蓝屏故障

如今病毒木马种类越来越多，传播途径多种多样，防不胜防，有些病毒木马感染系统文件，造成系统文件错误，导致系统资源耗尽，也可能造成蓝屏现象。

解决办法：

发现蓝屏现象，下次重新启动计算机后可进行杀毒操作，建议选用目前主流的杀毒软件查杀，如果遇到恶意病毒，建议还原系统或者重新安装系统。

（6）温度过高导致计算机蓝屏

内部硬件温度过高也是蓝屏现象发生比较常见的一种原因，这种情况多数出现在炎热的夏季，CPU温度过高导致的居多。

解决办法：

蓝屏时发现计算机内部温度很高，这时可以检测硬件的温度，如果发现CPU、显卡或硬盘温度特别高，那么很可能就是散热不良导致蓝屏，解决办法：如果是CPU或显卡温度过高引起的蓝屏，那么开机看看CPU风扇和显卡风扇是否正常转动，如果正常，建议加强主机散热，如添加机箱散热风扇等，如果是硬盘温度过高，则可能故障，需要更换。

（7）其他原因导致的蓝屏

其他方面原因，比如电源出现故障导致供电不正常、经常死机等，还有的是硬件不兼容，这种情况多数出现在新购买的组装机上，遇到这种情况，可以在网上搜索相关硬件信息，选择搭配均衡、兼容性好的硬件。

第 7 章 计算机病毒的预防和清除

一、选择题

1.A　2.B　3.D　4.A　5.A　6.B　7.D　8.A　9.B　10.D

二、简答题

1. 简述病毒的定义、特点。

答：

● 定义：计算机病毒，指编制或者在计算机程序中插入的破坏计算机功能或者数据，影响计算机使用并且能够自我复制的一组计算机指令或程序代码。

● 特点：传染性、隐蔽性、潜伏性和破坏性。

2. 简述病毒的危害。

答：小的危害就是在计算机中不断复制文件，造成计算机垃圾激增，影响开机及运行。

大的危害会破坏系统文件及盗走密码，甚至使计算机瘫痪。

3. 简述病毒的传播方式。

答：① 通过移动存储设备传播；②通过硬盘传播；③通过网络传播。

4. 网络病毒是如何传播的？

答：病毒传染扩散极快，能在很短的时间内传遍网络上的计算机。Internet的普及使病毒的传播又增加了新的途径，使得反病毒的任务更加艰巨。Internet带来两种不同的安全威胁：一种威胁来自文件下载，那些被浏览的或是被下载的文件可能存在病毒；另一种威胁来自电子邮件，大多数Internet邮件系统提供了在网络间传送附带格式化文档邮件的功能，因此，携带病毒的文档或文件就可能通过网关和邮件服务器传入企业网络。网络使用的简易性和开放性使得这种威胁越来越严重。

5. 病毒利用了操作系统的哪些特点？

答：① 图形界面要用很大的内存。

② Windows引入了庞大、复杂的“注册表”来管理系统，而注册表又向用户公开，可随意修改。

6. 简述病毒的主要来源及流行的根本原因。

答：

● 来源：病毒是人为造成的，虽然目地不同，但结果是一样的。

● 流行原因：①微机的广泛应用；② Windows等系统的脆弱性；③磁盘的脆弱性；④网络

的脆弱性。

7. 简述为减少病毒造成的损失应采取的措施。

答：① 备份硬盘组引导扇区，以便修复硬盘时使用。

② 备份全套系统盘和各种应用软件。

③ 每次操作完成后，备份数据文件。

④ 备份主板和显示卡的BIOS。

第 8 章 微机常用外围设备

简答题

1. 扫描仪通常可分为几类？各有什么特点？

答：常用的扫描仪有四类，即平板式扫描仪、手持式扫描仪、滚筒式扫描仪和三维扫描仪。

平板式扫描仪是目前办公用扫描仪的主流产品，普遍采用CCD技术，是通过将需要扫描的介质放在玻璃板上，然后盖上盖子，对介质进行扫描，在整个扫描过程中介质并不会发生移动。

早期的手持式扫描仪扫描幅面窄，效果差，因而出现一段时间后便在市面上消失了，直到后来新式的手持式扫描仪出现时，因为其易于操作且小巧轻便而受到市场青睐。

滚筒式扫描仪采用的是将图像传感器固定，移动扫描介质来进行扫描的方式。相比平板式扫描仪同时限制了扫描介质的长与宽，滚筒式扫描仪仅限制了扫描介质的宽度。

三维扫描仪可对物体进行高速高密度的测量，可以完整地还原被扫描物体的三维结构，帮助用户更方便地将现实世界物品转换成为可用于3D打印的数据。

2. 按所采用的基本技术，打印机分为哪几种？各有什么特点？

答：打印机可分为针式打印机、喷墨打印机、激光打印机、3D打印机。针式打印机有打印成本低廉、容易维修、价格低、打印介质广泛等优点，它是唯一靠打印针击打介质形成文字及图形的打印机，因此可以打印复写打印纸。但针式打印机打印质量差、打印速度慢，更有打印钢针撞击色带时产生很大噪声的致命缺点。针式打印机适用于要打印特别介质和对打印质量要求不高的部门。喷墨打印机有价格低、打印质量好、打印速度快、打印噪声较小、体积小等优点。喷墨打印机对打印纸张有一些特别的要求，而且打印出来后，墨水遇水会褪色。喷墨打印机的打印质量比针式打印机好，分辨率几乎可以和激光打印机相比，打印色调也越加细腻，所以喷墨打印机特别适用于一般的办公室和家庭。激光打印机是目前打印机家族中打印质量最好的打印装置之一，激光打印机具有打印速度较快、分辨率高、打印质量好、不退色等优点，一些新产品中还增加了网络功能。它的缺点是价格昂贵。激光打印机适用于对打印质量要求高、打印速度要求快的企业。3D打印机的打印质量也非常好。

3. 若要购买一台家用喷墨打印机，应从哪些方面做出选择？

答：①分辨率。分辨率是业界衡量打印质量的一个重要标准，单位为dpi。它本身表现了在每英寸的范围内喷墨打印机可打印的点数。单色打印时分辨率越高打印效果越好，而彩色打印时情况比较复杂。通常，打印质量的好坏要受分辨率和色彩调和能力的双重影响。由于一般彩色喷墨打印机的黑白打印分辨率与彩色打印分辨率可能会有所不同，所以选购时一定要注意商家所说的分辨率是哪一种分辨率。

② 色彩调和能力。对于使用彩色喷墨打印机的用户而言，打印机的色彩调和能力是个非常重要的指标。根据自己的需要选择合适的打印机。

4. 简述激光打印机的成像过程。

答：把接口电路送来的二进制点阵信息调制在激光束上，之后扫描到感光体上，感光体与照相机构组成电子照相转印系统，把射到感光鼓上的图文映像转印到打印纸上，其原理与复印机相同。

5. 请简述交换机的功能。

答：交换机（Switch）是一种基于MAC（网卡的硬件地址）识别，能完成封装转发数据包功能的网络设备。交换机可以“学习”MAC地址，并把其存放在内部地址表中，通过在数据帧的始发者和目标接收者之间建立临时的交换路径，使数据帧直接由源地址到达目的地址。

6. 简述路由器的功能和工作原理。

答：路由器是目前应用最广泛的网络互连设备，用于局域网与局域网、局域网与广域网及广域网与广域网之间的互连。它的主要工作是接收来自一端的报文，并依据地址信息及当时的网络情况找出正确的传送路径。

路由器的工作原理是：在网络中收到任何一个数据包（包括广播包在内），都将该数据包第二层（数据链路层）的信息去掉（称为“拆包”），并查看第三层信息（IP地址）。然后再根据自己存储的路由表来确定数据包的路由，检查安全访问表；如果能够通过，则进行第二层信息的封装（又称为“打包”），最后才将该数据包转发；如果在路由表中查找不到对应网络的MAC地址，则路由器将向源地址的站点返回一个信息，然后将这个数据包丢弃。